Jean-Martin Fortier

Coltivare bio con successo

Il primo manuale di orticoltura bio-intensiva per piccole aziende

Terra Nuova Edizioni

Direzione editoriale: Mimmo Tringale e Nicholas Bawtree

Curatore editoriale: Enrica Capussotti

Autore: Jean-Martin Fortier
Titolo originale: *Le jardinier-maraîcher*. Manuel d'agriculture biologique sur petite surface (Éditions *Écosociété*, 2015)
Traduzione: Tiziano Garulli
Editing e curatela: Myrtha Zierock
Direzione grafica e copertina: Andrea Calvetti
Impaginazione: Daniela Annetta

Le foto di pag. 219, 220 (in alto a destra), 221, 227 (in basso) sono di Alex Chabot

50127 Firenze - tel 055 3215729 - fax 055 3215793
libri@aamterranuova.it - www.terranuova.it

I edizione: maggio 2018

Ristampa
VI V IV 2024 2023

Collana: Coltivare secondo natura

ISBN: 9788866813835

Stampa: Lineagrafica, Città di Castello (Pg)

A tutti quelli che si impegnano a rendere la campagna un luogo accogliente per gli uccelli, le rane, le api e i lombrichi.

E a quelli che, in città, riconoscono, apprezzano e incoraggiano un approccio artigianale all'agricoltura.

INDICE

Prefazione all'edizione italiana

Il paesaggio agricolo del Québec soffre, come ogni paese industrializzato, della monocultura e dell'alta specializzazione, associate alla mancanza di giovani disposti a lavorare la terra. La storia di *Les Jardins de la Grelinette* dimostra come il successo economico di un modello agricolo alternativo può generare il cambiamento sociale in una comunità rurale, che diventa luogo di attrazione per tanti giovani che lasciano la città di Montreal per installarsi in campagna ed occuparsi della coltivazione della terra.

Quando incontrai Jean-Martin Fortier per la prima volta ad una conferenza per orticoltori che lavoravano in piccole aziende dell'Oregon, intuii subito che la sua esperienza andava oltre la semplice trasmissione delle tecniche di coltivazione. Jean-Martin parlava di uno stile di vita in campagna percorribile grazie all'agricoltura sostenuta dalla comunità, Community Supported Agriculture (CSA). Questo modello, unito alla vendita settimanale di ortaggi al mercato contadino, mi era da sempre sembrato la soluzione vincente per poter rendere la vita di un agricoltore/agricoltrice economicamente sostenibile. Ma avevo una domanda a cui non trovavo ancora risposta: "Come arrivarci nel modo più efficace e meno dispendioso possibile?". Dopo il seminario, la lettura e due anni di esperienza lavorativa in Québec con Jean-Martin come mentore la risposta mi è chiara.

Il contenuto di questo libro fornisce indicazioni per progettare, avviare e gestire un orto di successo in qualsiasi regione italiana. La ragione è molto semplice: il concetto base del successo di un orticoltore-giardiniere (il titolo francese del libro è *Le jardinier-maraîcher*) è una pianificazione e organizzazione dettagliata ed essenziale, unita alla costanza esecutiva durante tutta la stagione. Sta al lettore adattare le tecniche descritte da Jean-Martin al proprio contesto regionale.

Le diversità di clima, paesaggi, gusti e usanze andranno a determinare le epoche di semina e la scelta di varietà e cultivar per la propria clientela. La condivisione di esperienze tra agricoltori e l'apertura verso il cambiamento saranno alla base del successo del "nuovo contadino". Mi auguro di poter incontrare presto in Italia molti giovani motivati e determinati, fieri di essere contadini che possono contribuire al miglioramento del patrimonio orticolo-culturale italiano adottando un modello di coltivazione ed uno stile di vita profondamente appagante.

Myrtha Zierock

Introduzione alla nuova edizione

Ho scritto gran parte de *Le jardinier-maraîcher* nel 2011. Da allora molte cose sono cambiate nel nostro orto e questa nuova edizione mi dà l'opportunità di mettervi al corrente dei miglioramenti, oltre che di apportare alcune correzioni all'edizione originale. Il lettore vi troverà, ne sono convinto, molte più tecniche di orticoltura diversificata e maggiori informazioni sull'attrezzatura necessaria per ottimizzare il lavoro su piccola scala. Coerente con il mio modo di fare, illustrerò ciò che abbiamo potuto sperimentare nel corso di numerose stagioni e che, sono certo, darà risultati convincenti ai giardinieri-orticoltori che vorranno ispirarsi alle nostre pratiche per migliorare le loro.

La grande novità dopo la pubblicazione de *Le jardinier-maraîcher* è stata la grande visibilità che il libro mi ha dato. Più che in passato, ho viaggiato per presentare i nostri metodi colturali e ne ho approfittato per fare nuove scoperte, visitando altre aziende agricole. Mi vengono in mente soprattutto le zappatrici elettriche scoperte sulla costa occidentale degli Stati Uniti e ai Jardins du Temple, in Francia; questi esempi mi hanno permesso di constatare che sistemi colturali basati su aiuole permanenti, insieme alla maggior parte dei metodi di coltivazione presentati in questo manuale, si possono applicare anche a una superficie più grande rispetto all'ettaro che coltiviamo.

Vengo spesso contattato da piccoli produttori di attrezzi, che a volte vengono a farmi visita per presentare i loro prototipi. Penso soprattutto al giovane Jonathan Dysenger che, a 18 anni, ha concepito un attrezzo elettrico per la raccolta delle insalatine miste, azionato dalla potenza di un trapano a batteria. È un attrezzo fantastico, che ci ha fatto risparmiare migliaia di ore di lavoro nell'orto. Attualmente c'è molto entusiasmo per la creazione di utensili per l'orticoltura su piccola scala: grelinettes più efficienti, macchine stendi-pacciamatura per il motocoltivatore, nuove seminatrici di precisione ecc. Per quanto queste non siano tutte di pari utilità, alcune innovazioni recano benefici concreti a coloro che scelgono di adottarle. Oltre alla ricerca di buone pratiche colturali, l'uso di attrezzature più funzionali rappresenta una delle migliori strategie per migliorare la produttività delle proprie coltivazioni e, di conseguenza, la qualità della propria vita come orticoltore.

L'altro grande cambiamento che io e Maude-Hélène abbiamo vissuto è stato affrontare tutta la pubblicità che il libro ha fatto alle nostre attività. Non passa giorno in cui non riceviamo una email o una visita da parte di persone che vogliono saperne di più sulle nostre tecniche di coltivazione. Purtroppo, per noi è impossibile rispondere a tutti e, ancora meno, accogliere come si conviene tutti coloro che vorrebbero fare un'esperienza presso la nostra azienda. Detto questo, siamo molto sensibili a queste richieste e spesso commossi dalla voglia di apprendere il mestiere che la maggior parte di queste persone dimostra.

Infine, su una nota più personale, l'avventura de *Le jardinier-maraîcher* mi ha permesso di riflettere sul significato del mio mestiere da un nuovo punto di vista. Quando Maude-Hélène e io eravamo spinti dal desiderio di trovare un percorso professionale in sintonia con i nostri valori, l'agricoltura è stata la risposta alla nostra ricerca di uno stile di vita equilibrato e mi sento privilegiato ad aver trovato un lavoro così appagante fin dalla giovane età. Questo mestiere ci ha permesso di trasferirci in campagna, di costruire la nostra casa e di crescere i nostri figli in armonia con il ritmo delle stagioni. Ma ultimamente mi accorgo che l'agricoltura ci ha messi in contatto con qualcosa di molto più grande dell'azienda agricola e che va al di là del tipo di vita che ci siamo creati.

Per certi versi, il nostro lavoro ci permette di far parte della società senza tuttavia essere totalmente assorbiti dall'economia globalizzata, così devastante. Dal seme fino alla pianta, gli ortaggi che vendiamo sono coltivati impiegando quantità minime di carburanti fossili. Gli attrezzi che utilizziamo provengono tutti da piccole aziende e gli apporti necessari alla crescita delle nostre colture non derivano da processi industriali. La vendita diretta ci permette di eliminare gli intermediari e quindi di instaurare un rapporto proficuo con i nostri clienti. Il mestiere del contadino di famiglia dimostra che è possibile «fare affari» su scala locale. Il nostro lavoro contribuisce alla resilienza delle nostre comunità.

Questa presa di coscienza, unita all'entusiasmo per il «buon cibo» sano e artigianale, ci dà la possibilità non solo di contribuire allo sviluppo della nostra comunità, ma anche di intrattenere con essa un rapporto privilegiato. Sempre più persone ci mostrano la stima che hanno per il nostro lavoro quando si fermano da noi al mercato e buona parte dei nostri soci CSA (CSA: community supported agriculture, "agricoltura sostenuta dalla comunità", N.d.T.) ci ha confidato che facciamo parte della loro preghiera di ringraziamento prima di ogni pasto... Per tutte queste persone, i nostri ortaggi sono qualcosa di più che semplici prodotti di consumo e occupano un posto speciale nella loro vita. I complimenti e gli incoraggiamenti che riceviamo costituiscono forse la parte più soddisfacente del nostro difficile mestiere.

È entusiasmante constatare che gli agricoltori e i consumatori non sono i soli a prendere parte a questo cambiamento. Le conferenze a cui mi hanno invitato sia in America che in Europa mi hanno permesso di incontrare moltissima gente impegnata attivamente a costruire un mondo migliore, con l'agricoltura come caposaldo. Si tratta, certo, di agronomi e di tecnici del biologico, ma allo stesso tempo di attivisti, membri di organizzazioni civili, insegnanti, professionisti della salute, cittadini consapevoli e anche molti politici impegnati. Grazie al loro coraggioso lavoro, queste persone contribuiscono a porre fine allo sfruttamento degli agricoltori e a sensibilizzare la popolazione sull'importanza di conoscere la provenienza di ciò che mangiano.

Queste persone hanno tutta la mia gratitudine e mi auguro che i loro sforzi spingano una folla sempre più numerosa a unirsi alla nostra campagna. Detto questo, ciò di cui questo movimento ha bisogno più di ogni altra cosa è non solo vedere più persone valorizzare il lavoro dell'agricoltore, ma soprattutto vederle svolgere questo mestiere. Il nostro mondo ha bisogno che le piccole aziende agricole a misura d'uomo si moltiplichino.

Purtroppo, un gran numero di giovani si allontana da questa professione, non per lo stile di vita rurale, ma a causa delle sfide economiche che la gestione di un'impresa agricola comporta. L'avvio di un'azienda orticola, anche nel biologico, implica il più delle volte l'acquisto di macchinari pesanti e di un grande appezzamento di terreno. Bisogna anche dirigere degli operai e acquistare, poi mantenere, infrastrutture costose. Presentato in questa maniera, l'acquisto o l'avvio di una tale attività sembra impossibile. Conosco questo stato d'animo, perché è così che mi sentivo quando ho iniziato a interessarmi all'agricoltura.

Ma non è l'unico modo per fare l'orticoltore. Si può accedere a questa professione sostituendo infrastrutture e attrezzature costose con soluzioni alternative, fondate su tecnologie appropriate, e con nuove pratiche orticole. Spero che le esperienze e gli insegnamenti contenuti in questo libro aiuteranno gli aspiranti agricoltori a capire come raggiungere il loro obiettivo.

Una delle cose che più mi incoraggiano è vedere quanti giovani entusiasti, istruiti e politicizzati desiderano profondamente apprendere l'arte di produrre cibo in maniera sostenibile. In un futuro non troppo lontano, questa comunità formerà una potente massa critica e quando ciò accadrà non la si potrà più ignorare.

L'era del petrolio a buon mercato volge al termine e ciò non farà che aumentare l'importanza di un'agricoltura sostenibile, artigianale e sociale, insieme l'entusiasmo che essa suscita. Questo giorno potrebbe arrivare molto prima di quel che si pensa. L'agricoltura locale ha il potere di trasformare la società e io sono tra quelli che credono che questa trasformazione sia già in corso. Ma per farlo, spetta a tutti noi reinventare il nobile mestiere dell'agricoltore.

Jean-Martin Fortier
Saint-Armand, Québec

Premessa

Dopo la Primavera dell'Acero, una Primavera dell'Aratro?
Non si potrà far sparire la dittatura economica se non organizzandosi poco a poco per non esserne più dipendenti. Non è questione tanto di essere autarchici, ma piuttosto autonomi e aperti ad altre autonomie.

Pierre Rabhi, Manifeste pour la Terre et l'humanisme, 2008

Sta accadendo qualcosa nel Québec e nell'intero pianeta. Non solo per i cambiamenti climatici, la perdita della biodiversità o l'aumento delle inuguaglianze. No, qualcos'altro sta nascendo. Una nuova forza sta prendendo vita nelle nostre città e nelle nostre campagne. Alcuni cittadini, sempre più numerosi, si stanno rendendo conto che per rispondere alle sfide della nostra epoca è necessario unirsi per trasformare l'economia. Non possiamo lasciare che l'attuale struttura sociale continui a basarsi su uno sfruttamento ambientale e sociale che minaccia la sopravvivenza della nostra specie[1]. È giunto il momento di avviare un processo di transizione che metterà l'economia al servizio dei cittadini, nel rispetto degli ecosistemi. Niente di meno. In ogni ambiente sociale, le persone insorgono e si ribellano, dando vita a nuove forme di organizzazione cittadina.

Perché?

Perché, fondamentalmente, nessuno vuole assistere a disastri ecologici o umanitari. Agire coerentemente per creare il mondo che desideriamo, quello che vogliamo per i nostri figli, è un antidoto fantastico contro il panico individuale e l'apatia sociale. Questo «agire» si manifesta in forme molto diverse: scioperi studenteschi, movimento degli Indigeni, consumo critico, creazione di cooperative, nascita di comitati per lo sviluppo sostenibile e la difesa del bene comune, arte e giornalismo impegnati, agro-ecologia, semplice volontariato, commercio equo-solidale, investimenti responsabili, turismo solidale, partecipazione sindacale, comunitaria, politica, ecc. Queste iniziative, apparentemente diverse, nascono tutte da un bisogno di portare le realtà locali a una dimensione globale. Esse sono, di fatto, una forma di resistenza.

Ciascuna a suo modo, ricuciono legami che sono stati rotti da un sistema economico che ci mette in lotta gli uni contro gli altri e contro gli ecosistemi. La storia ci insegna che è stata la cooperazione, non la competizione, a permettere agli esseri umani di sopravvivere e di essere felici. Per di più, numerosi studi psicologici hanno dimostrato che impegnarsi per la società e per l'ambiente contribuisce al benessere e alla salute mentale. Perché non approfittare?

Se c'è un luogo dove il potenziale di impegno e di trasformazione è immenso, sono proprio i nostri campi... fino ai nostri piatti[2]. Per questo, bisogna avere il coraggio di cambiare mentalità, rompere con tutte le idee preconcette in circolazione. Specialmente in agricoltura! Avete tra le mani uno strumento formidabile per contribuire a tutto questo. Ne Il giardiniere-orticoltore c'è tutto ciò che serve per far nascere una piccola rivoluzione agricola nel Québec. Diffondendo gli orti su tutto il territorio, si riuscirà a operare un cambiamento profondo nei prossimi anni. Sull'onda della Primavera dell'Acero, nata

1 *Vivere al di sopra dei nostri mezzi. Patrimonio naturale e benessere umano*. Dichiarazione del Consiglio Direttivo per la valutazione degli ecosistemi per il Millennio, Organizzazione delle Nazioni Unite, 2005, p.5.

2. Laure Waridel, *L'envers de l'assiette et quelques idées pour la remettre à l'endroit*, Montreal, Ecosociete, 2011.

nelle nostre università, perché non realizzare una «Primavera dell'Aratro» nelle nostre campagne?

Miti da sfatare

Quante volte ho sentito dire che le coltivazioni biologiche sono improduttive? Che non c'è futuro per i giovani in agricoltura, a meno che non abbiano ereditato un patrimonio familiare di centinaia di ettari? Che ci troviamo in fondo a un vicolo cieco ambientale, sociale ed economico? In poche parole, che siamo intrappolati in un modello industriale senza via d'uscita, con la bocca piena di OGM e di residui di pesticidi, completamente impotenti di fronte ai giganti dell'agroalimentare, che controllano i mercati mondiali.

Jean-Martin Fortier e Maude-Hélène Desroches ci dimostrano il contrario. Senza usare modelli teorici ed economici astratti o lunghe dissertazioni politiche, ma attraverso 10 anni di pratica che danno impulso ad alternative concrete. Sono un esempio vivente delle trasformazioni in corso, di una *Primavera dell'Aratro* che sta lentamente nascendo per una nuova agricoltura. Sono la dimostrazione che abbiamo la scelta e i mezzi per agire diversamente.

Dal New Mexico al Québec, passando per Cuba, hanno messo le mani nella terra e le ginocchia sul suolo per imparare differenti tecniche di orticoltura biologica, dalle più produttive alle più redditizie. Hanno fatto questa scelta dopo aver completato gli studi universitari in sviluppo sostenibile, entrambi innamorati di un idealismo pragmatico, con una voglia di cambiare il mondo, basandosi su ciò che amano e, soprattutto, su ciò che sono.

Oggi, stabilitisi con i loro due figli a Saint-Armand, nel Montérégie, hanno fondato *Les Jardins de la Grelinette*. Con meno di un ettaro, su una superficie totale di quattro, nutrono 150 famiglie grazie all'agricoltura sostenuta dalla comunità (CSA). Vendono i loro ortaggi anche al mercato contadino di Lac-Brome, ad alcuni ristoranti limitrofi e anche all'alimentari di Frelighsburg, il paese vicino. In questo modo, più del 40% della loro produzione è venduta a meno di 30 km dai loro campi e dalle loro serre. Il resto viene consegnato direttamente ai loro soci della CSA a Montréal, a un'ora di strada.

Un'agricoltura sostenuta dalla comunità

Promosso da *Équiterre* una quindicina di anni fa, il modello della CSA offre numerosi vantaggi sia ai produttori che ai consumatori, considerati come soci dell'azienda agricola. Pagando in anticipo una parte del raccolto, questi «consum-attori» permettono ai loro contadini di famiglia di evitare gran parte dell'indebitamento a inizio stagione. A raccolta avvenuta, i soci ricevono una cassetta di ortaggi biologici, freschi, consegnati nel loro quartiere. Questo appuntamento ha luogo una volta a settimana, a un'ora e in un posto prestabiliti, di solito nei pressi dell'abitazione di un membro del gruppo o all'entrata di un luogo di lavoro, nel caso in cui gli impiegati di un'azienda abbiano deciso di organizzare un punto di raccolta.

I soci non scelgono il contenuto esatto della loro cassetta, benché abbiano già prima un'idea di quello che sarà seminato e piantato alla fattoria biologica che hanno scelto. Consumatori e produttori condividono dunque i rischi e i vantaggi di un tipo di produzione dove i concimi chimici sono vietati. Più il raccolto sarà buono, più le cassette saranno piene. Se l'estate è troppo calda per le crucifere (broccoli, cavoli, cavolfiori, ecc.), nella cassetta ci saranno più solanacee (peperoni, pomodori, melanzane, ecc.). Se le dorifore hanno danneggiato le patate, forse bisognerà farne a meno. Una cassetta alternativa permette a coloro che lo desiderano di rinunciare agli ortaggi che amano di meno, per sceglierne altri in cambio.

La CSA presenta anche il vantaggio di ridurre lo spreco legato alla standardizzazione. Avrete senza dubbio notato che nei negozi di alimentari la frutta e la verdura è tutta uguale e della stessa misura. Le carote un po' storte, le mele che presentano una piccola macchia, i pomodori troppo grandi o troppo piccoli vengono sistematicamente eliminati prima del loro arrivo sugli scaffali. Questi difetti estetici, tuttavia, non tolgono nulla al sapore o al valore nutritivo degli alimenti. L'Organizzazione delle Nazioni Unite per l'Agricoltura e l'Alimentazione (FAO) ha stimato che a livello globale almeno il 30% degli alimenti coltivati vanno sprecati per diverse ragioni[3]. Negli Stati Uniti, alcuni studi indicano che queste perdite sono nell'ordine del 40-50%[4]. La globalizzazione del sistema agro-alimentare e la standardizzazione imposta portano a dover produrre di più per niente!

Redditizio e produttivo

Jean-Martin e Maude-Hélène sono giovani e non hanno ereditato un fondo agricolo. Sono partiti da zero, basandosi solo sul loro grande capitale fatto di determinazione e di intelligenza. Scegliendo di puntare sulla qualità piuttosto che sulla quantità, hanno messo in piedi una piccola impresa redditizia e produttiva, che è al loro servizio, non il contrario. Hanno scelto l'indipendenza.

Contrariamente alla maggior parte dei produttori agricoli del Québec, loro vivono esclusivamente di un'agricoltura biologica, locale e a misura d'uomo. Un modello che si può anche definire solidale, vista la natura dei rapporti che intrattengono con i loro soci. Jean-Martin e Maude-Hélène conoscono le persone che nutrono e viceversa. La loro impresa si fonda su legami di fiducia, grazie a persone preoccupate della propria salute così come del futuro della fattoria che le nutre. Si tratta di una iniziativa economica «ancorata» alla società, per citare lo storico dell'economia Karl Polanyi. Nel suo libro più importante, *La grande trasformazione*, ci permette di comprendere il processo che ha portato l'economia allo stato di sconnessione attuale, sia sul piano sociale che ambientale. La storia di *Les Jardins de la Grelinette* e la sua partecipazione alla CSA serve da esempio per intraprendere il percorso inverso.

Mentre i mercati finanziari svendono il «futuro» ai migliori offerenti, creando una ricchezza virtuale, speculando e affamando i poveri, la CSA è la loro antitesi. Ben ancorata nell'economia reale, essa nutre la gente: tanto chi produce quanto chi consuma. I produttori e i consumatori non devono sottostare alla legge della domanda e dell'offerta. Stabiliscono da soli le loro regole. Ciò permette di evitare l'esternazione di costi ambientali e sociali, così diffusa nelle pratiche economiche classiche e così dannosa per il bene comune. Ai miei occhi di sociologa, *Les Jardins de la Grelinette* e, in particolare, la CSA incarnano questa economia post capitalista, che punta all'avvenire. Nata come reazione ai fallimenti del modello dominante, essa risponde direttamente ai bisogni della gente, nel rispetto degli ecosistemi. Si tratta di un'economia sociale ed ecologica. Il suo principale capitale è l'intelligenza umana, che fa ricorso alla cooperazione e alle forze della natura, facendone un uso rispettoso piuttosto che sfruttarle. Essa porta a enormi risultati umani e ambientali, oltre che a notevoli vantaggi economici.

L'anno scorso, per esempio, *Les Jardins de la Grelinette* ha ottenuto un margine di profitto superiore al 45%, che è più del doppio di una tipica azienda agricola canadese e del Québec, di qualsiasi dimensione. Non ricevono alcuna sovvenzione governativa. L'agricoltura è la loro unica fonte di guadagno.

Piccolo è bello

Al contrario della maggior parte delle aziende agricole nel Québec, la *Grelinette* non è schiacciata dal peso dei debiti, perché gli investimenti necessari per il modello scelto sono minimi: poca superficie, poca meccanizzazione ed energia fossile, nessun prodotto chimico, ecc. Sono i loro soci della CSA a finanziare gran parte delle spese in primavera, pagando in anticipo quello che poi riceve-

3. *Perdite e sprechi alimentari globali*, Organizzazione delle Nazioni Unite per l'Agricoltura e l'Alimentazione (FAO), 2011.

4. Timothy W. Jones, «The Corner of Food Loss», Biocycle, vol. 46, n° 7, 2005, p. 25.

ranno tra il mese di giungno e il mese di novembre. Nessuna banca la tiene in ostaggio. È questa una delle chiavi del successo di *Les Jardins de la Grelinette*, che Jean-Martin condivide apertamente con noi.

Al contrario delle Monsanto e delle Syngenta di questo mondo, che brevettano tutto ciò che possono (anche ciò che appartiene a tutti!), è nella più totale transparenza che Jean-Martin ci rivela le sue tecniche di coltivazione per potercene servire. I suoi consigli accorti sono destinati a tutti coloro che vogliono vivere grazie a un'agricoltura ecologica, diventando giardinieri-orticoltori a tempo pieno. Progetti simili si possono benissimo realizzare in città o in periferia, considerata la poca superficie necessaria per questo tipo di orti.

Questo libro, un vero e prorio manuale tecnico, ci insegna, passo dopo passo, come scegliere la posizione di un sito ideale, fare un buon piano economico, organizzare l'orto, scegliere le attrezzature, avviare le semine, ecc. Si potrà capire l'importanza del diserbo, del controllo e della prevenzione delle malattie, di un lavoro costante e di un'organizzazione meticolosa. Jean-Martin illustra le sue scelte, alcune delle quali vorrebbe fossero più ecologiche ma che egli cerca di non applicare sempre. È integro, ma non integralista.

Le pagine che seguono permettono di capire fino a che punto l'agricoltura biologica ha bisogno di comprendere la complessità delle interazioni necessarie alla vita nel suolo. Si cerca di imitare la natura, non di combatterla. Occorre dunque creare ecosistemi produttivi a breve e a lungo termine, mantenendo allo stesso tempo un equilibrio tra ciò che è sottratto e ciò che è restituito alla terra. La chimica deve essere sostituita dalla biologia, cosa che richiede una conoscenza ben più complessa rispetto alla semplice applicazione di prodotti miracolosi, raccomandati dall'industria. In queste pagine, Jean-Martin ci spiega perché non ci si può accontentare di sostituire un pesticida chimico con un biopesticida o un fertilizzante chimico con uno naturale. Ci permette di capire, prove alla mano, a che punto l'agricoltura biologica è tanto esigente quanto produttiva.

Questo libro è così convincente e così ben esposto che, dopo averlo letto, mi sono domandata io stessa se non fosse il caso di cambiare mestiere! Non perché la vita di un giardiniere-orticoltore sembra facile, affatto, ma perché ha un senso. Questa professione permette di avere uno stile di vita sano ed ecologico, rafforza il proprio legame con la natura e contribuisce in maniera assai concreta allo sviluppo di un'economia ecologica e sociale, così necessaria per il futuro del mondo.

Spero che questo manuale finisca nelle mani di tutti gli studenti e le studentesse di agricoltura e di agronomia, così come in quelle dei funzionari dei ministeri dell'Agricoltura nel Québec, a Ottawa e altrove nel mondo. L'esperienza della *Grelinette* non solo è la prova che un'altra agricoltura è possibile, ma che è già messa in atto.

È giunto il tempo di far parte di questa *Primavera dell'Aratro*.

Laure Waridel [5]

5. Attivista, ambientalista, scrittrice e fondatrice di "Èquiterre", una ONG con base a Montreal che si dedica alla promozione di pratiche ecologicamente e socialmente sostenibili attraverso attività, formazione e ricerca.

Ringraziamenti

Vorrei ringraziare Isabelle Joncas, di *Équiterre*, André Carrier, del ministero dell'Agricoltura e dell'Alimentazione del Québec (MAPAQ) e anche Roméo Bouchard e Sophie Guimont per aver contribuito a questo progetto.

Le vostre osservazioni e i vostri commenti sul manoscritto mi hanno enormemente aiutato a definire il mio obiettivo. Per la revisione tecnica dell'opera, vorrei ringraziare Daniel Brisebois, François Handfield, Frédéric Duhamel e Yan Gordon, tutti orticoltori di cui ho stima.

Grazie anche a Diane Lamothe e a Emmanuelle Walter per la revisione linguistica e il lavoro editoriale sul testo. Un enorme grazie a Ghislain Jutras, professore di agricoltura biologica al Cégep di Victoriaville, per il suo contributo al glossario e a molte altre parti dell'opera. Infine, porgo i miei ringraziamenti a Laure Waridel per aver accettato così volentieri di scrivere la prefazione.

Voglio anche sottolineare l'appoggio della Finanziaria Agricola del Québec, della MRC e del CLD Brome-Missisquoi, così come quelli della fondazione Carott Cache dell'Ontario per la produzione del libro.

Grazie a Marie Bilodeau per il suo grande talento e a tutta l'equipe di *Écosociété*, in particolar modo a Barbara Caretta-Debays, che ha creduto fin dall'inizio in questo libro. Siete voi che avete portato il mio lavoro a un livello di qualità superiore e ve ne sono riconoscente.

Per finire, vorrei ringraziare due persone che mi hanno fatto diventare la persona che sono. Mio padre, che mi ha insegnato, fin da quando ero piccolo, a fare dei piani d'azione e a essere ben organizzato. Questo è di sicuro il migliore attrezzo nella mia cassa! E Maude-Hélène Desroches, la mia compagna di lavoro, la mia migliore amica e il mio amore.

Introduzione alla prima edizione

Nel 2000, dopo i miei studi presso la Facoltà di Scienze Ambientali all'Università McGill, a Montréal, ho intrapreso un soggiorno all'estero di due anni che, alla fine, mi avrebbe iniziato al mestiere di giardiniere-orticoltore. Durante i 10 anni successivi, il mio unico lavoro retribuito è stato coltivare ortaggi biologici e venderli direttamente a consumatori solidali e che volevano nutrirsi con prodotti locali.

Dopo aver lavorato come operaio salariato e poi in proprio su un terreno preso in affitto, nel 2005 mi sono insediato in maniera definitiva su un terreno di quattro ettari situato a Saint-Armand, nel sud del Québec. Ho applicato le conoscenze che ho acquisito in orticoltura diversificata e in permacultura per trasformare la nostra micro-fattoria in un luogo ad altissima produttività orticola, su una superficie di meno di un ettaro.

Fin dal mio debutto in agricoltura, condivido le mie avventure in orticoltura con la mia compagna Maude-Hélène Desroches. La realizzazione e il successo di *Les Jardins de la Grelinette* sono il frutto tanto del suo lavoro quanto del mio, perché vi abbiamo investito entrambi. Di conseguenza, benché Il giardiniere-orticoltore rifletta le mie personali opinioni e proposte, il «noi» è usato sempre in questo manuale per descrivere le pratiche e le tecniche orticole utilizzate nella nostra azienda agricola.

Considerato il tempo necessario all'elaborazione di un tale progetto, la stesura di questo manuale non è stata un'impresa da poco. Ci tengo a sottolineare che quest'avventura è stata resa possibile grazie al sostegno della mia famiglia e alla collaborazione dei nostri impiegati in azienda. Anche l'inverno del Québec è servito a qualcosa...

L'idea di scrivere questo manuale è nata principalmente dal mio desiderio di vedere più giovani affermarsi in orticoltura biologica e di contribuire a prepararli per il loro percorso. Per esperienza personale, so che ciò di cui un orticoltore principiante ha più bisogno è di avere a portata di mano una spiegazione chiara su come procedere in ogni fase della stagione agricola.

Questo progetto è nato anche dalla convinzione che un manuale pratico di orticoltura può essere scritto in maniera esauriente solo da uno o più orticoltori esperti. In questo mestiere c'è molto da imparare per acquisire la competenza che assicura il successo di una stagione agricola e un orticoltore esperto è la persona più indicata per spiegare il suo metodo di lavoro. È questo lo scopo del presente manuale.

Capitolo per capitolo, ho voluto illustrare, il più dettagliatamente possibile, le pratiche agricole adottate nella mia azienda, perché ho sempre creduto che fosse importante avere un modello da seguire quando si ha poca o nessuna esperienza in un ambito. Perciò, è importante capire che questo testo non è un'opera «scientifica e agronomica», ma piuttosto una fonte di consigli pratici per coloro che decidono di entrare nel mondo dell'orticoltura.

Uno dei princìpi che ha guidato l'elaborazione di questo manuale è di condividere le mie conoscenze concrete e di spiegare le pratiche orticole che io stesso ho sperimentato nel corso di molte stagioni a *Les Jardins de la Grelinette*. Le informazioni presentate hanno il pregio di essere precise e comprovate. Per contro, tutti gli altri metodi utilizzati da altri orticoltori non sono qui esposti. Esistono molte opere che trattano di orticoltura biologica e invito i lettori, se ne dovessero sentire il bisogno, a consultare altre fonti, tra cui quelle menzionate in appendice a questo libro.

Infine, è importante anche sottolineare che le tecniche descritte in questo manuale e messe in atto nella nostra azienda agricola non sono assolute o statiche. Visitando altre aziende agricole all'estero, scambiando informazioni con altri produttori e leggendo varie pubblicazioni, scopriamo a volte metodi più efficienti e attrezzature migliori. Il nostro sistema di produzione è in costante evoluzione e le nostre tecniche di lavoro vanno sempre migliorate.

Detto questo, sono convinto che chiunque sia desideroso di affermarsi in orticoltura biologica troverà in questo manuale numerose risorse che lo aiuteranno nel suo progetto. Me lo auguro, perché, in fondo, la mia speranza è che questo manuale possa contribuire in maniera positiva alla nascita di una nuova generazione di giovani agricoltori, spinti dalla voglia di vivere la straordinaria avventura di avere una fattoria, di abitare in campagna e di nutrire la comunità con alimenti sani.

CAPITOLO 1

Piccolo è bello

Stiamo assistendo a una piccola rivoluzione in corso un po' dappertutto. È evidente che stanno nascendo metodi di coltivazione alternativi, prove di resistenza da parte della proprietà contadina incentrata sulle produzioni locali e caratterizzata dall'attenzione all'ambiente e dai rapporti tra i cittadini.

– Hélène Raymond e Jacques Mathé, *Une agriculture qui goûte autrement. Histoires de productions locales, de l'Amérique du Nord à l'Europe*, 2011

Ovunque nel mondo, c'è una generale presa di coscienza sulle gravi conseguenze dell'agricoltura industriale: pesticidi, OGM, tumori, industria agroalimentare, ecc. Questa consapevolezza si è tradotta in un generale entusiasmo per un'agricoltura biologica, sana e locale. La rinascita dei mercati contadini e l'introduzione di formule diverse e solidali di commercializzazione dei prodotti, come l'agricoltura sostenuta dalla comunità (ASC; CSA in inglese) nel Québec oppure l'Associazione per la Conservazione di un'Agricoltura Contadina (Association pour le Mantien d'une Agriculture Paysanne, AMAP) in Francia, costituiscono una risposta al bisogno di molte persone di ristabilire un legame con chi li nutre, oltre che risolvere certi problemi di qualità.

Nel Québec, queste idee si sono diffuse soprattutto grazie al concetto di «contadino di famiglia», brillantemente sviluppato da *Équiterre*, un'organizzazione che attualmente gestisce una delle più grandi reti di produttori biologici e di cittadini uniti per un'agricoltura ecologica. Grazie alla possibilità di usare varie forme di commercializzazione, oggi esiste una nicchia importante per l'agricoltura su piccola scala e ci sono opportunità concrete per molti giovani (e non) di trasferirsi in campagna e di fare dell'agricoltura la propria fonte di guadagno.

La mia compagna e io abbiamo iniziato la nostra carriera di agricoltori con un orto molto piccolo, vendendo gli ortaggi ai mercati contadini e attraverso un progetto di CSA. Avevamo preso in affitto un piccolo terreno di 1000 m^2 dove ci eravamo temporaneamente accampati per l'estate. Per iniziare non ci è voluto un grande investimento in termini di utensili e di attrezzature. Il fatto di essere in affitto ci ha spinto a limitare le spese, in modo tale da coprire i costi di gestione con la nostra attività e mettere da parte abbastanza soldi per investire, superare l'inverno e fare qualche viaggio. A quel tempo eravamo felici semplicemente di coltivare e di far quadrare il bilancio!

Poi arrivò il momento in cui sentivamo l'esigenza di stabilirci da qualche parte. Avevamo bisogno di sicurezza, il desiderio di costruire una casa tutta nostra e di mettere radici nella nostra piccola comunità. Questo nuovo inizio significava che il nostro orto avrebbe dovuto generare un reddito sufficiente a coprire i costi per il terreno, i bisogni della famiglia e la costruzione della casa.

Invece di meccanizzare le nostre operazioni colturali, seguendo il percorso di una orticoltura più convenzionale, pensavamo che sarebbe stato possibile, se non preferibile, intensificare la nostra produzione e continuare a lavorare in maniera perlopiù manuale. Il nostro principio era di produrre meglio piuttosto che produrre di più. Con questa idea in mente, ci siamo messi alla ricerca di tecniche orticole e di attrezzi che avrebbero reso più efficiente e redditizia la coltivazione di ortaggi su piccola scala.

Alla fine, le nostre ricerche e le nostre scoperte, frutto di numerose esperienze, ci hanno permesso di realizzare una micro-azienda orticola produttiva e redditizia. Ogni settimana il nostro orto rifornisce più di 200 famiglie e genera un reddito sufficientemente alto per farci vivere dignitosamente. La nostra strategia iniziale, che consisteva nella creazione di un sistema a «bassa tecnologia», ci ha consentito di limitare i costi iniziali di avvio e così la nostra azienda era diventata già redditizia dopo solo pochi anni di attività. Le nostre spese di gestione sono sempre piuttosto basse, tanto che finora non abbiamo avuto alcuna difficoltà economica. Come quando abbiamo iniziato, la nostra attività principale è coltivare e, nonostante tutti i cambiamenti avvenuti all'interno dell'azienda, il nostro stile di vita è rimasto sempre quello che avevamo scelto all'inizio. L'azienda agricola lavora per noi e non il contrario.

Lungo il percorso, ci siamo dati il nome di «giardinieri-orticoltori» per sottolineare la nostra scelta di lavorare con attrezzi manuali. Diversamente dagli orticoltori convenzionali, noi non coltiviamo campi, ma orti, limitando al massimo l'uso di carburanti fossili. L'insieme delle nostre attività – l'elevata produttività su una piccola superficie, l'utilizzo di metodi intensivi di produzione, il ricorso a tecniche per estendere la stagionalità dei prodotti e la vendita diretta ai mercati cittadini – si ispira alla tradizione orticola francese, benché le nostre pratiche abbiano allo stesso tempo subìto l'influenza dei nostri vicini americani. Il maggiore influsso sul nostro lavoro lo ha avuto l'americano Eliot Coleman, che abbiamo incontrato in diverse occasioni, e il suo libro, *The New Organic Grower*, che ci è servito all'inizio come guida. È stato proprio questo libro che ci ha fatto intravvedere la possibilità di ricavare profitto dalla coltivazione di meno di un ettaro. A tutt'oggi, Coleman rimane un punto di riferimento in termini di esperienza e di innovazione in orticoltura mista su piccola scala. Gli dobbiamo molto.

Ovviamente, la maggior parte degli agricoltori ben avviati pensa che coltivare senza l'aiuto di un trattore è un lavoro troppo duro e faticoso, che noi siamo ancora giovani e che meccanizzare le nostre operazioni ci renderebbe immancabilmente la vita più facile. Non sono d'accordo. Le tecniche di lavorazione del terreno descritte in questo manuale riducono i tempi e l'energia necessari per la sua preparazione. L'intensificazione delle coltivazioni diminuisce di gran lunga il lavoro di diserbo e gli attrezzi utilizzati nel nostro orto, per quanto manuali, sono molto sofisticati e concepiti appositamente per migliorare l'efficienza e la comodità del lavoro. A conti fatti, a parte la raccolta, che rappresenta gran parte delle nostre fatiche, il nostro lavoro è molto produttivo ed efficiente. Il lavoro manuale è piacevole, redditizio e definitivamente in armonia con uno stile di vita sano dove, per la maggior parte del tempo, il canto degli uccelli sostituisce il rumore dei motori.

Detto questo, non sto insinuando che la meccanizzazione delle operazioni colturali debba essere vietata. Del resto, le migliori aziende orticole che ho visitato, a eccezione di quella del signor Coleman, erano spesso altamente meccanizzate. Il mio punto di vista è piuttosto il seguente: l'utilizzo di un trattore agricolo e di altri attrezzi meccanici per sarchiare e lavorare il terreno non conduce necessariamente a pratiche orticole più redditizie. La non-meccanizzazione o l'utilizzo di macchinari alternativi, come ad esempio un motocoltivatore professionale, presenta invece diversi vantaggi da prendere in considerazione, soprattutto quando si è all'inizio.

È possibile vivere con meno di un ettaro?

La maggior parte degli esperti nel mondo dell'agricoltura accoglie con evidente scetticismo la possibilità di ricavare profitto da una micro-azienda orticola, o orto professionale, come lo chiamiamo noi. È possibile che proveranno a scoraggiare chi tra di voi desidera avviare un progetto simile al nostro. Non c'è da preoccuparsi troppo, perché le mentalità stanno cambiando man mano che la micro-agricoltura negli Stait Uniti, in Giappone e in altre parti del mondo sta dimostrando l'impressionante potenziale di una produzione artigianale che opera all'interno di canali di distribuzione locali. Nel Québec, *Les Jardins de la Grelinette* lo ha dimostrato e molti esperti, inizialmente scettici, ne hanno preso atto. Nel nostro primo anno di attività, l'azienda ha ricavato 20.000$[1] dalla vendita dei prodotti, con un appezzamento di un quarto di ettaro messo a coltura. L'anno successivo, le nostre vendite sono più che raddoppiate, passando a 55.000$, coltivando sempre la stessa superficie. Al nostro terzo anno di attività, abbiamo investito in nuove attrezzature e ci siamo trasferiti sul terreno che stavamo coltivando, a Saint-Armand. Espandendo l'area messa a coltura fino a tre quarti di ettaro, le nostre vendite hanno raggiunto gli 80.000$, poi 100.000$ nella nostra quarta stagione. A questo punto, la nostra micro-azienda aveva raggiunto un livello di produzione e un successo economico che la maggior parte degli esperti in agricoltura credevano impossibile. Quando abbiamo reso pubblico il nostro volume di affari, nell'ambito di un concorso per aziende agricole, la nostra impresa ha ricevuto un riconoscimento importante per le sue eccellenti performances economiche.

Da più di dieci anni, la mia compagna ed io non abbiamo altra entrata al di fuori di quella generata dal nostro orto professionale di meno di un ettaro. Conosco anche molti altri piccoli produttori che riescono a ricavare un buon guadagno dalla loro piccola attività di coltivazione intensiva. Questo modello è redditizio, è comprovato. Inoltre, è anche lecito pensare di poterne ricavare un reddito piuttosto elevato. Un orto professionale avviato, dotato di un piano di produzione ben sviluppato e con buoni canali di vendita, può generare ogni anno tra i 60.000$ e i 120.000$ di vendite con meno di un ettaro coltivato a ortaggi misti e un margine di profitto superiore al 40%. Un ricavo netto che si può tranquillamente paragonare a molti altri settori agricoli.

Guadagnarsi da vivere, ma soprattutto vivere bene

L'idea che la maggior parte della gente si è fatta riguardo al nostro mestiere è che siamo persone invasate, che lavorano sette giorni su sette, senza sosta, per guadagnare a mala pena ciò che gli basta per sopravvivere. Un'idea che è fondata probabilmente sui problemi reali di gran parte degli agricoltori convenzionali, intrappolati nella morsa dell'agricoltura moderna. È vero che il mestiere dell'orticoltore a volte è difficile. Sia con il bello sia con il cattivo tempo, siamo sempre soggetti ai capricci di un clima imprevedibile. Raccolti eccezionali e buone annate non sono mai una garanzia e serve una buona dose di coraggio e di impegno, soprattutto nei primi anni di attività, quando si deve ancora costruire una clientela e le necessarie infrastrutture.

Ciononostante, è un mestiere straordinario, caratterizzato non tanto dalle ore di lavoro o dal salario, quanto piuttosto dalla qualità della vita che offre. In pochi lo possono immaginare, ma, nonostante l'intensità del nostro lavoro, ci resta ancora molto tempo da dedicare ad altre cose. La nostra stagione inizia gradualmente a marzo per terminare a dicembre. Sono in tutto nove mesi di lavoro e tre mesi di vacanza. L'inverno è un momento prezioso per riposare, viaggiare o fare qualsiasi altra attività. A tutti quelli che pensano che stiamo facendo un mestiere da fame vorrei rispondere che la nostra attività ci permette di vivere in campagna, di conciliare lavoro e famiglia all'interno di un ambiente naturale e di avere un'occupazione assicurata, diversamente dagli impiegati in una grande società, dove i licenziamenti sono imprevedibili e frequenti. Questo è un vantaggio considerevole.

Dopo aver speso molto tempo alla stesura di questo manuale, posso dire a chiunque sia preoccupato di non avere le capacità fisiche necessarie per questo mestiere che coltivare a tempo pieno è meno «pesante» per il corpo e per la salute che restare seduti davanti

1. $ sta per dollaro canadese pari a circa 0,63 € (maggio 2018).

Le nostre attività quotidiane nell'orto sono in armonia con il ritmo delle stagioni e in linea con lo stile di vita che abbiamo scelto. Il mestiere di giardiniere-orticoltore è difficile, ma è anche gratificante e piacevole..

allo schermo di un computer per molte ore al giorno. Dicendo questo, spero di rassicurare i lettori. Infatti, non è una questione di età, ma di forza di volontà. Con o senza esperienza in agricoltura, chiunque, se è serio e motivato, può imparare questo mestiere tradizionale, che è alla portata di tutti. Si tratta semplicemente di mettere in gioco il proprio tempo e il proprio entusiasmo.

Da quando la nostra azienda accoglie tirocinanti che vogliono avviare una loro attività agricola, ho avuto modo di osservare che la maggior parte di quelli che aspirano a questo mestiere sembrano essere spinti da una ragione ben precisa. Se, da un lato, tutti vogliono essere padroni di sé stessi e stare all'aria aperta il più possibile, alcuni di loro sono attratti dall'idea di dare un senso al proprio lavoro. Capisco il motivo di questa scelta, perché fare il contadino di famiglia è un mestiere molto gratificante. Le nostre fatiche nell'orto sono regolarmente ricompensate da tutte quelle famiglie che mangiano i nostri ortaggi e ci ringraziano personalmente ogni settimana. Per tutti quelli che desiderano vivere diversamente e cercano uno stile di vita alternativo, credo sia importante precisare che non solo è possibile guadagnarsi da vivere con questa attività, ma anche vivere bene.

CAPITOLO 2

Avere successo in orticoltura

Saper ottenere dalla terra la resa migliore senza costi eccessivi, grazie alla scelta attenta delle colture e con l'aiuto di tecniche appropriate: questo è lo scopo dell'orticoltore.

– J. G. Moreau e J. J. Daverne, *Manuel pratique da la culture maraîchère de Paris*, 1845

Da qualche anno, vista la fama che la nostra impresa ha raggiunto grazie ai vari media che si occupano di agricoltura, numerosi esperti del settore vengono a farci visita e a conoscerci. Secondo queste persone, abituate ai dogmi dell'agricoltura convenzionale, una piccola azienda non può sopravvivere nel contesto di una economia di scala. Ai loro occhi, *Les Jardins de la Grelinette* rappresenta una stranezza. Nonostante la loro apertura mentale, è sempre difficile fargli capire che non abbiamo alcuna intenzione di fare ulteriori investimenti e che la nostra politica aziendale è di restare piccoli e di continuare a lavorare con attrezzi manuali. Questi confronti sono cordiali, ma spesso non portano da nessuna parte. Una volta, una consulente bancaria è persino andata via dicendo, sicura di sé, che non eravamo veri imprenditori e che la nostra non era una vera azienda!

Non è così facile comprendere la logica dietro le nostre scelte se non si conoscono gli ostacoli disseminati sul percorso di ogni agricoltore in fase di insediamento. Aver optato per piccole particelle di terreno meno costose e aver ridotto al minimo gli investimenti necessari per avviare l'attività era per noi una semplice questione di disponibilità economica. Quando avevamo appena vent'anni, le nostre risorse economiche erano limitate ed eravamo fortemente decisi a ridurre al minimo i nostri debiti. La nostra scelta di avviare un'azienda agricola senza investire un grande capitale, ma producendo comunque una grande quantità di ortaggi per la vendita diretta, si è rivelata una strategia vincente a breve e a medio termine e lo è ancora oggi. Il nostro orto professionale è la prova che si possono ottenere buoni profitti senza grandi spese.

Qualunque siano le dimensioni dell'azienda, è importante prima di tutto scegliere attentamente il modello di produzione agricola che si intende adottare e di valutarne bene le implicazioni. Quando si avvia un'azienda agricola, mi sembra evidente che iniziare «in piccolo» presenta i suoi vantaggi, ma esistono molte altre buone ragioni per tenere una produzione su piccola scala. Ecco dunque alcuni fattori che, secondo me, sono alla base del successo della nostra azienda.

Il metodo «bio-intensivo»

Il termine «bio-intensivo» si riferisce comunemente a un metodo orticolo mirato a massimizzare la resa di una superficie messa a coltura, facendo attenzione a conservare, se non a migliorare, la qualità del suolo. Partendo dall'esperienza degli orticoltori francesi del XIX secolo e dalla biodinamica ideata da Rudolf Steiner, il metodo bio-intensivo è stato messo a punto nel nord della California a partire dagli anni '60. Oggi esiste una vasta letteratura su questo argomento e diverse scuole di pensiero vi si ispirano. Alcune tecniche di questo metodo, anche se concepite perlopiù per un'orticoltura domestica, si possono adottare su scala commerciale. È ciò che abbiamo fatto quan-

In alcuni ambienti, il termine «bio-intensivo» fa riferimento a una serie di pratiche e di tecniche ben definite. Alcuni hanno perfino provato a trasformare questo metodo in un marchio. Io preferisco generalmente l'espressione «biologicamente intensivo» ed è quella che userò più spesso in questo libro, ma entrambe fanno riferimento agli stessi princìpi.

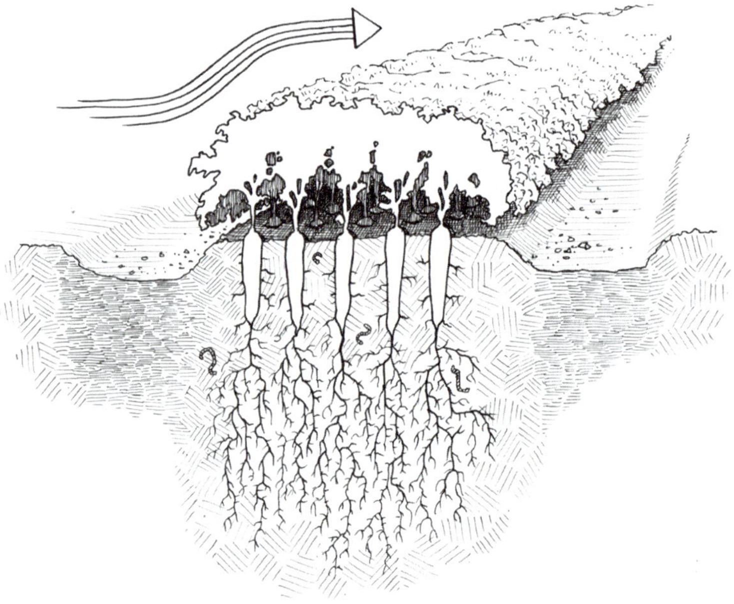

Un sesto di impianto intensivo delle colture ha l'effetto di creare un microclima a loro favorevole. La copertura fornita dalle giovani piante, che vengono a toccarsi una volta raggiunto lo sviluppo completo, migliora la resistenza delle piante al vento, riduce l'evapotraspirazione della superficie del suolo e crea un ombreggiamento che impedisce la proliferazione delle erbe infestanti.

do abbiamo elaborato il sistema colturale del nostro orto.

Di fatto, la nostra area di coltivazione non è organizzata in filari tradizionali, tipici dell'agricoltura meccanizzata, ma piuttosto in aiuole rialzate che chiamiamo «bancali». Questi bancali sono permanenti e sono stati arricchiti fin dall'inizio con una grande quantità di sostanza organica, allo scopo di ottenere subito un suolo ricco e pieno di vita. In questa maniera abbiamo letteralmente «costruito» il nostro suolo. In seguito, i bancali vengono arieggiati senza rivoltare il terreno con l'aiuto di una grelinette (bioforca, N.d.T.) e continuamente arricchiti di compost. Usiamo vari attrezzi e tecniche per lavorare solo la superficie del suolo al fine di mantenerne la struttura il più intatta possibile. Questo modo di coltivare serve per favorire la formazione di un terreno sciolto e fertile, che permetta alle radici degli ortaggi di svilupparsi in profondità piuttosto che in superficie. Così facendo, è possibile posizionare le piante molto vicine tra loro senza che ci sia competizione al livello delle radici.

L'obiettivo allora è piantare le colture in modo tale che le estremità delle foglie si tocchino quando le piante avranno raggiunto tre quarti della loro crescita. A sviluppo completo, il fogliame coprirà completamente l'area di crescita, cosa che permetterà di conservare maggiormente l'umidità del terreno, impedendo allo stesso tempo lo sviluppo delle erbe infestanti e creando così una vera e propria «pacciamatura» vivente. Oltre ad aumentare considerevolmente la produttività per metro quadrato, questa strategia presenta due vantaggi importanti: riduce enormemente la quantità di lavoro necessaria per il diserbo e rende più efficienti molte delle quotidiane

I sesti di impianto usati nell'orticoltura meccanizzata sono determinati in base alle dimensioni del trattore e delle attrezzature. Dal momento che noi utilizziamo degli attrezzi manuali per diserbare, non abbiamo questo limite.

operazioni orticole. Questi benefici saranno descritti in dettaglio nel corso del libro.

Il suolo del nostro orto possiede una buona struttura ed è ricco di microrganismi e di sostanze nutritive. Ecco perché possiamo intensificare l'impianto delle colture. Per arrivare ad adottare questo sistema ci sono voluti diversi anni di tentativi e di errori, ma ce l'abbiamo fatta. Abbiamo anche cercato di aumentare ulteriormente il nostro spazio di coltivazione utilizzando al massimo le successioni; in altre parole, per ogni coltura abbiamo determinato il tempo che dovrà trascorrere in campo e abbiamo pianificato la semina di un'altra che ne prenderà il posto appena un'aiuola sarà raccolta. Fissando questa variabile con l'aiuto di un calendario di produzione, riusciamo a ottenere ogni anno più raccolti consecutivi su una stessa aiuola.

Tutto sommato, la maggior parte di questi princìpi non sono poi così differenti da quelli dell'agricoltura biologica. In entrambi i casi, l'obiettivo è quello di creare un terreno ricco, sciolto e fertile, ma il fatto di evitare la lavorazione del suolo e di aggiungere considerevoli quantità di materia organica per raggiungerlo è meno comune. Queste idee non sono nuove e non pretendiamo di averle inventate. Il nostro merito è forse di aver trovato dei buoni parametri che rendono il nostro orto un sistema altamente produttivo in un clima freddo come quello del Québec, favorendo allo stesso tempo un approccio che valorizzi il suolo.

Costi minimi di avvio

Avviare un'azienda agricola comporta senz'altro l'acquisto di utensili e attrezzatu-

I sistemi bio-intensivi ci hanno permesso di triplicare (forse anche quadruplicare) la resa delle nostre superfici coltivate e di insediarci su un piccolo appezzamento di terreno con tutti i vantaggi connessi, specialmente a partire dalla non-meccanizzazione delle operazioni colturali.

Proteggere con una copertura una coltura piantata cinque volte più intensivamente richiede un quinto del tempo di lavoro e un quinto della spesa per l'acquisto del materiale. Questo vale anche per l'irrigazione, la pacciamatura e la lotta alle infestanti.

re, ma iniziando su una piccola area coltivata a livello intensivo è possibile ridurre enormemente la parte del capitale iniziale che occorre investire. Qui di seguito è riportato un elenco di investimenti che reputo necessari alla gestione ottimale di un orto professionale di meno di un ettaro. Le cifre (espresse in dollari canadesi) sono approssimative e fanno riferimento all'acquisto di attrezzature e materiali nuovi, che dovranno durare per molto tempo.

Il totale ammonta a 39.000$. Possono sembrare parecchi soldi per una persona che intende avviare una micro-azienda agricola. Ciononostante, per valutare correttamente questa cifra, è necessario prendere in considerazione alcuni fattori.

Prima di tutto, un prestito bancario di 39.000$ spalmato su 5 anni con un tasso di interessi dell'8% equivale a un investimento annuale di circa 9.500$, una spesa più che accettabile se rapportata alla rendita potenziale di un orto professionale. Certamente, non sono solo questi i costi d'impresa. Non sono state incluse certe spese inevitabili come l'acquisto di un veicolo per le consegne, i costi di affitto del terreno o eventuali mutui e tutti gli altri costi variabili (concimi, spese amministrative, forniture, ecc.). Nonostante tutto, però, l'investimento iniziale rimane relativamente basso, soprattutto se paragonato al costo delle attrezzature necessarie per l'orticoltura meccanizzata.

In secondo luogo, oltre a poter reperire alcuni di questi articoli sul mercato dell'usato, questi acquisti si possono fare gradualmente. Noi abbiamo avuto la fortuna di trovare dei tunnel usati, che abbiamo pagato una frazione del loro prezzo a nuovo. Alcuni attrezzi, come l'erpice rotante e la pirodiserbatrice, sono stati integrati nel nostro sistema di produzione solamente dopo qualche anno. Nel corso delle nostre prime due stagioni di produzione, ci siamo impegnati a produrre prima 30 e poi 50 cassette per la CSA. Eseguivamo la raccolta la mattina stessa delle consegne, cosa che ci evitava di dover refrigerare gli ortaggi. Una cella frigorifera divenne necessaria quando eravamo passati a 100 cassette e ci occorreva una giornata intera per raccogliere tutto.

Detto questo, anche se alcune attrezzature in questa lista non sono indispensabili all'avvio dell'impresa, rendono però il lavoro tanto più efficiente che il loro impiego permette di rientrare velocemente degli investimenti. È proprio questa considerazione che ci ha sempre spinti a provare nuovi attrezzi. Quando abbiamo iniziato, le colture che non si prestavano a essere trapiantate – come le carote, i ravanelli e le insalatine miste – venivano seminate a mano. Un lavoro estremamente lungo. Ma quando abbiamo adottato le seminatrici descritte in questo manuale, siamo stati in grado di seminare bancali da due a tre volte più lunghi in un quinto del tempo. Se si tiene conto del carico extra di lavoro richiesto durante i primi anni di attività, ottimizzare le operazioni dovrebbe essere una priorità e, a mio avviso, non si dovrebbe rimandare troppo l'acquisto di buone attrezzature.

Nella maggior parte dei paesi ci sono varie forme di aiuti statali per il primo insediamento che possono finanziare una parte dell'acquisto delle attrezzature quando si avvia un'impresa agricola. Noi abbiamo avu-

COSTI DI AVVIO DI UN ORTO PROFESSIONALE

1 serra (8 x 30 m)	11.000 $
Motocoltivatore e accessori	8.000 $
2 tunnel (5 x 30 m)	7.000 $
Cella frigorifera	4.000 $
Impianto di irrigazione completo	3.000 $
Caldaia (per la serra)	1.150 $
Pirodiserbatrice	600 $
Attrezzatura per la semina	600 $
Zappe e zappe su ruota	600 $
Telo nero per insilati	500 $
Grelinettes	200 $
Seminatrici	300 $
Rastrelli, pale, vanghe, carriole, ecc.	200 $
Carrelli per la raccolta	350 $
Teli di tessuto non tessuto e archetti	600 $
Spruzzatore a spalla	100 $
Cassette per la raccolta, bilance e miscellanea	300 $
Recinzione elettrica	500 $
Totale	**39.000 $**

I vantaggi del modello CSA (Community Supported Agricolture)

VENDITE GARANTITE. Il principale vantaggio della formula CSA (agricoltura sostenuta dalla comunità) è che la produzione viene pagata in anticipo, all'inizio della stagione, prima ancora che un solo seme sia stato piantato nel terreno. Questa formula permette dunque al coltivatore di pianificare le proprie spese con maggiore precisione. Per un solido piano di affari, non c'è niente di meglio.

UN PIANO DI PRODUZIONE PIÙ SEMPLICE. L'impegno preliminare dei soci permette di pianificare la produzione in base alle vendite realizzate. Una volta determinato il numero di clienti, il contenuto delle cassette (stabilito dal contadino nel corso delle varie raccolte) può essere pianificato in modo piuttosto esatto. Questo è ancora più importante per quelle aziende che hanno poca esperienza di coltivazione alle spalle.

CONDIVISIONE DEL RISCHIO. La CSA presuppone che i rischi inerenti all'agricoltura siano condivisi tra il contadino di famiglia e i soci che, al momento dell'iscrizione, firmano un contratto che li invita ad essere tolleranti in caso di grandine, siccità o altre catastrofi possibili in orticoltura. In altre parole, se la stagione è buona, i soci riceveranno di più di quello che era stato previsto, ma, se la stagione è cattiva, riceveranno di meno. In base alla mia esperienza, questo concetto dovrebbe essere ulteriormente sviluppato, ma, per il momento, funge un po' come assicurazione sul raccolto, cosa non trascurabile.

FEDELTÀ DEI CLIENTI. La CSA permette di creare non solo una clientela fedele, ma anche un legame concreto tra le persone e l'azienda agricola. A *Les Jardins de la Grelinette* alcuni dei nostri soci ricevono i nostri ortaggi ormai da molti anni, ci conoscono, hanno visitato gli orti e ci apprezzano molto. Come suggerisce il nome stesso, la CSA ha davvero il potere di costruire una comunità.

LA FORZA DI UNA RETE. La CSA è ancora più vantaggiosa quando un organismo esterno è coinvolto nella coordinazione di questa formula. È il caso del Québec, dove *Équiterre* si occupa di trovare i soci e di gestire i punti di consegna per le aziende iscritte, promuovendo allo stesso tempo questo modello attraverso campagne pubblicitarie. *Équiterre* offre ai nuovi coltivatori anche corsi di formazione sui piani di produzione, li mette in contatto con agricoltori più esperti nel quadro di un progetto di tutorato e organizza visite presso altre aziende agricole. Questi sono servizi appropriati ed estremamente utili per un giardiniere-orticoltore che inizia questo mestiere.

Il sito web di Équiterre fornisce maggiori dettagli sulla rete dei contadini di famiglia oltre che sui vari attrezzi e sui servizi disponibili per le aziende che fanno parte di questa rete.

to la fortuna di ricevere un aiuto finanziario quando abbiamo avviato *Les Jardins de la Grelinette*. Con questo tipo di supporto in più, le possibilità di successo di un progetto di orticoltura su piccola scala sono notevolmente maggiori. Ma, con o senza sovvenzioni, un fatto rimane: avviare un progetto di azienda mantenendo bassi gli investimenti iniziali riduce il rischio finanziario e garantisce una redditività a breve termine. È un modello di impresa vincente.

Costi minimi di produzione

Ricavi – spese = profitto. È un'equazione semplice, che bisogna sempre tenere a mente. È chiaro che nessuno fa agricoltura per arricchirsi. Tuttavia, non bisogna trascurare la redditività di un progetto agricolo, perché, in fin dei conti, è ciò che ne garantisce la durata. Una buona redditività permette di non essere costantemente oppressi da preoccupazioni economiche, di mettere da parte un po' di soldi per la pensione e di evitare di dover cercare un altro lavoro durante l'inverno. L'idea di una micro-azienda agricola è spesso associata a un'ideologia o a una ricerca di significato, ma un orto professionale è prima di tutto un'attività economica ed è importante farla fruttare.

Nel mondo dell'agricoltura, la soluzione comunemente proposta per aumentare il reddito di un impresa consiste nell'ingrandire il volume di affari e produrre di più per riuscire a coprire i costi delle proprie attrezzature. In un orto professionale bisogna vedere le cose da un altro punto di vista. Infatti, nonostante tutti i mezzi impiegati per massimizzare gli spazi messi a coltura, la resa è limitata dal modello di produzione in sé. Quindi, tornando all'equazione di prima, se i ricavi sono limitati, un buon profitto si può ottenere solo riducendo le spese. È questa la logica che un giardiniere-orticoltore deve seguire; bisogna mandare avanti la propria azienda agricola con costi di gestione minimi.

Per farlo, ridurre i costi di investimento iniziali è un buon primo passo. Evitare la meccanizzazione e i costi connessi (acquisto, carburante, manutenzione, ecc.) è un altro passo. Ma il passo più importante è limitare la dipendenza dalla manodopera esterna, che rappresenta di solito il 50% dei costi di produzione di un'azienda agricola di ortaggi misti[1]. In un orto professionale, la maggior parte del lavoro è svolto dai proprietari/gestori, aiutati da uno o due lavoratori stagionali in base alla superficie e al numero di serre messe a coltura. I principali costi di gestione si riducono allora agli apporti (ammendanti, sementi, prodotti fitosanitari, ecc.), che sono generalmente piuttosto bassi.

1. Nel 2005 *Équiterre* ha condotto uno studio sui costi di produzione di varie aziende che si basavano sulla formula della CSA. È un documento estremamente utile per elaborare un business plan.

Nel corso degli ultimi 20 anni, Lynn Byczynski, direttrice della rivista americana *Growing for Market*, ha avuto occasione di incontrare numerosi orticoltori che operavano su piccola scala. Nel suo libro, *Market Farming Success*, analizza i potenziali ricavi di questo modello di azienda e conclude che il margine di profitto netto della maggior parte di questi agricoltori è intorno al 50%. Ciò significa che, su un ricavo totale di 80.000$, circa la metà serve per coprire i costi di gestione, inclusa la manodopera esterna e i costi fissi. Ci fa notare che queste percentuali, per quanto variabili, sono comunque piuttosto comuni, indipendentemente dal volume di affari. Questi valori, simili a quelli nella nostra azienda, dimostrano quanto possa essere redditizio un orto professionale. Sono la prova che è possibile mantenere un'elevata produttività con costi ridotti.

La vendita diretta

La vendita diretta di prodotti locali è alla base della rinascita di un'agricoltura a misura d'uomo. Ed è grazie a questa formula che un produttore può recuperare la parte del profitto comunemente assorbita dai distributori e dai grossisti al momento della vendita. La maggior parte dei negozi e dei mercati alimentari assorbe un margine di profitto che varia dal 35% al 50% dei prodotti venduti.

Per pagare il distributore, che si fa carico del trasporto e dell'imballaggio, bisognerà sottrarre un altro 15-25% dal totale. Così, per un insalata venduta a 2,00$, un produttore che si muove all'interno del ciclo di distribuzione convenzionale recupera alla fine circa 0,65$. Quindi, se questo produttore non partecipa alla commercializzazione, perde un terzo del valore del suo prodotto, una fetta considerevole. In confronto, un giardiniere-orticoltore che pratica la vendita diretta recupera la totalità del prezzo di vendita. In un certo senso, è possibile concludere che il secondo può quindi produrre tre volte di meno per ottenere lo stesso ricavo.

Da un altro punto di vista, i vantaggi della vendita diretta sono importanti anche per i cittadini-consumatori che, in un contesto di globalizzazione dell'agroalimentare, possono avere nuovamente fiducia nei prodotti che consumano. Esistono diverse forme di vendita diretta, definite da qualche anno «circuiti brevi»: l'agricoltura sostenuta dalla comunità (CSA), i mercati contadini, i gruppi d'acquisto solidali (G.a.s.) e gli spacci aziendali sono solo alcuni esempi. Per un giardiniere-orticoltore, questi mercati rappresentano una nicchia in cui muoversi per sperare di avere successo in agricoltura e prosperare nel lungo periodo. La natura del suo lavoro risponde al bisogno provato da un numero crescente di persone di sostenere l'agricoltura locale, mangiare prodotti freschi e stabilire un legame con l'agricoltore.

Cionostante, ci si pone una domanda. Esistono circuiti brevi più vantaggiosi di altri per un giardiniere-orticoltore? È difficile rispondere, perché ogni formula presenta vantaggi e svantaggi e ogni azienda agricola può avere esigenze diverse. Allora, potrebbe essere meglio puntare su più di una formula. Detto ciò, la CSA è da sempre la forma di commercializzazione privilegiata a *Les Jardins de la Grelinette*, perché significa avere vendite garantite e perché semplifica il nostro piano di produzione. Secondo me, la CSA presenta molti vantaggi che la rendono un canale di vendita perfetto per un'azienda agricola in fase di avvio.

Ma, qualunque formula si scelga, l'essenziale è avere una clientela fedele e instaurare con essa un rapporto di interdipendenza. Su questo piano, la migliore garanzia per il successo è puntare sulla qualità dei propri prodotti. Non bisogna mai trascurare l'importanza della presentazione, nella fattispecie lavando gli ortaggi, identificando adeguatamente i propri prodotti con un marchio distintivo o, ancora meglio, presentandoli di persona al mercato o nei luoghi di consegna. Bisogna favorire la crescita dei circuiti brevi cercando di essere disponibili, aperti e informati con le persone che, forse per la prima volta nella loro vita, si interessano alla provenienza di ciò che mangiano. Ecco perché abbiamo sempre considerato importante essere presenti al mercato e nei punti di consegna. I produttori non dovrebbero mai dimenticare che l'orticoltura su piccola scala è possibile proprio perché esiste un movimento di consumatori che li sostiene.

La produzione di ortaggi a valore aggiunto

Nel 2012, una confezione di 2,2 kg di carote biologiche si vendeva nei negozi intorno ai 6$, mentre le stesse carote, vendute a mazzo, venivano offerte a 5,50$ al chilo. Il valore delle carote era più che raddoppiato semplicemente perché le foglie ne dimostravano la freschezza. È proprio questo che intendo quando parlo di «valore aggiunto»: investire le proprie energie in quegli ortaggi che rendono di più. Ma, per farlo, bisogna prima determinare quali sono le colture più redditizie. Esistono diversi libri sull'orticoltura diversificata che affrontano questo argomento. Un'opera che consiglio vivamente è *Crop Planning for Organic Vegetable Growers*, scritto da Dan Brisebois e Fred Thériault, due giovani agricoltori del Québec.

Nella nostra azienda, abbiamo preso l'abitudine di quantificare il valore della nostra produzione misurando non solo le vendite totali di ogni singolo ortaggio, ma anche lo

I circuiti brevi sono un segno che l'economia agricola sta tornando nelle mani dei cittadini. Considerata l'importanza dell'alimentazione per la nostra salute e per l'ambiente, questo movimento è destinato a crescere.

spazio e il tempo necessari per coltivarlo. Abbiamo fatto attenzione allo spazio, perché è limitato e cerchiamo di ottimizzarlo, e al tempo, per pianificare la successione di colture sulla stessa area. La tabella a pagina 32 mostra i risultati delle nostre osservazioni. Usandola come riferimento, possiamo renderci conto, per esempio, che coltivare cetrioli in serra è quattro volte più redditizio che coltivare rape. Oppure che un bancale di lattuga rende tanto quanto uno di porri, ma nella metà del tempo. Un tale strumento permette di identificare chiaramente le colture più vantaggiose nel nostro orto.

Oltre a dare la priorità alle colture più redditizie, ci sono anche altri modi per massimizzare il potenziale di una piccola superficie messa a coltura. È importante essere creativi nelle proprie strategie per riuscire a chiedere prezzi buoni. Come in ogni altra impresa,

CALCOLO DELLA REDDITIVITÀ DEGLI ORTAGGI COLTIVATI A *LES JARDINS DE LA GRELINETTE*

Ortaggio	Vendite Totali	Prezzo	Numero di aiuole per stagione[1]	Spazio occupato nell'orto	Rendita per aiuola	Numero di giorni nell'orto	Classifica (vendite)	Classifica (rendita/aiuola)	Redditività[2]
Pomodori in serra	$35.200	$6.05/kg	4	3%	$8.800	180	1	1	alta
Insalatine miste	$15.750	$13.20/kg	35	18%	$450	45	2	19	alta
Lattuga	$9.000	$2.00/pz	18	9%	$500	50	3	15	alta
Cetrioli in serra	$8.280	$2.00/pz	6	2%	$1.380	90	4	2	alta
Aglio	$6.600	$1.50/pz	8	4%	$825	90	5	5	alta
Carote a mazzi	$6.515	$2.50/pz	14	7%	$465	85	6	18	media
Cipolle	$6.075	$3.30/kg	9	4%	$675	110	7	10	media
Peperone	$4.400	$8.80/kg	8	4%	$550	120	8	13	media
Broccoli	$3.900	$2.50/pz	13	7%	$300	65	9	28	bassa
Piselli mangiatutto	$3.840	$13.20/kg	8	4%	$480	85	10	16	media
Zucche estive	$3.690	$3.30/kg	6	3%	$615	70	11	11	media
Cipollotti	$3.360	$2.00/pz	4	2%	$840	50	12	4	alta
Fagiolino	$3.280	$8.25/kg	8	4%	$410	70	13	24	bassa
Spinaci	$3.000	$13.20/kg	5	3%	$600	50	14	12	media
Barbabietole a mazzi	$2.900	$2.50/pz	7	4%	$415	70	15	23	media
Rape	$2.100	$2.50/pz	4	2%	$525	50	16	14	media
Ravanelli estivi	$2.000	$1.50/pz	5	3%	$450	45	17	20	media
Pomodori ciliegini	$1.930	$11.00/kg	2	1%	$965	120	18	3	alta
Alchechengi (Physalis)	$1.650	$13.20/kg	2	1%	$825	120	19	6	media
Bietola rossa	$1.600	$2.00/pz	2	1%	$800	90	20	7	media
Cavolo riccio	$1.600	$2.00/pz	2	1%	$800	90	21	8	media
Cavolfiore	$1.600	$3.00/pz	4	2%	$400	80	22	25	bassa
Basilico	$1.400	$44.00/kg	2	1%	$700	120	23	9	media
Melanzana	$1.350	$6.60/kg	3	2%	$450	120	24	21	bassa
Melone	$1.225	$8.80/kg	5	3%	$245	85	25	29	bassa
Porro	$1.200	$4.00/pz	3	2%	$400	150	26	26	bassa
Cavolo rapa	$940	$1.25/pz	2	1%	$470	55	27	17	media
Aglio selvatico	$840	$3.00/pz	2	1%	$420	135	28	22	media
Rucola a mazzi	$800	$2.00/pz	2	1%	$400	45	29	27	media
TOTALE	**$136.025**		**193**	**100%**					

[1] Tutte le aiuole sono lunghe 30 metri

[2] La redditività è calcolata in base a un coefficente che tiene conto delle vendite totali, della resa per aiuola e del numero di giorni per la coltivazione nell'orto.

N.B.: Le cifre presenti in questa tabella si basano sui dati raccolti dopo un certo numero di stagioni e rappresentano i nostri obiettivi di produzione annuale. Beninteso, questi ricavi sono stati calcolati in base alla distribuzione delle nostre vendite (65% CSA e 35% mercato) e alla grande quantità di insalatine miste che vendiamo ai commercianti al dettaglio. Sono un buon indice di quali siano gli ortaggi con la maggiore o minore redditività.

è questione di «marketing»; bisogna sviluppare dei vantaggi competitivi rispetto agli ortaggi venduti nei supermercati e prodotti dall'industria agroalimentare (i cui prezzi sono a volte molto bassi) o rispetto a quelli degli altri orticoltori presenti nello stesso mercato (che spesso offrono prodotti di eccellente qualità). Nel riquadro qui sotto sono riportate alcune delle strategie adottate a *Les Jardins de la Grelinette*. Queste strategie non sono nuove né da sole garantiscono il successo, ma hanno fatto la differenza nella nostra impresa. Dal momento che i prezzi variano in base alla qualità, riuscire a produrre ortaggi di prima qualità rappresenta la sfida più grande per un orticoltore principiante.

Le nostre strategie per ottenere buoni prezzi

Puntiamo sulla qualità e la freschezza dei nostri ortaggi. Sono il nostro marchio di fabbrica!

Diamo preferenza a quegli ortaggi da radice che possono essere venduti con le foglie, a dimostrazione della loro freschezza.

Evitiamo gli ortaggi che devono essere immagazzinati (patate, pastinache, zucche invernali, navoni, ecc.) e che, per la maggior parte, occupano le aiuole per molto tempo e non possono essere commercializzati come freschi. Ci siamo invece specializzati in due colture che riteniamo le più remunerative: le insalatine miste (mesclun in francese: una misticanza di lattughe, cicoria, foglie di senape viola e di baby cavolo da taglio, N.d.T.) e il pomodoro in serra, che distribuiamo a un ristorante e a un negozio della zona, oltre che attraverso la vendita diretta.

Scegliamo le cultivar (varietà differenti dello stesso ortaggio) più saporite, perché vogliamo far scoprire sapori diversi ai nostri clienti e soci.

Sperimentiamo regolarmente cultivar diverse o insolite per stimolare l'interesse dei clienti e dei soci.

Integriamo la nostra produzione con ortaggi che acquistiamo da agricoltori specializzati in quei prodotti che abbiamo scelto di non coltivare.

Cerchiamo di «forzare» le nostre colture per essere i primi a poterle offrire nei mercati e nei chioschi in primavera.

I nostri prezzi hanno oscillazioni minime e cerchiamo di spiegare ai nostri clienti e ai nostri soci gli effetti negativi del dumping, che provoca la caduta dei prezzi nei negozi.

I nostri ortaggi sono sempre ben lavati e presentati con cura.

Garantiamo in ogni momento la soddisfazione per i nostri prodotti, senza lamentele.

Ci siamo presi l'impegno di elaborare un logo attraente che identifichi chiaramente i nostri ortaggi. Al negozio di alimentari locale, i nostri clienti affermano che i nostri prodotti sono facilmente riconoscibili e che sono i migliori sul mercato. E sono consapevoli che acquistando i nostri ortaggi, sostengono una filiera a chilometro zero.

Ma una volta raggiunto questo obiettivo, dare priorità a certe coltivazioni e trovare soluzioni creative per differenziare i propri prodotti aumenterà in maniera significativa la redditività dell'orto professionale.

Apprendere il mestiere

Se state leggendo questo manuale, è assai probabile che vi interessi il mestiere di orticoltore. Sia che vi piaccia vivere in campagna, lavorare seguendo il ritmo delle stagioni o adottare uno stile di vita più ecologico, questo è un mestiere che può, infatti, risultare affascinante. Tuttavia, coltivare più di quaranta tipi diversi di ortaggi richiede competenze e un'etica professionale che non si possono paragonare ad altri mestieri. È opportuno avere una buona preparazione.

Il miglior suggerimento che posso dare a chi abbia intenzione di avviare un progetto di orticoltura diversificata è di andare a lavorare per qualche stagione presso altre aziende agricole; oltre ad acquisire esperienza, potrete scambiare la vostra forza lavoro con le preziose conoscenze di un agricoltore esperto, indipendentemente dalle dimensioni dell'azienda. Potrete così rendervi conto delle gioie e delle difficoltà inerenti al mestiere. Vivere l'esperienza di un'intera stagione e apprendere, spesso inconsciamente, tutte le pratiche buone (o cattive) adottate da un orticoltore sono lezioni che nessuna scuola e nessun libro possono offrire. In questo contesto, scegliere un orticoltore esperto, disposto a trasmettere le sue conoscenze, è estremamente importante. In fin dei conti, è a lui che state affidando il compito di iniziarvi al mestiere. A mio avviso, per capire se si è adatti a questo lavoro e a questo stile di vita è necessario impegnarsi almeno per una stagione.

Detto ciò, nulla vale più della propria esperienza. Ecco perché, dopo una o due stagioni trascorse presso un'altra azienda agricola, non bisogna aver paura di lanciarsi e di avviare il proprio progetto. Il modello di orticoltura su piccola scala permette di iniziare poco a poco. Potrete iniziare senza un grande investimento economico e ingrandire il vostro orto man mano che acquisirete sicurezza e competenze. Avviare un piccolo progetto di 30 cassette per la CSA non è poi così difficile, tenendo conto del fatto che la maggior parte dei clienti possono essere amici o conoscenti. Si possono vendere i propri ortaggi anche a un mercato cittadino nelle vicinanze. L'orticoltura part-time richiede meno impegno e potrebbe essere una prospettiva interessante. Non dovremmo mai dimenticare che 60 anni fa la maggior parte delle persone coltivava i propri ortaggi e che alcuni vendevano le eccedenze al mercato. Inoltre, al contrario di quello che molti pensano, questo è un mestiere ricco di esperienze e di incontri interessanti. Con il rischio di ripetermi, questo è un mestiere alla portata di chiunque sia pronto a dedicare il proprio tempo per apprenderlo.

CAPITOLO 3

Trovare il terreno giusto

In verità, gli appezzamenti senza difetti sono estremamente rari; ma è anche vero che forse non esiste un singolo appezzamento, tra quelli in vendita, che non possa, attraverso un lavoro intelligente, far vivere comodamente una famiglia numerosa... Un pezzo di terra vale quanto colui che lo coltiva.

Autore anonimo, *Le Livre du Colon, 1902*

Trovare il terreno giusto per avviare il vostro orto professionale è la fase più importante del progetto, dato che molti fattori inerenti a questa scelta influenzeranno successivamente la produzione e le operazioni quotidiane. La fertilità del suolo, il clima, l'esposizione, la possibile clientela e le infrastrutture sono tutti elementi da prendere in considerazione prima di investire in un terreno. Ogni sito che visiterete avrà caratteristiche diverse e, dato che non esiste il terreno perfetto, è molto importante analizzare e focalizzare la propria attenzione su queste caratteristiche. Scegliere un terreno per delle ragioni sbagliate può rendere poi complicato il lavoro di un giardiniere-orticoltore. Per esempio, è facile lasciarsi incantare da un luogo bucolico con un panorama spettacolare, ma poco adatto alla coltivazione, oppure acquistare un'azienda agricola a poco prezzo senza rendersi conto di trovarsi a tre ore di strada da un potenziale mercato. Dare priorità alla bellezza e al prezzo di un terreno piuttosto che alle caratteristiche adatte all'orticoltura è una trappola che bisogna assolutamente evitare. Ovviamente, diversi altri fattori non legati all'agricoltura possono influenzare la scelta: l'accesso a un terreno di famiglia, la volontà di vivere nella propria terra natia, vicino ai parenti o vicino a una città dinamica, ecc. Tuttavia, al di là di queste considerazioni personali, la ricerca delle migliori condizioni di coltivazione e di attività dev'essere una priorità.

Il modo migliore per capire il potenziale di un terreno è di analizzarlo con l'aiuto di una tabella come quella alla pagina seguente. È un esercizio che vale la pena fare. Vi consente di inserire un po' di razionalità in una scelta estremamente emotiva. È bene anche dedicare del tempo per visitare altri terreni prima di prendere un decisione e, soprattutto, non lasciarsi prendere da facili entusiasmi. Potete visitare vari terreni mentre state lavorando in un'altra azienda, perfino quando il vostro orto professionale è ancora un progetto lontano. Il tempo trascorso esplorando terreni non è tempo sprecato, perché vi aiuterà a sviluppare una migliore capacità di giudizio per la valutazione di un sito.

Clima e Microclima

Malgrado tutte le strategie adottate per forzare le colture in primavera ed estendere la stagione in autunno (teli di copertura, tunnel ecc.), non bisogna mai dimenticare che il fattore determinante per la crescita delle colture è il clima regionale di un terreno. Il numero di giorni privi di gelo e le temperature medie determineranno la lunghezza delle stagioni e il potenziale di produzione. La ricerca delle migliori condizioni climatiche per il proprio orto è quindi di vitale importanza.

Nel Québec ci sono diverse carte agro-climatiche che suddividono il territorio in base al clima e agli effetti sulle colture. General-

Tabella per la valutazione di un terreno

- Determinate in che zona climatica si trova il terreno: valutate bene cosa comporta coltivare ortaggi in una zona più fredda rispetto alle altre (vedi la mappa a pagina XXX).

- Determinate le date delle ultime gelate primaverili e delle prime gelate autunnali.

- Calcolate il numero di giorni privi di gelo nella regione dove si trova il terreno (a sud di Montréal di solito sono 150 i giorni senza rischio di gelate), in modo da poter determinare la lunghezza della vostra stagione agricola con la CSA.

- Determinate le possibili date in cui saranno disponibili le primizie e quando apriranno i primi mercati.

- Esiste una buona base di clienti per i prodotti biologici e locali nell'area dove si trova il terreno (ristoranti, consegne a domicilio, mercati contadini, ecc.)? Il mercato è già saturo da altri piccoli produttori o è il contrario?

- Quanti chilometri separano il terreno dal vostro principale mercato? Stimate il tempo necessario agli spostamenti ogni settimana.

- Le dimensioni dell'appezzamento sono adeguate ai bisogni di un orto professionale? Una particella troppo piccola vi limiterà, una troppo grande potrà rivelarsi un'inutile perdita di tempo e di denaro.

- Qual è il tipo di suolo? Argilla, sabbia o limo?

- Determinate l'esposizione e la pendenza del terreno: sono favorevoli?

- Determinate se il terreno presenta avvallamenti e assicuratevi che possano essere corretti all'occorrenza.

- Determinate se il livello della falda acquifera darà problemi di drenaggio del terreno e se saranno necessarie opere di drenaggio. In questo caso, valutatene i costi.

- Il terreno ha una riserva d'acqua sufficiente e incontaminata per irrigare le vostre aiuole?

- Se sarà necessario scavare una riserva d'acqua, cercate di capire se sarà facile ottenere i permessi e le autorizzazioni necessarie. Pianificate i costi di tale opera con un esperto della zona.

- C'è un edificio utilizzabile sul terreno? Può essere facilmente riconvertito? È ben ubicato? Rappresenta un buon investimento in confronto a una costruzione progettata in base alle vostre esigenze?

- Il terreno ha accesso alla rete elettrica, a una fonte di acqua potabile e a un percorso carrabile?

- Il terreno confina con coltivazioni convenzionali? Se sì, quali misure adotterete per evitare la contaminazione del vostro orto?

- C'è ragione di sospettare che nel suolo del sito siano presenti sostanze inquinanti? Si tratta solo di una semplice intuizione o ve lo suggerisce piuttosto una piccola indagine?

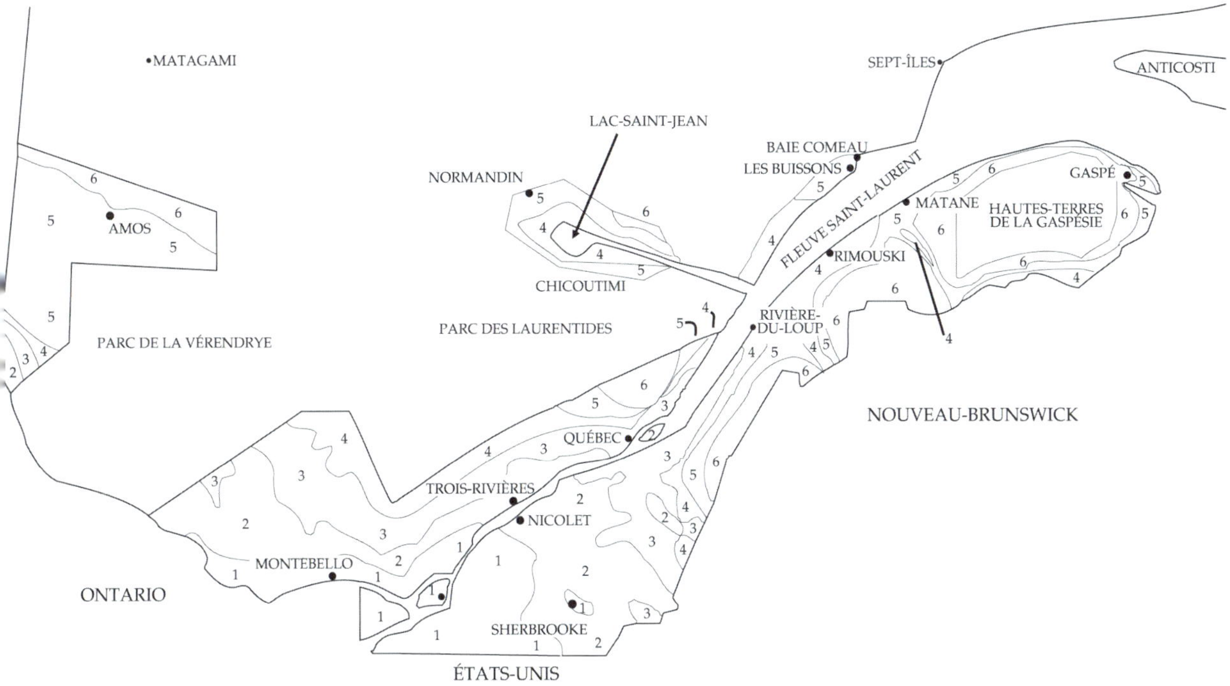

Una rapida occhiata a questa carta delle zone bioclimatiche del Québec (dove 1 corrisponde alla zona più calda e 6 alla più fredda) ci permette di notare che le zone 2 non si trovano tutte nel sud della provincia, contrariamente a quanto ci si potrebbe aspettare. Microclimi dove le condizioni climatiche sono adatte alla coltivazione degli ortaggi si trovano anche sull'Île d'Orléans, in alcune parti di Beauce e perfino ad Abitibi-Témiscamingue, molto a nord nella provincia! In ogni caso, non bisogna confondere questa carta con quelle delle zone di tolleranza climatica.

mente parlando, si tratta delle carte delle unità termiche del mais (UTM) o delle zone di tolleranza climatica che sono utilizzate per indicare i territori dove gli agricoltori potranno avere maggiori possibilità di successo. Esiste un'altra carta che si basa su dati empirici per formare un quadro delle aree più adatte alla coltivazione: si tratta della carta delle zone bioclimatiche, raffigurata qui sopra. Questo tipo di carta permette di scoprire le zone più vantaggiose in base a vari aspetti come la natura dei suoli, l'altitudine, la presenza di corsi d'acqua importanti o di una particolare zona montuosa. Insomma, rappresenta i diversi microclimi che incidono sulla crescita delle piante. Mappe come queste sono di grande aiuto quando si cercano terreni nelle zone più adatte all'agricoltura.[1]

L'accesso al mercato

La scelta del territorio in cui insediarsi dovrebbe essere fatta tenendo a mente che l'essenza dell'orticoltura non è solo coltivare ortaggi, ma anche venderli. Generalmente, una buona produzione trova clienti tra le persone che sono a favore dei prodotti biologici, che sono sensibili all'importanza del «cibo locale» e che sono disposte a pagare di più per

1. Il sistema di classificazione USDA Plant Hardiness Map divide il Nord America in 11 zone di rusticità ed è stato applicato in tutto il mondo. Per l'Italia, si trova una mappa sul sito http://www.plantmaps.com/interactive-italy-plant-hardiness-zone-map.php

In un mondo ideale, un orto sarebbe un'attività integrante di una tradizionale azienda agricola a conduzione familiare. Il terreno includerebbe un frutteto permaculturale, dei pascoli per l'allevamento di bestiame e, perché no, una food forest. Tendere all'autosufficienza è un nobile intento, ma a meno che non ci si stabilisca in comunità o insieme ai propri parenti, non bisogna sottovalutare ciò che una tale impresa comporta. Avviare un orto e ricavarne un reddito decente è già di per sé un progetto impegnativo. A voler fare troppo, spesso non si ha il tempo di fare bene ogni singola cosa. Anche se la tentazione è grande, forse è meglio concentrarsi sull'orticoltura e avere successo prima di tutto con il proprio orto.

ortaggi freschi. Questa clientela è maggiormente presente in un contesto urbano, ma esiste anche nei piccoli centri. Dipende. Alcuni produttori biologici sentono che non arriveranno mai a soddisfare tutta la domanda, così come ce ne sono altri invece che faticano (con grande frustrazione) a vendere i loro prodotti. Trovare un sito vantaggioso per la vendita dei propri ortaggi è di un'importanza cruciale.

È bene anche accertarsi che il mercato su cui si sta puntando non sia già saturo dall'offerta di produttori biologici concorrenti. Quando si fa un'analisi di mercato, è necessario informarsi sulla domanda e sul suo potenziale di crescita, ma anche sui prezzi degli stessi prodotti e sull'offerta disponibile (ci sono buchi da riempire, o perfino una totale assenza di certi prodotti?). Il tempo dedicato a curiosare in giro, a fare domande e a cercare una nicchia per i propri prodotti è un ottimo investimento.

Un altro aspetto importante: la distanza tra l'azienda agricola e il mercato. Al contrario delle vostre attività nell'orto, la consegna degli ortaggi non richiede alcuna particolare attenzione o esperienza. Il tempo trascorso per strada vi impedirà di portare avanti le cure necessarie per ottenere un buon raccolto. Questa considerazione è importante anche se state pensando di vendere in un mercato cittadino, perché uscire di casa alle 4 del mattino per montare presto il vostro banco di vendita vi renderà irritabili ed esausti a fine stagione. Per tutte queste buone ragioni, sarebbe più saggio collocare il proprio orto il più vicino possibile al principale mercato di riferimento, al costo di spendere di più per il terreno.

Les Jardins de la Grelinette si trova a un ora di macchina da Montréal, ma vendiamo il 40% della nostra produzione a un negozio di alimentari, ad alcuni ristoranti e a un mercato contadino nelle immediate vicinanze. Queste vendite, che ci permettono di limitare il tempo trascorso fuori dall'azienda, ci fanno conoscere e apprezzare dalla gente della nostra comunità.

La superficie coltivabile

Quanto grande dovrà essere l'orto professionale? Questo manuale tratta della produzione intensiva su meno di un ettaro, perché ritengo sia la superficie ottimale per coltivare senza un trattore. Ma per essere più precisi, bisognerebbe determinare quante persone saranno coinvolte nella gestione quotidiana delle attività e che profitto si spera di ottenere dall'impresa.

A *Les Jardins de la Grelinette*, abbiamo stabilito che per coltivare 0.8 ettari (incluse una serra grande e due serre-tunnel coltivate intensivamente), oltre a me e alla mia compagna, abbiamo bisogno di un'impiegato a tempo pieno e di un altro part-time come aiuto durante le raccolte. Ma bisogna precisare che noi siamo due agricoltori esperti che lavorano a tempo pieno nell'orto nel corso dell'intera stagione e, secondo me, un agricoltore esperto equivale a più di un operaio agricolo in termini di capacità di lavoro. Questa constatazione, insieme a ciò che ho potuto osservare visitando diverse altre aziende orticole, mi ha portato alla conclusione che mezzo ettaro di ortaggi misti rappresenta parecchio lavoro per una sola persona. Per farcela, bisognerà inevitabilmente assumere manodopera esterna. Questo aiuto potrebbe essere fornito da tirocinanti o wwoofers (dall'inglese World-Wide Opportunities on Organic Farms), ma in questo caso si dovrà provvedere in anticipo a delle strutture per accoglierli.

Per determinare quanta superficie occorre coltivare si può anche fare riferimento al numero di cassette calcolate per ettaro. Questa unità di misura viene comunemente usata dai produttori che lavorano con la CSA per descrivere le dimensioni della loro attività. Precedentemente, ho accennato che il nostro orto rifornisce più di 200 famiglie. La mia esperienza in orticoltura su piccola scala mi permette anche di stabilire che il rapporto "cassette verdura/ettaro", in una stagione di produzione di 20 settimane, varia tra le 30 e le 70 cassette per $^1/_4$ di ettaro in produzione.

Questa oscillazione dipende dall'esperienza del produttore, dal livello di pianificazione delle colture e dalla qualità dei sistemi di produzione. Per quanto questi rapporti siano approssimativi, rendono ugualmente l'idea dello spazio necessario per gestire un orto professionale.

Secondo me, a volte è preferibile limitare le dimensioni del proprio terreno. Le persone spesso sognano di possedere una grande proprietà, ma personalmente non condivido il loro entusiasmo. Per avere successo, un giardiniere-orticoltore dovrà dedicare molta energia e molta attenzione alla sua impresa. Un grande podere potrà sembrare a prima vista un buon affare: alcuni agricoltori esperti sosterranno che così si potranno lasciare più facilmente delle particelle a riposo. Per quanto la validità di questa pratica sia incontestabile, comporta tuttavia operazioni e lavorazioni profonde del terreno che non possono essere eseguite senza un trattore. Inoltre l'acquisto di tali attrezzature potrebbe spingervi a coltivare in maniera più estensiva, facendovi perdere tutti i vantaggi di una produzione non meccanizzata. Allo stesso modo, il costo di acquisto di questi ulteriori ettari potrebbe rivelarsi un peso finanziario difficile da sostenere.

Non sto cercando di disilludere nessuno né sto dicendo che possedere 10 ettari sia una cosa sbagliata. Cerco semplicemente di sottolineare che più un terreno è grande e più è difficile gestirlo con cura. Se l'orticoltura manuale permette di insediarsi su un piccolo terreno, credo che i vantaggi di questo modello andrebbero persi qualora si coltivassero più di alcuni ettari di ortaggi misti.

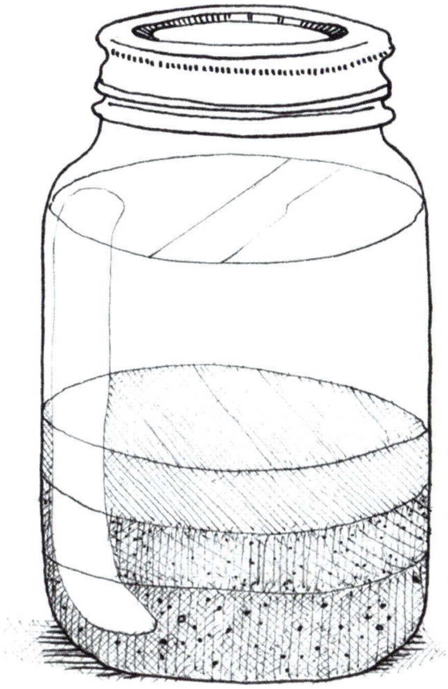

Di solito, i terreni non sono mai completamente argillosi o sabbiosi, ma costituiti piuttosto da un insieme di particelle di dimensioni diverse (argilla, limo, sabbia, ghiaia...). Per determinare le proporzioni all'interno della miscela del vostro suolo, ponetene uno strato di 5 cm all'interno di un barattolo di vetro e riempitelo d'acqua. Aggiungete un cucchiaino da caffé di sapone per i piatti (il sapone agisce come tensioattivo che separa le diverse particelle di terreno), agitate bene e lasciate riposare per un giorno. La formazione dei vari strati indicherà le caratteristiche prevalenti del terreno.

La qualità del suolo

In orticoltura biologica, la resa di una produzione dipende in gran parte dalla qualità del suolo che nutre le piante. Il terreno ideale dovrebbe essere sciolto, ben drenato e ricco degli elementi necessari alla crescita degli ortaggi. Anche se quasi ogni tipo di terreno può essere reso fertile grazie a un buon piano di concimazione e all'aggiunta di ammendanti (vedi capitolo 6), le sue caratteristiche iniziali determineranno quanto tempo e quanto impegno saranno necessario per farlo. Per questo motivo è importan-

L'influenza della tessitura del suolo sulla coltivazione

SE IL SUOLO È... appiccicoso e forma una palla che si può modellare con le dita, se è duro, forma croste, fessure ed è difficile da fendere, si tratta di un suolo pesante argilloso. Questo tipo di terreno è generalmente difficile da lavorare, soprattutto in primavera, perché è lento a drenare e ad asciugarsi. Benché più ricchi di elementi nutritivi, i terreni argillosi si compattano facilmente e a volte non sono ben aerati. Per favorire il drenaggio e lo scolo dell'acqua piovana progettate bancali più rialzati. Lavorate le aiuole in autunno in previsione delle prime semine primaverili, ma fate attenzione a non lasciare il terreno scoperto durante l'inverno.

È possibile migliorare la struttura di un terreno argilloso incorporando continuamente una quantità molto elevata di materia organica e minerale. La torba[2] e la sabbia grossolana sono ottimi ammendanti, oltre al compost. I risultati si potranno vedere dopo qualche anno e richiederanno un certo investimento, ma se si è alle prese con un terreno molto pesante, ne varrà sicuramente la pena.

SE IL SUOLO È... granuloso e friabile, non forma una palla quando è bagnato, se si scava facilmente e contiene molti sassi o molta ghiaia, si tratta di un suolo leggero sabbioso. Questi terreni sono in genere ben aerati, permeabili e non presentano alcun problema di drenaggio. Difficili da compattare, sono ideali per la sarchiatura meccanica, a condizione di non essere troppo sassosi. Tuttavia, sono suoli asciutti che lisciviano facilmente e che sono generalmente poco fertili. Dovrete allestire rapidamente un impianto di irrigazione per l'intero terreno, perché anche solo pochi giorni senza pioggia possono comportare la morte delle giovani piante. Per evitare la lisciviazione, prevedete un programma di concimazioni come integrazione agli ammendanti. Elaborate un programma di sovesci puntando a incorporare i residui di coltivazione, oltre al compost, in modo da aumentare il contenuto di materia organica nel suolo.

SE IL SUOLO È... farinoso e forma una palla che si rompe facilmente, si tratta di un suolo detto «franco». Il suolo franco è formato da parti quasi uguali di sabbia, limo e argilla e presenta di solito tutte le qualità del terreno ideale, ossia una buona capacità di trattenere acqua ed elementi nutritivi insieme a un buon drenaggio e aerazione. Un terreno franco sabbioso è noto per essere il più adatto alla coltivazione degli ortaggi. Dovrete fare attenzione a mantenere la fertilità del suolo attraverso un piano di concimazione adeguato e conservarne la struttura con lavorazioni minime.

2. In UE l'uso della torba è ammesso in orticoltura, nonstante le problematiche ecologiche associate alla sua estrazione da ecosistemi fragili e di consequenza di uso non molto sostenibile. Per questo motivo bisogna verificare con il proprio ente di certificazione biologica/biodinamica le restrizioni d'uso.

te definire la natura del suolo con cui avrete a che fare, ancora di più se state cercando di avviare un orto professionale sapendo già che poi vi sposterete altrove dopo poche stagioni e che quindi vi interessa meno investire a lungo termine per migliorare la struttura del suolo.

La qualità del suolo dipende principalmente dalla sua natura (argilla, sabbia, limo) e dal contenuto di materia organica. Si può cercare di migliorare quest'ultima e aumentarne la quantità, ma la natura del suolo condizionerà fortemente le pratiche colturali e ne fisserà i limiti. Ci sono varie tecniche per determinare da sé la natura di un suolo (vedi figura e nota a pagina 39) senza dover ricorrere a un test in laboratorio. Ma al momento di scegliere un terreno (o di escluderne qualcuno), vi consiglio di contattare un agronomo del luogo per effettuare un prelievo e un'analisi del suolo come si deve. I risultati vi forniranno ulteriori dati sul tipo di terreno, ma anche sulle sostanze organiche che contiene, il suo pH e la sua composizione chimica. Ad ogni modo, queste informazioni dovranno essere ottenute prima o poi.

Prima di trasferirci sul sito attuale del nostro orto, ho avuto occasione di lavorare su un terreno sabbioso piuttosto povero e successivamente su un terreno pesante e argilloso. Queste esperienze mi hanno fatto apprezzare i numerosi vantaggi di un terreno limoso, ricco di materia organica, come quello che abbiamo a *Les Jardins de la Grelinette*. Iniziare con il miglior terreno possibile è una scelta saggia.

La topografia

Contrariamente a quanto si possa immaginare, un appezzamento adatto alla coltivazione di ortaggi non dev'essere completamente pianeggiante. Dal momento che il rilievo del terreno influenza il drenaggio, il riscaldamento e la ventilazione di un orto, una leggera pendenza rappresenta piuttosto un importante vantaggio. L'ideale sarebbe cercare un terreno con una pendenza lieve e costante, senza depressioni ed esposta a sud.

Una pendenza dolce (meno del 5% per limitare i rischi di erosione) e l'uso di bancali rialzati favoriscono il deflusso superficiale delle piogge primaverili fuori dall'area di coltivazione. Ciò vale anche per le forti piogge estive, che possono avere effetti devastanti nell'orto. Purtroppo, i cambiamenti climatici stanno provocando un aumento della frequenza di alluvioni improvvise. Di conseguenza, occorre escogitare soluzioni per contrastarli.

L'orientamento della pendenza determina anche la quantità di luce diretta che il terreno riceverà. Una piena esposizione a sud o a sud-est permetterà al terreno di trarre maggiore beneficio dal sole mattutino e, quindi, di riscaldarsi più rapidamente. Una terra che si asciuga velocemente permette di ottenere raccolti piu precoci in primavera e dà all'orticoltore un vantaggio competitivo grazie alle primizie. Per evitare lo scenario opposto, bisogna evitare di scegliere un terreno che forma una conca o che sia esposto a nord.

L'inclinazione della pendenza e la posizione del sito avranno anche un ruolo importante per quanto riguarda la circolazione dell'aria nell'orto. Infatti, essendo l'aria fredda più pesante dell'aria calda, essa tende a circolare verso il basso, creando così una ventilazione naturale che elimina l'aria stagnante, che favorisce lo sviluppo di malattie fungine in molte colture. Questa convezione gioca un ruolo determinante anche nelle gelate precoci. Per questo motivo, un'orto non dovrebbe mai essere posizionato ai piedi di una pendenza o di una collina o nel fondo di una valle, perché subirà i primi geli molto prima rispetto a un orto che si trova più in alto su una pendenza.

Un'osservazione sulla realizzazione delle aiuole

Quando si avvia un orto professionale, l'orientamento dei bancali permanenti dev'essere determinato in maniera tale da permettere la canalizzazione delle acque di superficie. Scavare le aiuole perpendicolarmente alla pendenza costituisce un errore che, nel caso di una pioggia torrenziale, potrebbe costare anni di lavoro a un'orticoltore che cerca di migliorare il suo terreno.

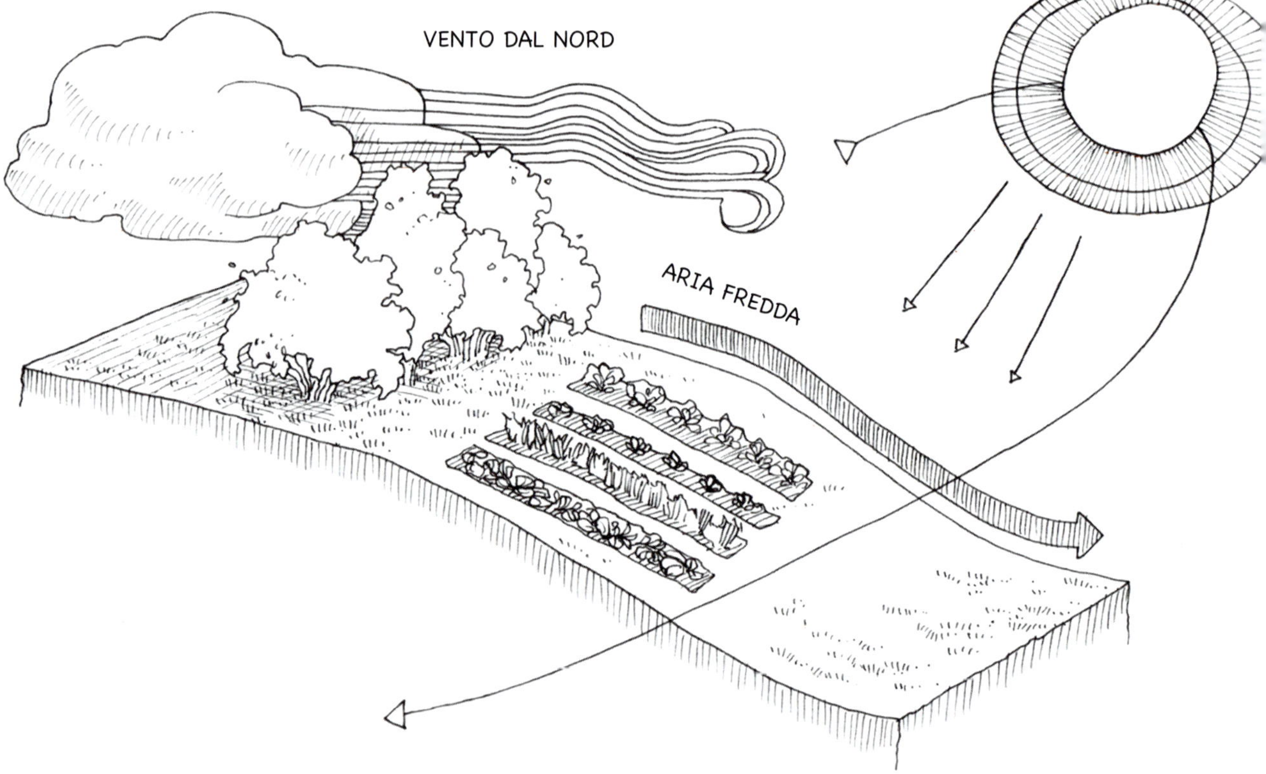

Una pendenza leggera esposta a sud o a sud-est favorirà un più rapido riscaldamento delle aiuole in primavera, grazie all'azione dei raggi del sole che raggiungono più direttamente la superficie del terreno.

Il drenaggio

Nel Québec, lo scioglimento della neve e le piogge abbondanti che hanno luogo in primavera generano inevitabilmente un eccesso di acqua con cui bisogna fare i conti. Un cattivo drenaggio del terreno può costituire presto un problema per la crescita delle colture, o persino impedire l'accesso all'orto nel momento in cui bisogna svolgere lavori importanti. Si può attenuare questo inconveniente coltivando su aiuole rialzate, ma un buon drenaggio del terreno è indispensabile. Anche in questo caso, l'ideale sarebbe un sito che gode di una leggera pendenza. Posizionando l'orto a monte, l'acqua di riscellamento può essere fatta rapidamente defluire scavando dei piccoli canali che la facciano confluire all'interno di fossi o di una riserva d'acqua.

Al contrario, bisogna evitare che un sito presenti una grande depressione dove l'acqua possa accumularsi. Se ci sono avvallamenti, dovete capire se sarà possibile correggerli e quali saranno i costi. Detto ciò, è vero che alcuni terreni hanno un profilo topografico misto e non è sempre facile percepire le pendenze a occhio nudo. L'ideale sarebbe effettuare un sopralluogo durante una forte pioggia e osservare come circola l'eccesso d'acqua. Tornare sul terreno alcuni giorni dopo la pioggia vi permetterà di osservare e di contrassegnare, se necessario, i punti dove l'acqua ristagna sempre.

Tutti i punti dove l'acqua tende ad accumularsi dovranno essere oggetto di un'attenzione particolare. La soluzione migliore è evitare di coltivare in questi punti. È sempre possibile correggere la topografia di un terreno riempiendo gli avvallamenti con l'aiuto di macchinari pesanti, ma ciò potrebbe comportare costi elevati e danni al suolo. Si potrebbe anche contemplare la realizzazione di un pozzo di drenaggio collegato a una rete di tubi. Sono soluzioni semplici da mettere in atto e potrebbero risolvere il problema.

È possibile anche che l'accumulo di acqua sia il risultato di una falda acquifera troppo superficiale per gran parte della stagione. In questo caso, sarà necessario installare un sistema di drenaggio agricolo. Per capire se il terreno ha bisogno di un drenaggio sotterraneo, potete scavare delle buche nei punti che sembrano più umidi e valutare l'altezza dell'acqua in rapporto al livello del terreno. Un sistema di drenaggio sotterraneo è consigliabile quando il livello della falda acquifera è a meno di un metro di profondità dalla superficie del terreno all'inizio o alla fine della stagione di produzione.

Per quanto riguarda l'installazione del sistema di drenaggio, bisogna sapere che non si tratta di un'operazione tanto semplice. È necessario eseguire dei calcoli di pendenza per la spaziatura e la profondità del sistema di drenaggio. Vi consiglio quindi di rivolgervi a una ditta specializzata. Spendere soldi per un impianto di drenaggio installato non correttamente sarebbe un grave errore, se si considerano le conseguenze di scavare nuovamente in un orto in cui la biologia e la struttura del suolo hanno impiegato diversi anni per formarsi.

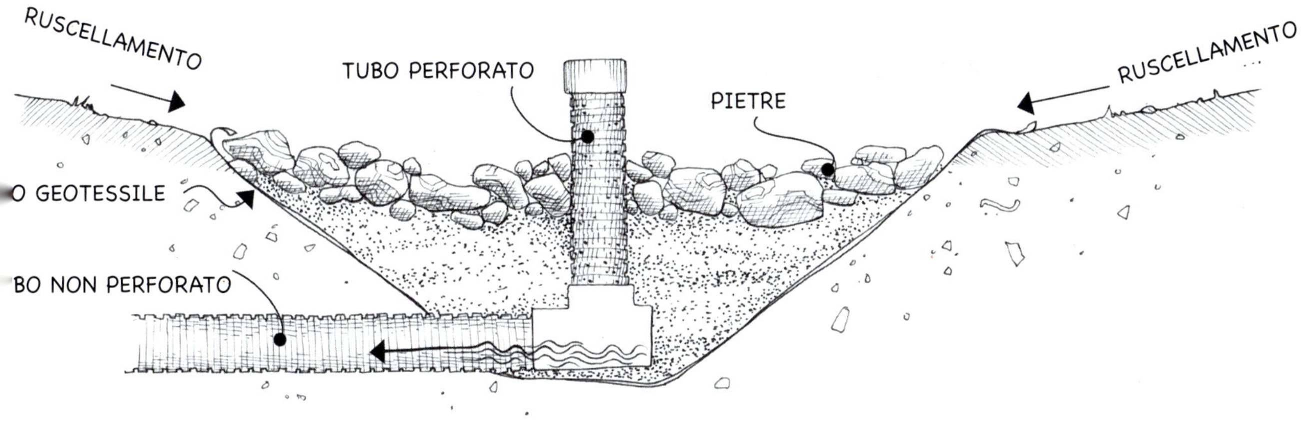

Il sistema di drenaggio più comunemente usato è costituito da un tubo di plastica ondulato e forato con piccoli buchi per permettere all'acqua di infiltrarsi. Come regola generale, questi tubi sono collocati tra i 60 e i 120 centimetri dalla superficie del suolo, in modo tale che l'acqua possa defluire seguendo una pendenza che discende verso un fosso.

Il libro di Robert Lapalme, Comment créer un lac ou un étang, *vi spiega come realizzare un laghetto o uno stagno «naturale», cioé senza telo sul fondo. Questo manuale vi illustrerà anche come analizzare il potenziale del vostro terreno.*

L'accesso all'acqua

La produzione intensiva di ortaggi dipende strettamente da un apporto adeguato di acqua. Nel nord-est del Nord America, l'apporto di acqua piovana durante l'alta stagione è imprevedibile e spesso insufficiente. Per avere successo con il proprio orto, è necessario poter contare su un sistema di irrigazione affinché l'acqua sia disponibile sempre per le semine e per i trapianti in campo aperto. L'irrigazione è essenziale anche per fornire acqua alle colture nei periodi di siccità. Un potenziale terreno dovrà quindi garantire un approvvigionamento idrico sufficiente per le vostre operazioni.

Un buon pozzo è forse adatto a un piccolo orto, ma se bisogna irrigare con regolarità più di mezzo ettaro, la presenza di una riserva d'acqua sotto forma di stagno, lago o fiume diventa necessaria. Se il sito che avete preso in considerazione possiede già uno stagno, dovete valutarne la capacità di ricarica e il volume d'acqua in base ai vostri bisogni idrici stimati. Dal momento che questo tipo di valutazione non è una cosa facile da fare, vi suggerisco di contattare un fornitore di impianti di irrigazione e di proporgli di effettuare questa analisi in cambio del vostro impegno ad acquistare le attrezzature da lui.

Se il terreno non possiede alcuno stagno o laghetto, dovrete inevitabilmente realizzare una riserva d'acqua. Anche se non è così complicato, un simile progetto deve tener conto di vari fattori. Dovrete, innanzitutto, ottenere un permesso di scavo da parte delle autorità competenti. Nel Québec, il permesso viene di solito accordato, a meno che i lavori di scavo non vadano a modificare una fonte d'acqua esistente (per esempio un torrente). Se il terreno è preso in affitto, vi consiglio di ottenere dai proprietari una lettera di attestazione che vi autorizza a procedere ai lavori. Lo scavo produrrà una grande quantità di terra ed è possibile che il proprietario non se ne renda conto. Questi dettagli dovranno essere definiti in modo che non ci sia alcun malinteso tra di voi a riguardo.

Ovviamente, è importante valutare bene i costi di una tale operazione, perché definiranno le dimensioni della futura riserva. I costi relativi al solo scavo sono relativamente bassi. Rivolgersi a un imprenditore competente può rivelarsi una scelta saggia, a condizione che quest'ultimo abbia esperienza in questo genere di lavori. Vi suggerisco di andare a dare un'occhiata ai cantieri più recenti e di assumere chi è in possesso della pala meccanica più grande. Questo imprenditore vi aiuterà a valutare la capacità di ritenzione della buca e decidere sul da farsi nel caso in cui gli strati del sottosuolo siano troppo permeabili. Infine, dovrete anche decidere cosa farete della terra di scavo, dal momento che trasportarla altrove potrebbe far raddoppiare i costi del progetto. Questo surplus di terra potrebbe forse offrire l'occasione per correggere alcune imperfezioni topografiche del terreno o di realizzare pianori rialzati per posizionarvi serre e/o future costruzioni. Se decidete di spargere questa terra nell'orto, assicuratevi che l'operatore dell'escavatore metta da parte gli strati superiori durante lo scavo, in modo da poter riutilizzare solamente terra coltivabile. Se si eseguono i lavori in primavera, è probabile che dovrete aspettare alcuni mesi prima di poter spargere la terra, perché sarà troppo bagnata per poterla lavorare.

Una volta scavato l'invaso, non resta che riempirlo con piante acquatiche e, perché no, realizzare uno stagno filtrante per trasformare il laghetto in una piscina naturale. È un bel progetto che, nel tempo e con un minimo di cura delle sponde, può diventare un'oasi di biodiversità, apprezzata dagli uccelli e... dall'orticoltore! Quando fa caldo, infatti, è molto piacevole rinfrescarsi in compagnia di libellule e rane.

Le infrastrutture

Oltre allo spazio dell'orto, la coltivazione di ortaggi su piccola scala necessita di una struttura per il lavaggio e la conservazione della verdura e dove riporre le attrezzatu-

Nel 2009, abbiamo ingaggiato un escavatorista equipaggiato con una grande pala meccanica. Per l'opera di scavo del laghetto e di sistemazione delle aree circostanti ci sono volute 18 ore di lavoro a circa 125$ l'ora.

re. Questa struttura avrà bisogno di energia elettrica, di acqua potabile e di un qualche tipo di protezione dalle intemperie. Quando siete alla ricerca di un sito ideale, ci saranno diversi scenari possibili riguardo alle infrastrutture necessarie, ciascuno dei quali porterà a una progetto diverso. Queste infrastrutture potrebbero richiedere un investimento considerevole. Quindi, bisogna tenere presente che il modo in cui sono progettate avrà delle ripercussioni sulle attività quotidiane nel corso degli anni. Per questo è opportuno pianificare un tale investimento con la massima attenzione.

Indipendentemente dalla presenza di eventuali infrastrutture, il potenziale sito dovrà essere dotato di una via d'accesso carrabile che colleghi la strada principale alla vostra struttura di lavorazione. Questo percorso dovrà essere percorribile in ogni momento dell'anno, anche nei periodi di piogge abbondanti. Rimanere impantanati prima di una consegna è fuori questione! Se non è presente alcuna via carrabile, dovrete informarvi sui permessi necessari, dal momento che le norme municipali per la realizzazione di una semplice via d'accesso possono significare costi enormi. Prendete tempo per analizzare questi fattori prima di considerare l'acquisto di un tale terreno.

Strutture: scenari diversi da considerare

SUL SITO È PRESENTE UNA STRUTTURA. Un terreno che possiede già una costruzione agricola, fornita di acqua ed energia elettrica, può rivelarsi un ottimo affare, perché consentirà un insediamento rapido e poco dispendioso. Spesso le vecchie stalle costituiscono dei luoghi ideali. D'altra parte, però, questa stessa struttura può rivelarsi svantaggiosa nel caso in cui sia mal posizionata, cioé in un punto troppo lontano dall'orto. Nel corso di una giornata, di un mese o di un anno (senza parlare di una vita intera!), gli spostamenti tra la zona di lavaggio e le aiuole saranno talmente frequenti che questa situazione vi farà perdere un'enorme quantità di tempo. Di fronte a un simile scenario, dovreste forse riconsiderare la vostra scelta, soprattutto se l'acquisto della struttura rappresenta una spesa importante.

SUL SITO NON SONO PRESENTI STRUTTURE, MA SIETE PROPRIETARI DEL TERRENO. Se il sito non possiede alcuna struttura, ma si tratta di un insediamento definitivo, una soluzione intelligente è di allestire, innanzitutto, un ricovero temporaneo prima di iniziare eventualmente la costruzione di una struttura nuova, progettata in base alle vostre esigenze. Questo scenario è l'ideale, perché vi dà il tempo di definire meglio i vostri bisogni e di progettare uno spazio multifunzionale, cioé una struttura unica che possa servire a molteplici scopi: alloggi per i futuri impiegati, locale per la vendita, camera di germinazione, zona di lavaggio, ecc. Prima di lanciarvi in un tale progetto, dovreste visitare le strutture di altri orticoltori e prendere spunto dal loro ingegno. Vi suggerisco anche di dare priorità agli aspetti pratici di una costruzione, rispetto ad altre considerazioni estetiche o filosofiche. Progettare una struttura semplice, realizzata con tecniche ben sperimentate e con materiali disponibili in zona, è il miglior modo per evitare molte brutte sorprese in termini di costi e di ritardi.

SUL SITO NON SONO PRESENTI STRUTTURE E LA SISTEMAZIONE È TEMPORANEA. Se il terreno non possiede alcun tipo di struttura e siete in affitto, si possono prendere in considerazione diversi ricoveri temporanei: una semplice tettoia, una tenda da campo, una yurta o anche una piccola serra coperta con un telo di plastica bianco. Queste sono soluzioni economiche e offrono il vantaggio che i materiali possono essere recuperati. Ma se non c'è né elettricità né acqua per bere e per lavare gli ortaggi, dovreste pensare di cambiare sito. Si può sempre raccogliere l'acqua potabile attraverso una cisterna e vari sistemi di filtraggio, ma in caso di gelo questa soluzione è poco pratica. Tuttavia, anche se questo tipo di insediamento è per sua natura precario, soprattutto per le nostre estati brevi, è sempre possibile, con un po' di creatività e spirito di avventura, organizzarsi adeguatamente su un terreno che ha queste caratteristiche. Noi stessi abbiamo avviato i nostri primi orti in un contesto simile.

Presenza o assenza di inquinamento

Ci immaginiamo spesso di coltivare all'interno di un ambiente sano. Purtroppo, l'inquinamento agricolo è onnipresente nelle campagne e non c'è nulla che vieta l'uso di pesticidi di sintesi ai confini del vostro orto. La triste vicenda degli orti cittadini di Montréal, chiusi a causa della scoperta di metalli pesanti, serve da esempio. Anche se un terreno in campagna non ha verosimilmente un passato industriale, esistono altre fonti possibili di inquinamento. L'uso intensivo dell'ar-

Noi abbiamo avuto l'opportunità (e l'audacia) di insediarci su un terreno dove sorgeva un vecchio allevamento di conigli. Una grande struttura come ne esistono a centinaia, dappertutto nelle campagne del Québec. Dopo due anni di ristrutturazioni, una parte della conigliera è stata rapidamente trasformata in un magazzino multifunzionale e l'altra è diventata la nostra casa.

seniato di piombo come insetticida nei frutteti era una pratica consigliata fino agli anni '70. Un sito dove sorgeva un vecchio frutteto potrebbe ancora essere contaminato da questo prodotto non biodegradabile e cancerogeno. Determinare la storia di un terreno non è cosa facile. Nel dubbio, è necessario ricorrere a un'analisi del suolo per individuare la presenza di inquinanti chimici. Meglio prevenire che curare.

Inoltre, bisogna sapere che un terreno coltivato in maniera convenzionale da molto tempo, specialmente se si tratta di mais o di soia, rischia di essere esaurito a causa del compattamento del suolo (per effetto delle ruote del trattore), della mancata rotazione delle colture e dell'uso eccessivo di concimi, pesticidi ed erbicidi di sintesi. In questo caso, oltre a dover recuperare un suolo degradato, dovete considerare il fatto che la certificazione biologica non vi sarà concessa prima di tre anni dall'insediamento[3].

Se il terreno che vi interessa confina con un'attività agricola convenzionale, è il caso di preoccuparsi. Nel sud del Québec, dove aziende biologiche e convenzionali coabitano, le pratiche agricole convenzionali (concia o modificazione genetica delle sementi allo scopo di includere fungicidi, concimi chimici o diserbanti al glifosato) possono rappresentare una minaccia per l'acqua e l'aria delle aziende circostanti. Ma peggio ancora, non esiste alcuna norma che vieta lo spargimento di questi prodotti chimici e di sintesi nelle vicinanze di aziende o di orti biologici. La malaugurata distruzione di un raccolto a causa della deriva di un diserbante o di un pesticida, proveniente da un'azienda vicina, può esse-

3. Secondo il regolamento UE bisogna rispettare il tempo di conversione prima di ottenere la certificazione biologica.

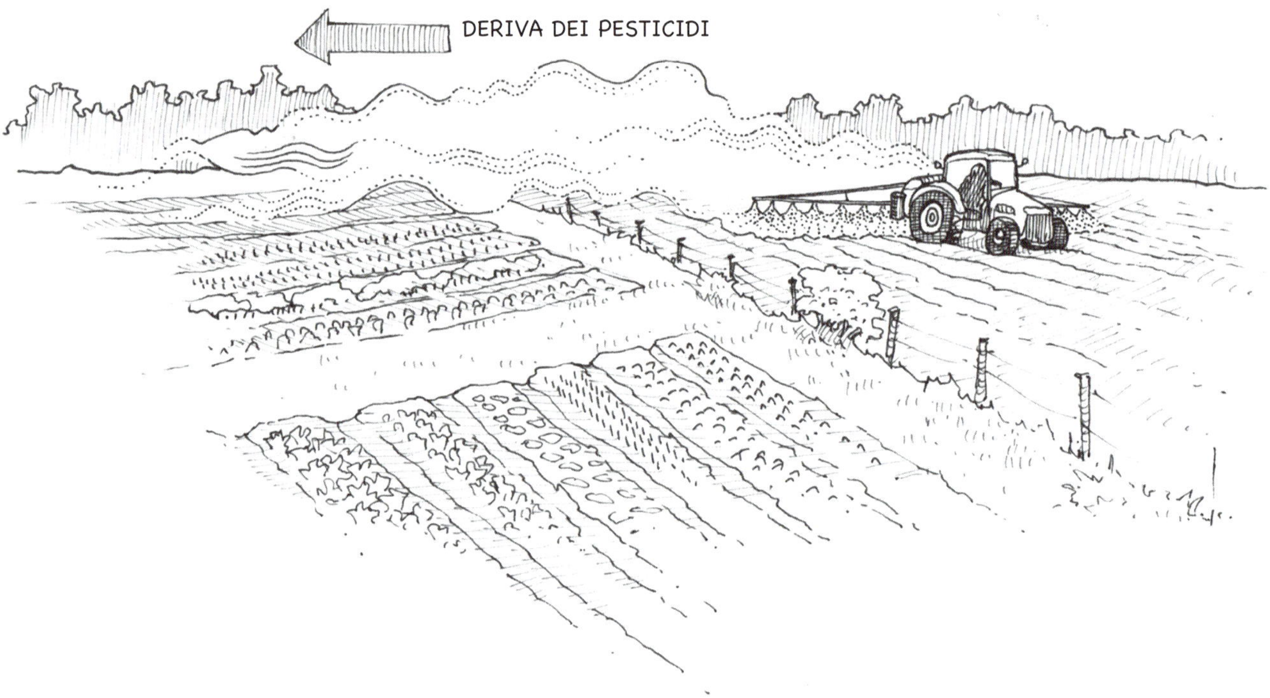

Il glifosato è particolarmente fatale per la maggior parte degli ortaggi. Purtroppo, è anche il diserbante più frequentemente utilizzato per varie coltivazioni convenzionali nel Québec.[4]

4. Per la certificazione biologica UE e le entità di certificazione biologica nazionali la fascia tampone non è obbligatoria, ma consigliata.

re catastrofica per la reputazione di qualsiasi agricoltore biologico.

Se il sito desiderato confina con terreni coltivati in maniera convenzionale, sarà dunque saggio prendere alcune precauzioni. La certificazione biologica esigerà, a proposito, una fascia tampone di 8 metri tra le vostre aiuole e il campo confinante o anche la realizzazione di un frangivento di separazione. Di fronte a un simile scenario, vi consiglio di incontrare l'agricoltore confinante per comunicargli la vostra intenzione di avviare una coltivazione biologica. Spiegando i vostri timori per il rischio di deriva dei prodotti sul vostro terreno (siate rispettosi e cortesi) potreste far sì che il confinante faccia maggiore attenzione nel momento di irrorare i suoi campi. Nel migliore dei casi, potreste raggiungere un accordo nel quale anche il vicino dovrà rispettare una fascia tampone, dietro un qualche compenso da parte vostra. Questa soluzione potrebbe essere ideale, soprattutto nel caso in cui il vostro spazio di coltivazione è piuttosto ristretto.

CAPITOLO 4

Progettare l'orto

Esistono regole precise sulla progettazione di un'area, alcune che riguardano l'orientamento, altre che riguardano le interazioni... Esiste tutto un insieme di princìpi che regolano come e perché mettiamo insieme così i vari elementi, e perché funziona.

Bill Mollison, *Introduzione alla permacultura*, 1991

La sistemazione del terreno è l'occasione per organizzare i vari spazi di un'orto professionale in modo da favorire un lavoro efficiente in tutte le operazioni quotidiane. Ma per far sì che ciò accada, è necessario avere fin dall'inizio una visione d'insieme di tutti gli elementi fissi (magazzino, cisterne d'acqua, serre, ecc.) che compongono un'orto professionale e realizzare un buon piano di assetto, ben meditato.

L'organizzazione degli spazi di lavoro

Il lavoro nel campo comporta un continuo viavai tra le varie infrastrutture e le aiuole. Andare in bagno, dimenticare un attrezzo o andare a cercare una cassetta per la raccolta sono situazioni assai frequenti nel corso di una sola giornata. Se ognuno di questi spostamenti rappresenta una pausa sul lavoro diciamo di 15 minuti, provate a immaginare quanto tempo si perde alla fine di una giornata, di una settimana, di una stagione... Per questo motivo, è importante pianificare con cura gli spostamenti sul terreno e posizionare le aree maggiormente frequentate ogni giorno (la zona di lavaggio, la cella frigorifera, il ricovero degli attrezzi e i bagni) il più vicino possibile all'orto. L'ideale sarebbe riunire tutte queste aree all'interno di un'unica struttura, posizionata al centro dell'orto. Per quanto una simile disposizione degli spazi non sia sempre possibile, bisogna in ogni caso fare attenzione a non essere troppo lontani.

Una volta stabilita la posizione delle varie infrastrutture, la fase successiva consiste nel pianificare gli spazi interni. Si dovrà dedicare un'attenzione particolare al luogo di lavorazione dei prodotti, dal momento che il lavaggio, l'incassettamento e l'immagazzinamento degli ortaggi costituiscono una parte fondamentale del lavoro. Sia che quest'area si trovi all'interno di un edificio o sotto una tettoia esterna, dovreste allestirla in modo tale che sia comoda e funzionale. Vi consiglio vivamente di andare a visitare altre aziende orticole, indipendentemente dalle dimensioni e dal tipo di produzione, per osservare come sono stati organizzati gli spazi di lavoro. È un'ottima maniera per raccogliere idee e organizzare nel modo migliore il vostro spazio di lavoro. Come regola generale, un buon allestimento non dipende da quanto è grande un'attività; esso è efficente sia su piccola che su grande scala.

La standardizzazione degli spazi di coltivazione

Per semplificare la gestione di numerose colture la maggior parte degli orticoltori esperti suddivide il campo in più parcelle di uguale misura. Questa suddivisione facilita la gestione delle coltivazioni sotto vari aspetti, come l'acquisto delle sementi, il dosaggio de-

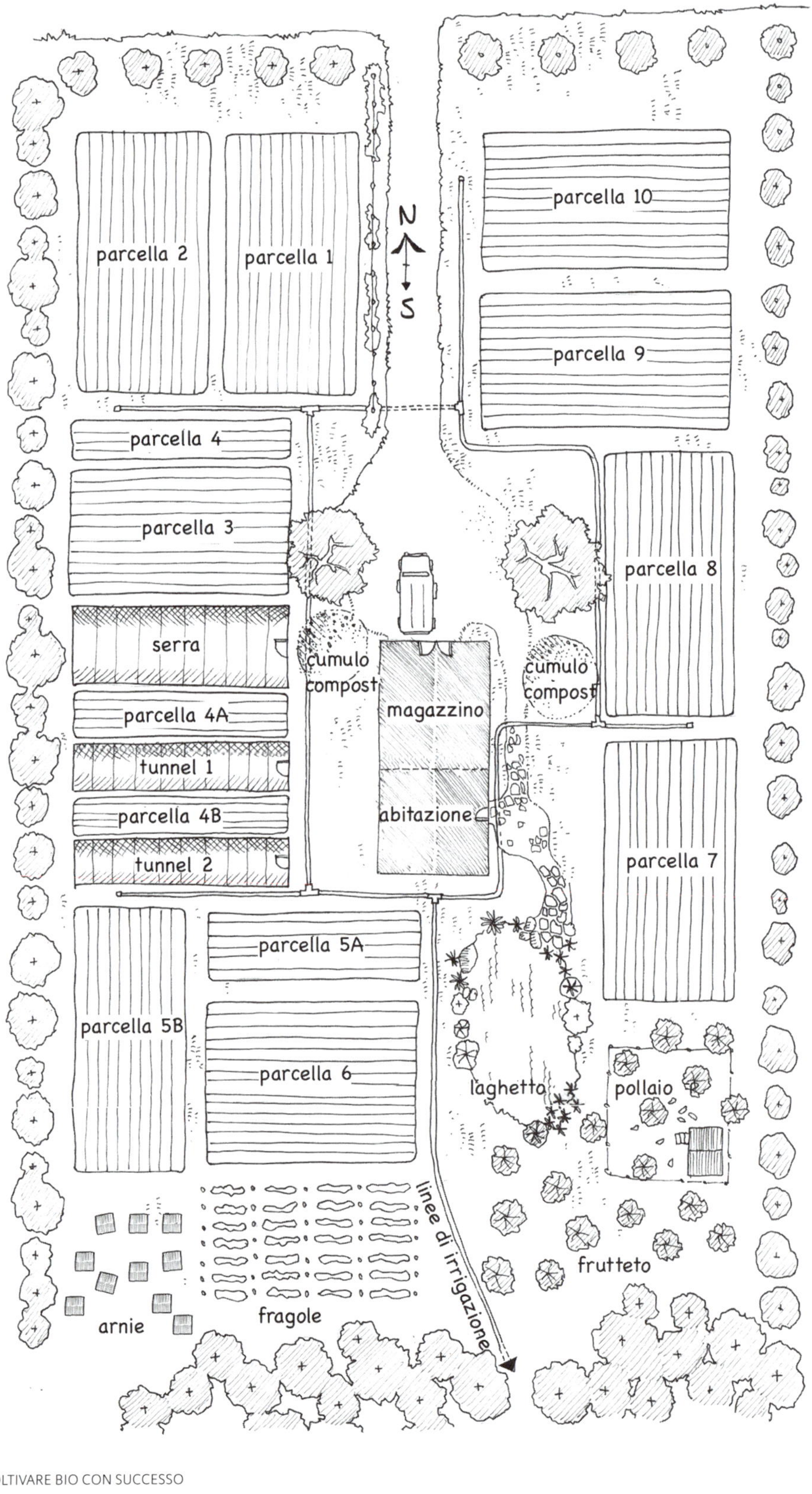

Sul nostro terreno, le particelle sono pressapoco tutte equidistanti da un edificio multifunzionale che include le principali aree di lavoro interno. Questa disposizione riduce la perdita di produttività dovuta agli spostamenti.

Il magazzino: alcuni consigli per allestire una zona di lavaggio

- Una zona di lavaggio semplice ed economica consiste nel collocare due vasche una accanto all'altra, ciascuna fornita di una pistola ad acqua da giardino. Bisogna prevedere una buona pressione d'acqua e uno scolo adeguato per consentire l'uso simultaneo di entrambe le vasche. L'altezza standard di un piano di lavoro è all'incirca 90 cm, ma sarebbe meglio installare le due vasche ad altezze differenti in modo da risultare comode per operai di diversa statura. Se la vostra zona di lavaggio è al chiuso, occorre tenere in considerazione i danni dell'acqua e quindi rivestire le pareti con un materiale impermeabile e resistente alla muffa. L'acqua usata per il lavaggio dev'essere potabile e il suo smaltimento dovrà essere ecologico.

- Progettate un'area di lavorazione abbastanza grande da potervi includere un grande banco per il confezionamento degli ortaggi, un punto dove poter usare le bilance e un altro per comporre le cassette e preparare le consegne. Bisogna disporre anche di uno scaffale dove riporre le borse, gli elastici, il materiale per il mercato, ecc. Sono anche molto utili dei tavoli smontabili per eseguire lavori di manutenzione all'esterno quando è bel tempo.

- Includete un lavandino per lavarvi le mani. Le norme igieniche del Ministero dell'Agricoltura del Québec impongono la presenza di acqua calda.

- Assicurate un'illuminazione sufficente e delle finestre per evitare di creare una zona buia e chiusa. Il pavimento dev'essere liscio, impermeabile e facile da pulire. L'ideale sarebbe una spianata di cemento livellata verso uno scolo di uscita.

- Acquistate cassette per la raccolta che si possano impilare e incastrare facilmente per diminuire lo spazio che occupano.

- Fate in modo di poter caricare il furgone senza dover sollevare le cassette da terra. Un'opzione potrebbe essere realizzare una banchina di carico all'altezza del cassone del furgone oppure costruire una rampa portatile. In ogni caso, dovreste lavorare con un carrello a mano e con cassette che si impilano facilmente.

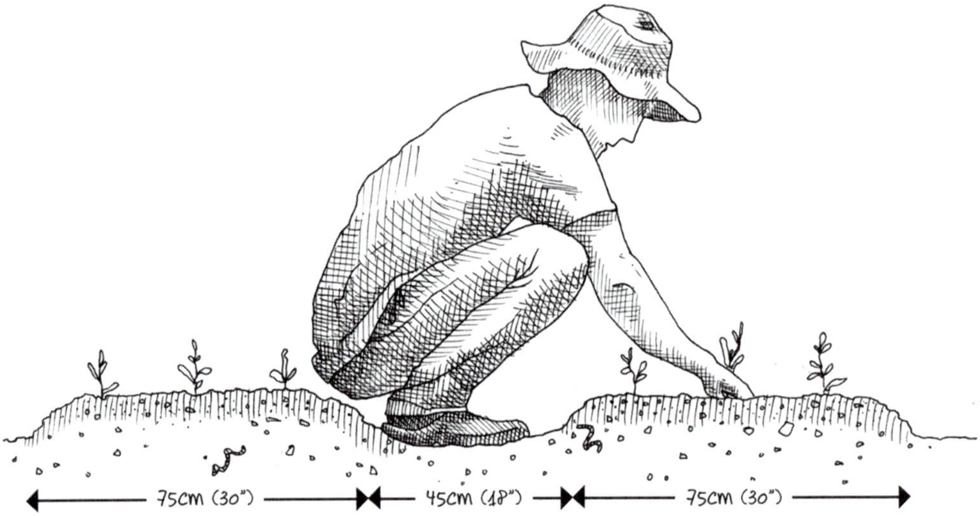

I sentieri nel nostro orto lasciano uno spazio sufficiente per passare con le carriole e per non recare danno alla coltura vicina quando siamo accovacciati. L'orientamento dei bancali è impostato in base alle pendenze naturali del nostro terreno, per favorire il drenaggio delle acque superficiali.

gli ammendanti, il calcolo della produzione e delle rese così come anche la rotazione delle colture. In breve, si tratta di una grossa parte della pianificazione.

Per nostra fortuna, prima di trasferirci in modo definitivo a Saint-Armand, conoscevamo già l'importanza di standardizzare gli spazi di coltivazione e abbiamo organizzato il nostro terreno in modo analogo. Nel nostro orto, tutte le aiuole hanno una larghezza di 120 centimetri da centro a centro (incluso il sentiero che divide un'aiuola dall'altra), tranne quelle all'interno della serra per i pomodori. I bancali sono larghi 75 centimetri e i sentieri per gli spostamenti hanno una larghezza di 45 centimetri. Questo allestimento ci permette di scavalcare facilmente un bancale senza calpestarlo, assicurando allo stesso tempo il passaggio agevole delle carriole. Sempre più frequentemente gli orticoltori utilizzano bancali larghi 75 centimetri, tanto che ormai molti utensili e attrezzi sono adattati a questa misura standard. Se avete intenzione di coltivare senza trattore, queste sono le distanze che dovrete adottare.

Per quanto riguarda la lunghezza, i nostri bancali sono tutti lunghi 30 metri. Questa misura è stata adattata alla nostra scala di produzione e non si tratta di uno standard. Un altro orticoltore potrebbe usare bancali lunghi 10, 15 metri o di qualsiasi altra lunghezza. La cosa importante è che siano tutti della stessa misura, così da poter uniformare teli, linee di irrigazione, coperture e altri strumenti di lavoro. In questo modo, tutti i materiali potranno essere usati ovunque e, quindi, necessari in minore quantità. Chiunque abbia passato ore a cercare una copertura della misura giusta potrà facilmente intuire quanto questo stratagemma sia utile. Nella nostra pianificazione annuale, questa uniformità di lunghezza ci ha permesso anche di usare i bancali come unità di misura, al posto della tradizionale «resa per ettaro», che non tiene conto della nostra spaziatura intensiva. In tal modo, possiamo calcolare le dosi dei concimi ammendanti da apportare all'orto non più in termini di tonnellata/ettaro, ma piuttosto di carriola/bancale.

Infine, abbiamo riunito i bancali in lotti della stessa dimensione, a cui ci riferiamo indifferentemente con il termine «orto» o «parcella». Il nostro campo è suddiviso in 10 parcelle da 20x34 metri con 16 bancali ciascuno, riuniti in base agli ortaggi appartenenti a una stessa famiglia o in base a comuni bisogni nutritivi (vedi capitolo 6 sulla concimazione organica). La lunghezza di una singola parcella è uguale a quella dei bancali (30 metri), più uno spazio di passaggio di 2 metri ad ogni estremità per passare con il carrello per la raccolta. Quindi, un totale di 34 metri. Come ho già detto, questa suddivisione è stata fatta in base alle nostre esigenze e può essere diversa da un'azienda all'altra. Alla fine, è la sua uniformità che rende questo modello così interessante.

L'ubicazione di serre e tunnel

In un orto professionale l'uso di tunnel e di almeno una serra è indispensabile per estendere la stagione di produzione. Noi facciamo una distinzione tra tunnel e serre per il fatto che i primi non sono di solito riscaldati (o sono riscaldati solo occasionalmente), sono coperti solo con un semplice telo di plastica e non hanno bisogno di un allaccio elettrico. La serra viene usata in primavera come vivaio, mentre i tunnel servono a prolungare la stagione. Nel corso dell'estate, tutti saranno usati per riparare e stimolare le colture delicate e più redditizie come pomodori, peperoni e cetrioli.

L'ubicazione delle serre e dei tunne[1] dovrà essere decisa tenendo conto delle considerazioni seguenti. Dal momento che in primavera e in autunno vi si dovrà fare visita diverse volte nel corso della giornata per controllare l'aerazione, sarebbe meglio installare le serre e i tunnel vicino alle altre strutture frequentate regolarmente. Nel caso di una serra riscaldata, bisogna anche prevedere un'accesso carrabile per la ricarica del carburante.

Un'orientamento nord-sud è più vantaggioso dal punto di vista della ripartizione della luce durante la stagione produttiva. D'altro canto però, un orientamento est-ovest permette di catturare il massimo di irraggiamento solare nel periodo che va da settembre a marzo, quando il sole è più basso. In un'ottica di prolungamento della stagione con i tunnel, questo è l'orientamento ideale.

Quando si posizionano più strutture in parallelo, bisogna fare in modo che non si facciano ombra a vicenda nelle giornate più corte. Per evitare questo problema, occorre predisporre tra due strutture uno spazio uguale alla larghezza di ciascuna. Questa distanza è necessaria anche per raccogliere la neve rimossa dalle serre e dai tunnel.

La protezione dai caprioli

La presenza di caprioli nelle vicinanze di un orto dev'essere considerata una seria minaccia. Sono in grado di mangiare l'equivalente di molte migliaia di dollari in una sola notte e mettere a repentaglio una parte della vostra produzione. Se i caprioli (o altri animali selvatici) sono una minaccia nella vostra regione, il modo migliore per difendersi è semplicemente recintare le aiuole con una rete metallica di 2 metri di altezza. È una soluzione permanente che ha dato prova di essere efficace, ma che è anche dispendiosa.

Se siete ancora in fase di avvio o siete in affitto su un terreno, un recinto elettrico è un'opzione migliore. Allo stesso tempo rimovibile e non permanente, questa soluzione è anche più economica. Molti orticoltori mi hanno anche parlato dei vantaggi di un tipo di rete in polipropilene concepita espressamente per il controllo dei caprioli. Per quanto ne so, questa rete è resistente ai raggi ultravioletti ed è facile da installare (e da rimuovere, all'occorrenza), grazie alla sua leggerezza. D'altro canto, però, mi chiedo quanto un tale

1. Ovviamente per quanto riguarda l'utilizzo dei tunnel e delle serre, in Italia si terrà conto del clima della propria zona (N.d. T.)

prodotto possa resistere al peso della neve. Sarebbe il caso di esaminarlo.

Infine, esiste un'altra soluzione che per noi non ha mai fallito: il nostro buon cane da fattoria. Dato che non è legato e dorme all'esterno, fa la guardia contro i caprioli e li tiene lontani dal nostro orto – anche se non è raro avvistarne circa una ventina nel campo vicino. Certo, gli abbai notturni a volte ci danno fastidio, ma è una soluzione che ci fornisce un formidabile compagno e che non richiede un grande investimento: solo una cuccia e un po' di cibo per cani.

L'impianto di un frangivento

Uno dei fattori climatici che può influenzare in maniera assai negativa la resa delle colture è la presenza di un vento costante nell'orto. Oltre a provocare uno stress direttamente alle piante, la presenza di un simile vento contribuisce ad abbassare la temperatura e a far seccare il suolo. Considerando che i venti dominanti soffiano quasi sempre da un'unica direzione, bisogna cercare di ridurre questi impatti negativi allestendo un frangivento.

Un frangivento può essere vegetale (siepi, arbusti e alberi) o artificiale (palizzata, rete sintetica). I frangivento sintetici hanno il vantaggio di poter essere installati velocemente senza occupare molto spazio. Lo svantaggio è che non sono più alti di 2 metri e spesso vanno sostituiti dopo qualche stagione. I frangivento naturali richiedono tempi più lunghi per l'impianto, ma presentano il vantaggio di essere più estetici, economici e soprattutto più alti. Permettono anche di aumentare considerevolmente la biodiversità. La scelta di varie specie di alberi e di arbusti amati dagli uccelli insettivori può consentire di ridurre il numero di insetti nocivi, così come arricchire i bordi del frangivento con una vegetazione

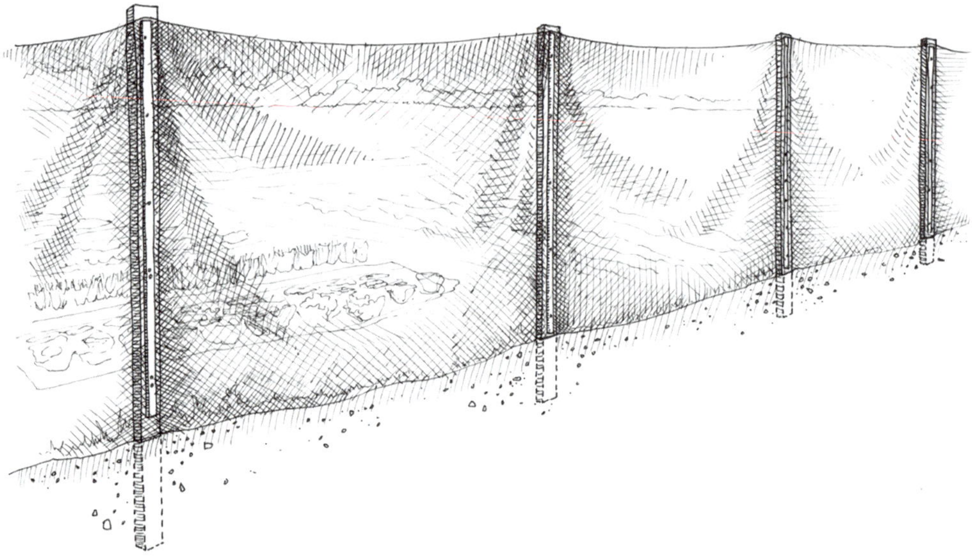

Un frangivento frena la velocità del vento per una distanza che equivale a circa 10 volte la sua altezza, creando così una zona protetta con condizioni climatiche migliori.

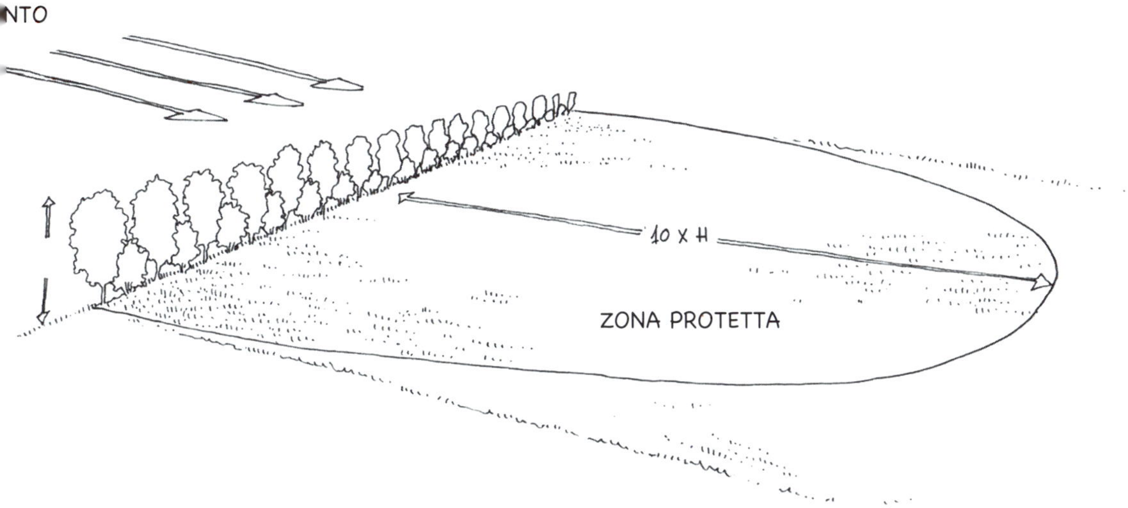

Un frangivento sintetico può rivelarsi una soluzione efficace contro le bufere primaverili, in attesa che cresca un frangivento naturale.

selezionata può attirare alcuni insetti benefici. Per quanto questi vantaggi siano difficili da quantificare, la presenza di un tale allestimento è sicuramente favorevole all'equilibrio ecologico di un orto.

Scegliere tra un frangivento naturale e uno artificiale può essere difficile. L'ideale sarebbe forse impiantare entrambi allo stesso tempo, per poter beneficiare dei loro rispettivi vantaggi. Se si coltiva su un terreno ventoso, la resa ottimale delle colture può ripagare velocemente un tale investimento.

L'irrigazione del terreno

Per le esigenze di un orto professionale, un impianto di irrigazione è indispensabile. Dal momento che le piogge sono imprevedibili, il calendario delle semine poco flessibile e la produzione calcolata in modo molto preciso, non ci si può permettere di ottenere una cattiva germinazione o un calo della resa a causa della mancanza d'acqua. L'irrigazione serve soprattutto per garantire la crescita uniforme delle piantine seminate all'aperto o dopo il trapianto, quando sono ancora fragili e rischiano di appassire velocemente. L'irrigazione è necessaria per le colture che hanno bisogno di un apporto costante di acqua, ma anche, ovviamente, nei periodi di siccità. Un buon sistema di irrigazione dev'essere versatile e adatto ai vostri bisogni.

Nella nostra azienda abbiamo deciso di utilizzare un sistema a pioggia per irrigare le aiuole. L'ala gocciolante è un'altra opzione. Quest'ultima fa un uso molto efficente dell'acqua, perché la porta lentamente e direttamente alla base delle radici della pianta. Tuttavia, riteniamo che questo metodo richieda molto lavoro, perché bisogna spostare le canaline prima di ogni zappatura, cosa che rappresenta un fastidio in più. Quindi, ci limitiamo a usare l'ala gocciolante nella serra, nei

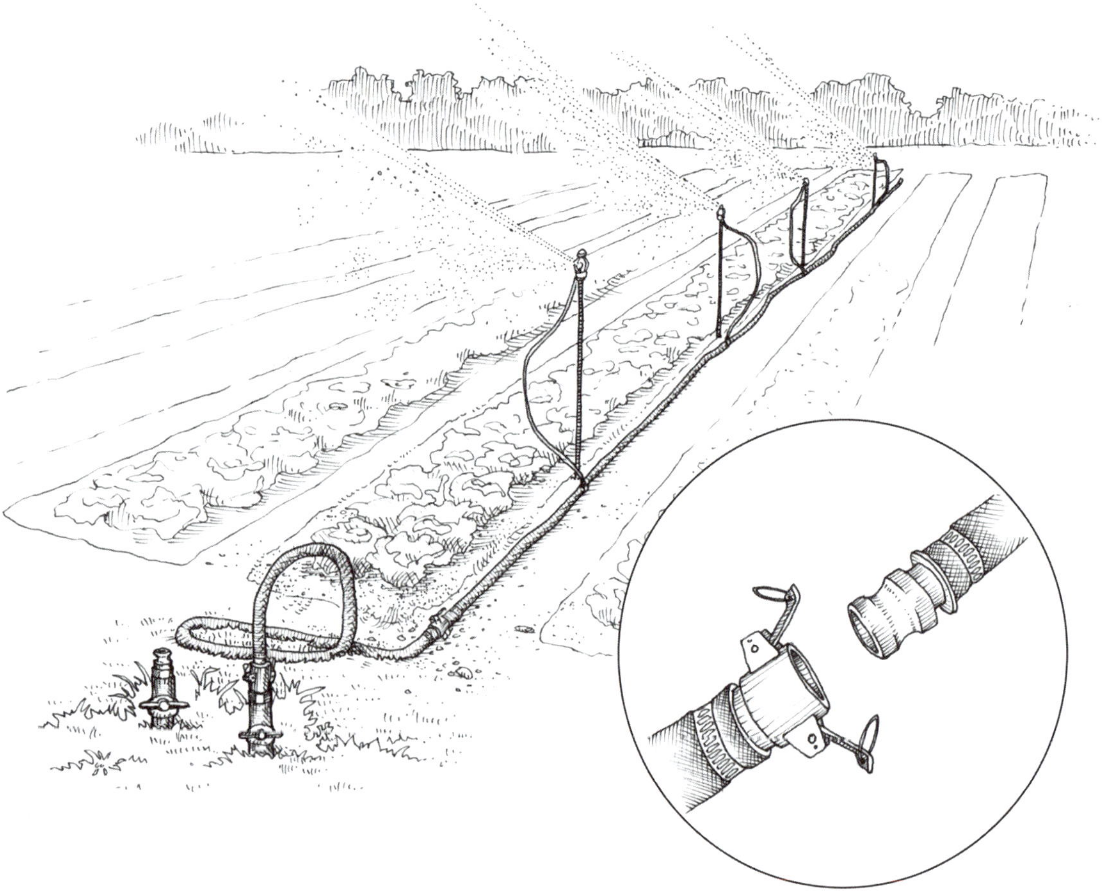

Un tubo flessibile e dei raccordi «Camlock» ci permettono di spostare una linea di irrigazione in qualsiasi punto del nostro orto. Due persone possono spostare e montare una di queste linee in meno di 10 minuti.

tunnel e per le colture che sono pacciamate con i teli di plastica, dove serve acqua.

Successivamente, abbiamo fatto una ricerca per trovare degli irrigatori a pioggia che potessero annaffiare delle fasce strette di terreno, perché spesso abbiamo bisogno di irrigare aree molto circoscritte, e abbiamo optato per una gamma di irrigatori a getto leggero che presentano il vantaggio di operare con una bassa pressione di pompaggio. Questi mini-sprinkler sono leggeri e l'ugello in plastica è fissato a un'asta di acciaio inossidabile collegata a un tubo in pvc (Carlon). Un attacco rapido permette di unirli e così possiamo smontare e rimontare velocemente una linea di irrigazione quando la spostiamo da un lotto all'altro. Il nostro impianto è stato pensato per irrigare una parcella (16 bancali da 30 metri) con due linee, ciascuna dotata di quattro irrigatori distanziati ogni 6 metri. Gli ugelli degli irrigatori sono regolati in modo da coprire un raggio di circa 10 metri, permettendoci di annaffiare 8 bancali per volta.

L'acqua che usiamo per irrigare è pompata da un laghetto ed è distribuita attraverso una linea d'acqua principale di 5 centimetri di diametro che fa il giro delle nostre 10 parcelle. Per ogni parcella sono presenti due valvole a sfera per alimentare le linee di irrigatori. Tutti i raccordi che usiamo sono di tipo «Camlock» (simili a quelli usati dai Vigili del Fuoco) e possiamo collegarli o scollegarli rapidamente. Per facilitare lo spostamento di tutte le nostre linee di irrigazione, abbiamo installato lo stesso raccordo a entrambe le estremità. Un tappo rimovibile ci consente quindi di spostarle senza doverle orientare in un senso specifico.

Con l'aiuto di un tecnico, abbiamo adattato la grandezza della pompa e dei tubi di alimentazione in modo da poter irrigare simultaneamente tre parcelle (sei linee d'acqua). Dal momento che ognuna delle sei linee comprende quattro irrigatori, ne abbiamo comprati 24. In caso di siccità, riusciamo a irrigare tutte le nostre aiuole in 2 giorni. Ci siamo anche muniti di altre due linee di irrigazione attrezzate con irrigatori ancora più piccoli, che coprono un raggio di quattro bancali o meno (5 metri). Una di queste due linee (30 metri) possiede 24 mini-sprinkler che distribuiscono uniformemente una grande quantità di acqua in poco tempo. Per riuscire a mantenere umida la superficie di un bancale in una giornata assolata, questi mini-sprinkler vengono azionati tre o quattro volte al giorno per 10 minuti di annaffiatura.

Per quanto riguarda il rifornimento d'acqua, è bene sapere che le pompe sono concepite per spingere e non per tirare l'acqua. È quindi più vantaggioso collocare una pompa il più vicino possibile alla riserva d'acqua. Nel nostro orto, per evitare di tornare continuamente alla riserva d'acqua per alimentare il sistema di irrigazione, abbiamo optato per una pompa elettrica al posto di una pompa a benzina, nonostante portare la corrente elettrica a una lunga distanza rappresenti un costo considerevole. Un interruttore posto all'interno del ricovero per gli attrezzi ci permette quindi di irrigare frequentemente le nostre aiuole senza perdere tempo. Insisto sull'importanza di attrezzare la pompa con un filtro per sedimenti. Ciò vi eviterà di vedere gli ugelli degli irrigatori ostruiti da piccoli detriti, con il rischio di bloccarne il funzionamento. Queste cose capitano di solito quando siete sicuri che tutto è in ordine e quando irrigate per molte ore senza prestare attenzione…

È anche importante munire la pompa di una valvola di sfogo facile da accedere. Sarà utile quando userete solo alcune linee d'acqua o il sistema goccia a goccia oppure una semplice manichetta collegata all'impianto: la valvola impedirà allora alla linea principale di esplodere per effetto di una pressione eccessiva.

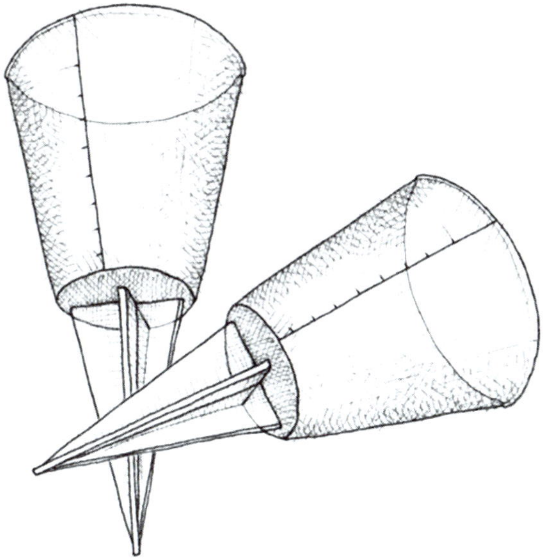

La maggior parte delle colture ha bisogno mediamente di circa 30 millimetri di acqua a settimana. I pluviometri sono utili per misurare la pioggia caduta, ma anche l'uniformità e i tempi di annaffiatura che sono necessari per un'irrigazione completa.

CAPITOLO 5

Lavorazione minima del terreno e attrezzature alternative

La terra, la buona terra del Québec racchiude in sé tesori di fertilità. Essa non chiede altro che produrre belli e buoni raccolti, ma è anche necessario che il coltivatore sappia trattarla bene per ricavarne tutto ciò che essa è in grado di offrire.

Adélard Godbout, *ministro dell'Agricoltura del Québec, Les champs, 1933*

Quando abbiamo avviato il nostro orto professionale, l'unico attrezzo che avevamo era una motozappa. Quanto l'abbiamo usata! All'epoca, ci sembrava la migliore invenzione di tutti i tempi. Pochi passaggi permettevano di eliminare le erbe infestanti e i residui colturali, lasciando allo stesso tempo un letto di semina ben smosso. Lavorato in questo modo, il suolo era talmente leggero che vi si poteva infilare una mano intera. Tuttavia, mano a mano che abbiamo acquisito esperienza e appreso di più sulla biologia del suolo, ci siamo resi conto di alcune cose riguardo alla motozappa. Quest'ultima ci è stata estremamente utile per preparare velocemente i bancali, ma non ci ha affatto aiutati a migliorare la qualità del terreno. A prima vista, questo attrezzo sembrava fare tutto ciò che avrebbe dovuto – decompattare il suolo e migliorare il drenaggio – ma in realtà era il contrario. Invece di costruire il suolo, lo stavamo distruggendo lentamente, ma inesorabilmente.

La gramigna è un'erba infestante che bisogna assolutamente eliminare da un terreno prima di realizzare l'orto. Un libro sulle tecniche da utilizzare per farlo si trova nella bibliografia.

Dal momento che stavamo coltivando su un terreno in affitto, non ce ne siamo preoccupati troppo. Eravamo più interessati alla sua praticità a breve termine piuttosto che ai suoi effetti a lungo termine. Ma quando ci siamo insediati in maniera definitiva, era chiaro che dovevamo approfondire la nostra conoscenza sulla struttura del suolo e rivedere i nostri metodi di lavoro. È stato Eliot Coleman che, per primo, ci ha messi sulla strada giusta. Nel suo libro, *The New Organic Grower*, uno dei nostri libri-cult a quel tempo, Coleman descrive varie tecniche di lavorazione del suolo, ma suggerisce anche l'idea che il miglior modo di coltivare sia forse ridurre al minimo la lavorazione del terreno, se non di eliminarla completamente. Egli sostiene però che la difficoltà maggiore consisterebbe nel preparare il terreno con la stessa efficienza degli agricoltori convenzionali. Comprendiamo ciò che intende, perché la coltivazione intensiva degli ortaggi è molto esigente in fatto di preparazione del terreno. Bisogna incorporare la sostanza organica per mantenerne la fertilità, bisogna preparare i letti di semina per favorire la germinazione, bisogna smuovere e aerare la terra per fare ambientare le giovani piante e bisogna eliminare i residui colturali prima di preparare una nuova semina. Insomma, occorre smuovere un bel po' di terra.

A *Les Jardins de la Grelinette* abbiamo adottato fin dall'inizio una filosofia di lavorazione minima del suolo, sostituendo il tradizionale lavoro meccanico con un lavoro biologico. In base a questo approccio, i lombrichi rivestono un ruolo di primo piano per la salute del suolo – le loro gallerie lo arieggiano e lo drenano, mentre i loro escrementi ne combinano le particelle – ed è per questo che auguriamo che il loro numero aumenti. Siamo convinti anche che i microbi, i funghi e gli altri organismi possono svolgere una buona parte del lavoro necessario per mantenere il terreno sciolto e fertile, a condizione di non disturbare la loro attività rivoltando il terreno. Anche se tutto questo può sembrare perfetto, siamo ugualmente costretti a lavorare la terra meccanicamente per preparare i bancali prima del trapianto e della semina diretta. Ci sono voluti diversi anni prima di trovare gli attrezzi adatti e le tecniche che ci hanno permesso di farlo in maniera efficiente senza danneggiare la struttura del suolo e gli organismi che lo abitano.

Dopo molte stagioni trascorse a condurre vari esperimenti, abbiamo adottato ora un metodo che è biologico, pratico e adatto alla produzione commerciale. In estate, prepariamo i bancali in questo modo:

- Trinciamo il sovescio e i residui colturali con una falciatrice. Successivamente, copriamo i bancali con un telo nero[1] per due o tre settimane. Il risultato è il soffocamento e la sanificazione delle vecchie coltivazioni.
- Eseguiamo poi un passaggio con la grelinette per assicurare un'aerazione profonda del suolo e favorire lo sviluppo radicale degli ortaggi, che ne traggono beneficio.
- In seguito, spargiamo gli ammendanti sui bancali e li incorporiamo con un erpice rotante regolato per lavorare a una profondità di 5 centimetri. L'erpice rotante è munito posteriormente di un rullo che preme e livella la superficie del bancale.
- Infine passiamo con il rastrello per rimuovere tutti i detriti e i sassi sui bancali, che a questo punto sono pronti per essere seminati.

Il tempo necessario per la preparazione di un bancale, senza considerare quello trascorso sotto il telo, è di circa 15 minuti. Per ottimizzare i tempi di preparazione, tutti gli attrezzi che usiamo sono standardizzati per lavorare su una superficie che abbia una larghezza di 75 centimetri e terminare il lavoro con un solo passaggio. Di seguito sono illustrati, in maniera più dettagliata, i diversi elementi del nostro sistema.

Lavorare con bancali permanenti

I bancali permanenti sono alla base del nostro sistema intensivo di coltivazione. Permettono un'organizzazione ottimale degli spazi e del lavoro e forniscono un ambiente ideale per lo sviluppo delle piante. Il fatto che siano permanenti è determinante, perché è ciò che ci consente di costruire e di mantenere il suolo nel miglior modo possibile. Dopo molti anni trascorsi seguendo questo metodo, non riesco a immaginare di poter coltivare ortaggi in un altro modo...

Ecco una serie di vantaggi inerenti alla coltivazione su bancali rialzati:

Un migliore drenaggio del terreno. Rialzare il letto di semina al di sopra del livello del terreno fa in modo che l'acqua piovana scorra al di fuori dell'area coltivata e trattiene l'umidità nella zona delle radici, laddove è necessaria. Nel nostro clima nordico, questo aspetto è cruciale.

Un riscaldamento precoce in primavera. Dal momento che i bancali sono rialzati di qualche centimetro dal terreno, catturano di più i raggi del sole a inizio primavera. Quanto prima il suolo si asciuga e si riscalda tanto prima è possibile procedere con semine e trapianti. Oltretutto, le piante cresceranno più rapidamente.

Nessun compattamento del suolo. Durante la stagione di coltivazione non passiamo sopra i bancali e vale anche, a maggior ragione, per le attrezzature pesanti. In questo sistema solo i sentieri sono calpestati. Evitando il compattamento, si mantiene il terreno sciolto, permettendo così alle radici degli ortaggi di svilupparsi in profondità.

Se il sovescio è fitto, dobbiamo incorporarlo parzialmente nel terreno con un passaggio veloce con la fresa o con l'aratro rotativo (a una profondità che va da 8 a 12 centimetri) prima di coprirlo con il telo nero per accelerarne la decomposizione.

1. Qui l'autore si riferisce al telo nero di plastica per insilati.

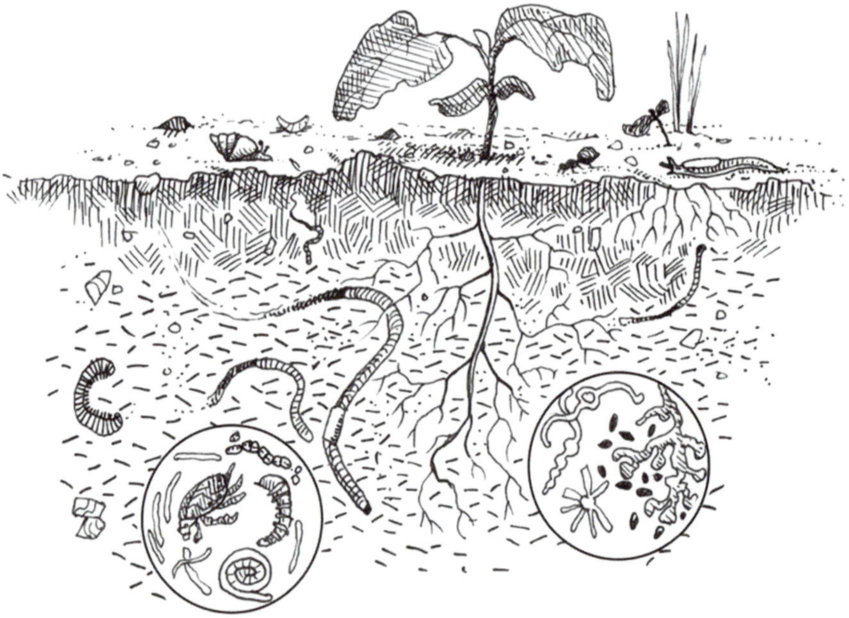

Nelle condizioni più favorevoli, i microrganismi del suolo svolgono una buona parte del lavoro necessario per renderlo sciolto e fertile.

Raccolti migliori. Al contrario dei filari singoli separati da sentieri, in un sistema di bancali permanenti le piante sono distanziate uniformemente sulla superficie di un largo letto di semina, consentendo così una maggiore densità di impianto. In altri termini, si aumenta in tal modo lo spazio di produzione per metro quadrato.

Miglioramento del suolo. Utilizzare anno dopo anno lo stesso sistema di bancali e sentieri permette di concentrare gli ammendanti organici laddove servono: sui bancali. Se si considera l'elevata quantità di concimi e di compost richiesta in un sistema intensivo, questa è la maniera più economica di migliorare un terreno.

Nessun bisogno di trattori. Adottando il sistema dei bancali permanenti, si evita di dover realizzare nuove aiuole ogni anno. È il modo migliore di coltivare senza trattore. Per lavorare e modellare grandi estensioni è indispensabile disporre di un trattore, se si vuole lavorare in maniera efficiente.

Per tutte queste ragioni, suggerisco ai produttori prinicipianti di adottare il sistema dei bancali permanenti al momento di pianificare l'organizzazione di un orto professionale. Detto questo, lavorare con i bancali permanenti richiede una buona preparazione. Come prima cosa si dovranno correggere le difformità topografiche e, se necessario, installare un sistema di drenaggio sotterraneo. Quando si entra in possesso di un terreno libero, che si tratti di un pascolo o di un terreno incolto, è quasi inevitabile prendere in affitto da un terzista le attrezzature necessarie (aratro, ripuntatore, fresatrice, ecc.) per rendere la terra «lavorabile». Rimuovere dal terreno le grosse rocce è un'altra operazione che può richiedere l'uso di un trattore. Nel frattempo, approfittatene per definire un piano d'azione per eliminare alcune erbe infestanti tenaci e resistenti, come la gramigna, il tarassaco e i cardi. A questo scopo, potrebbe essere utile

A seconda delle dimensioni dell'orto, la realizzazione dei bancali permanenti può durare qualche giorno, o persino qualche settimana.

una lavorazione del terreno effettuata con larghi dischi o frangizolle.

Una volta preparato il terreno, comincia il lavoro vero e proprio. La realizzazione dei bancali potrebbe durare alcune settimane, in base alla grandezza dell'orto. I nostri hanno richiesto molto tempo, perché ne abbiamo 180, tutti lunghi 30 metri. Abbiamo iniziato segnando il perimetro di tutte le parcelle (che dovevano includere 16 bancali da 30 metri). Successivamente, abbiamo usato uno spago per delimitare la larghezza dei bancali, poi abbiamo scavato la terra dai sentieri per aggiungerla ai bancali. È stato un lavoro faticoso, ma eravamo motivati dall'idea che sarebbe bastato farlo una sola volta.

Mentre formavamo i bancali, abbiamo anche aggiunto delle grandi quantità di materia organica per migliorare la qualità del suolo. Il nostro è un terreno «franco ghiaioso» di buona qualità, ma per ogni bancale di 30 metri abbiamo aggiunto sette carriole di compost ricco di torba. Abbiamo aggiunto anche della calce per innalzare il pH del terreno, che era leggermente acido. Alcuni orticoltori aggiungono sabbia ai suoli argillosi e argilla ai suoli sabbiosi. Oltre al compost, questi ammendanti contribuiscono a migliorarne la struttura.

Per quanto riguarda l'altezza dei singoli bancali, il mio suggerimento è di innalzarli a circa 20 centimetri dal terreno. Con il passare del tempo, la terra si abbasserà: dopo una o due stagioni di coltivazione, i bancali dovrebbero essere a circa 10 o 15 centimetri dal suolo. È inutile aumentarne l'altezza, perché non ci sarebbe alcun vantaggio a farlo; al contrario, sarebbe solo un lavoro in più in un momento in cui c'è molto altro da fare. Nella nostra azienda, non inerbiamo i sentieri con il trifoglio, come fanno molti orticoltori. Il motivo principale è che utilizziamo la terra dei sentieri per rincalzare i bancali che cedono. La terra dei sentieri è utile anche per interrare i teli e le coperture per gli ortaggi.

Nel 2011, abbiamo acquistato un aratro rotativo Berta per il nostro motocoltivatore. Questo attrezzo prende la terra che si trova sotto la lama e la spinge di lato. È molto utile per lavorare un terreno vergine, ma ancora di più per realizzare bancali permanenti.

Il manubrio del motocoltivatore può essere regolato lateralmente per evitare di calpestare la superficie di terreno appena lavorata. La manovrabilità e le dimensioni degli attrezzi che si attaccano a questo macchinario lo rendono uno strumento essenziale per lavorare con i bancali permanenti.

Il motocoltivatore professionale

Un motocoltivatore professionale è il macchinario più importante per l'orticoltura su piccola scala. Polivalente, robusto e facile da usare, può eseguire la maggior parte delle lavorazioni del terreno tipiche nella coltivazione di ortaggi. Concepito soprattutto per piccole superfici, questo attrezzo è diffuso perlopiù in Europa, soprattutto in Italia, dove se ne trovano tra i migliori.

Abbiamo iniziato a lavorare con queste macchine dopo aver utilizzato, nel corso di alcune stagioni, i piccoli motocoltivatori da orto che si trovano nella maggior parte dei negozi di ferramenta. Anche se questi ultimi permettono una buona lavorazione del terreno, la differenza tra i due modelli è immensa. Il meccanismo di trasmissione, la presa di forza[2] e il cambio differenziale del motocoltivatore professionale ne fanno una macchina molto più potente e che si può manovrare con maggiore precisione. Dal momento che vi si possono attaccare vari attrezzi intercambiabili, il motocoltivatore professionale somiglia quasi più a un piccolo trattore. Per questo, in inglese è chiamato «two-wheel tractor» (letteralmente, «trattore a due ruote»).

Si può dotare il motocoltivatore professionale con un raccordo che consente l'attacco rapido di differenti attrezzi: spazzaneve, generatore, falciatrice, imballatrice da fieno, ecc. Queste attrezzature sono distribuite da varie aziende che vi possono consigliare sulla scelta di una macchina, le dimensioni delle ruote, l'equipaggiamento, ecc. Alcuni indirizzi sono riportati in allegato.

Quando ci siamo insediati a *Les Jardins de la Grelinette* e abbiamo aumentato considerevolmente la nostra produzione, dotarci di

2. La presa di forza è il pezzo grazie al quale il motore del trattore fa funzionare gli attrezzi per effetto di un albero motore.

un motocoltivatore al posto di un trattore ci sembrava una scelta ovvia. Diversamente da un trattore, che richiede un'ampia striscia di terreno non coltivato per girare alla fine della fila, il motocoltivatore può ruotare su sé stesso. Abbiamo così potuto organizzare le nostre aiuole senza sacrificare troppo spazio.

Abbiamo anche scoperto che gli attrezzi meccanici per la lavorazione del suolo che preferivamo per lavorare con bancali più stretti rispetto a quelli convenzionali potevano essere tutti collegati al motocoltivatore. Infatti, è molto più facile trovare attrezzi larghi 75 centimetri per il motocoltivatore che per i trattori. Ma, in sostanza, il fattore determinante è stato il prezzo di acquisto. Un motocoltivatore professionale nuovo, attrezzato con un trinciaerba e un erpice rotante, si può acquistare per una frazione del prezzo di un trattore usato, anche di piccole dimensioni. È stata una scelta di cui non ci siamo mai pentiti.

Solitamente, il motocoltivatore è attrezzato con una fresa. Come ho spiegato in precedenza, questo attrezzo danneggia la struttura del suolo, perché lo polverizza e gli fa perdere il suo stato di aggregazione, rendendolo così più a rischio di compattamento. Ciononostante, è un attrezzo che presenta i suoi vantaggi. È utile per incorporare gli ammendanti nel terreno e per interrare il sovescio, oltre che per preparare i letti di semina quando non si ha tempo per coprirli con un telo o per rimuovere a mano i residui colturali. Può anche servire per le semine precoci in primavera, quando il terreno è ancora freddo. Una fresatura veloce ossigena il suolo, riscaldandolo e accelerando la produzione. In questo periodo dell'anno, i lombrichi e gli altri organismi del suolo (che ovviamente non amano essere polverizzati dalla fresa) non sono presenti nel terreno. Perciò non ci preoccupiamo più di tanto di rigirare gli strati di terreno su alcuni bancali.

Nel nostro orto, l'attrezzo che utilizziamo più spesso per lavorare il terreno è l'erpice rotante. Quest'ultimo presenta il vantaggio di lavorare il terreno con dei denti che ruota-

Con il passare del tempo, i bancali permanenti tendono a livellarsi. Nel corso degli anni, li abbiamo mantenuti in ordine grazie a un aratro collegato alla parte posteriore di una piccola fresa. Abbiamo sostituito questo attrezzo con un erpice rotante collegato al nostro motocoltivatore. Ogni primavera, rifacciamo daccapo alcune parcelle. Alla fine, ogni bancale è rinnovato ogni due o tre anni.

Un'osservazione sul miglioramento del suolo

In un nuovo orto, nessuna parcella è uguale alle altre in fatto di tessitura del terreno. È per questo motivo che non voglio sbilanciarmi nel dare consigli precisi sulla quantità di ammendanti da apportare per migliorare il suolo. Ma vi suggerisco di non fare economie. Tenete a mente che i bancali permanenti sono, appunto, permanenti. È solo investendo in materia organica e in compost di qualità che otterete buoni raccolti e ottimi ortaggi – un elemento essenziale per il successo di un orto professionale. Se la tessitura del vostro terreno va migliorata, non esitate a farlo.

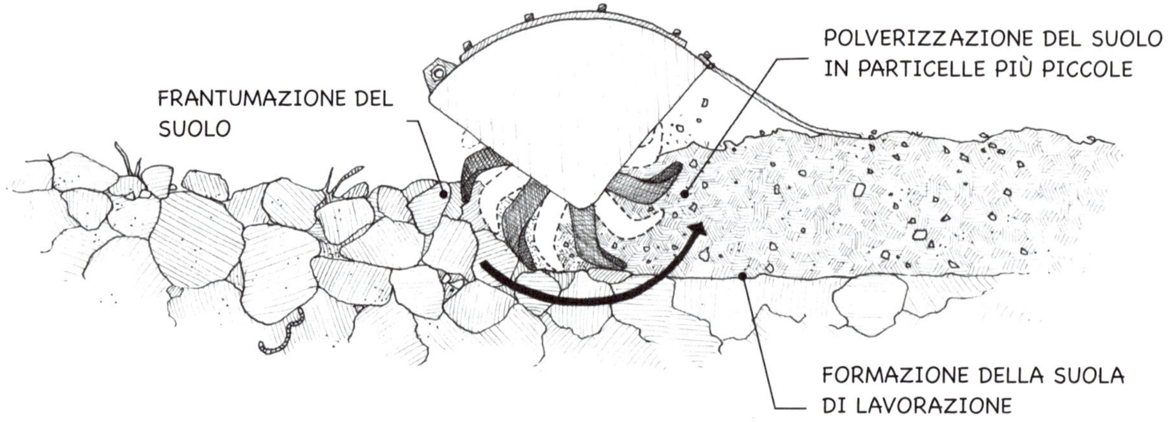

Malgrado la sua praticità, la fresa rovina la struttura del suolo a ogni passaggio. La polverizzazione fa sembrare «leggero il terreno» per un po' di tempo, ma disturbandone l'aggregazione, ne favorisce alla lunga il compattamento. L'uso continuo della fresa porta anche alla formazione della suola di lavorazione. Si forma allora una crosta solida laddove i denti dell'attrezzo levigano continuamente il medesimo strato inferiore di terreno, riducendone la capacità di drenaggio e impedendo alle radici di penetrare in profondità.

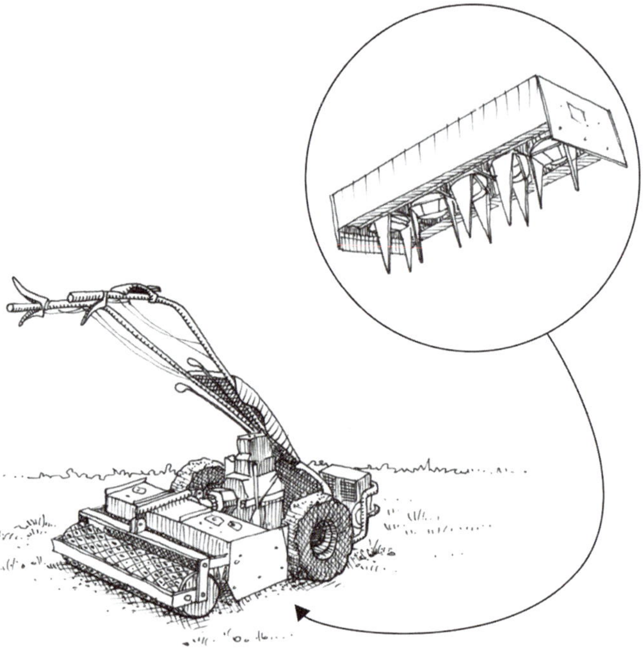

L'erpice rotante non inverte gli strati di terreno e questo è l'ideale per evitare di riportare in superficie i semi dormienti. Dopo tutto, è un attrezzo molto efficiente che sostituisce egregiamente la fresa nella preparazione dei bancali per la semina.

no su un asse verticale. In tal modo, gli strati di terreno non vengono rigirati e non c'è il rischio di creare una suola di lavorazione a causa alla compressione verticale del suolo, che infatti viene mescolato piuttosto che polverizzato. L'erpice rotante è anche dotato di un rullo che consente di spianare la superficie del bancale, cosa che per il letto di semina assicura un contatto migliore tra seme e suolo, e di una manovella che permette di regolare facilmente la profondità di lavorazione desiderata.

Un passaggio con l'erpice rotante permette di ottenere un bancale perfettamente preparato per il trapianto e la semina all'aperto. Nell'insieme, è un ottimo strumento e vi suggerisco di provarlo prima di acquistare altri tipi di attrezzatura per lavorare il terreno o per vangare. L'unico inconveniente è il suo peso elevato, che rende questo attrezzo più difficile da manovrare rispetto alla fresa.

Il nostro motocoltivatore è dotato anche di un trinciaerba che tritura il sovescio e i residui colturali con una facilità impressionante. È un attrezzo molto potente, a cui nessuna coltura sembra opporre resistenza. Trinciamo regolarmente sovesci alti più di un metro senza ingolfare il motore. L'aggiunta del trinciaerba al nostro arsenale di attrezzi ha ridotto le difficoltà che avevamo a interrare il sovescio. Quest'ultimo, quando viene solamente falciato, tende ad arrotolarsi attorno ai denti della fresa e a riempirne il cassone. Il trinciaerba risolve questo problema sminuzzando finemente lo sfalcio, permettendoci così di interrarlo più facilmente. Ci consente anche di liberare in poco tempo la superficie da una vecchia coltura, un'operazione che in passato eseguivamo a mano.

La grelinette

La grelinette (bio-forca, N.d.T.) è una lunga forca a forma di U che permette di lavorare il terreno a circa 30 centimetri di profondità senza rivoltarlo. Nel nostro orto, questo arnese è il complemento ideale per il resto della nostra attrezzatura, che usiamo perlopiù per lavorare il terreno in superficie. Il funzionamento della grelinette è molto semplice. Basta salire in piedi sopra la barra trasversale e tirare i manici all'indietro, creando un movimento che spinge i denti verso l'alto. È uno strumento ergonomico, che permette di lavorare sempre con la schiena dritta. Tenendo un buon ritmo, passare con la grelinette

La grelinette (bio-forca) è un attrezzo essenziale per il giardiniere-orticoltore, perché permette di allentare il terreno, senza sconvolgerne la struttura.

Scegliete con cura le vostre attrezzature

La scelta dell'attrezzatura avrà conseguenze dirette sulla vostra capacità di lavorare il terreno adeguatamente. Prima di prendere una decisione definitiva sull'acquisto di un motocoltivatore, valutate le vostre esigenze in fatto di attrezzatura, perché guideranno la scelta del modello, delle dimensioni e della potenza del motore. I motocoltivatori non sono tutti uguali. Per esempio, su alcuni di essi non è possibile ruotare il manubrio per poter lavorare con la presa di forza in avanti o all'indietro. Questa caratteristica è importante perché gli attrezzi come l'erpice rotante funzionano meglio all'indietro (le tracce delle ruote vengono eliminate), mentre altri, come il trinciaerba, lavorano meglio in avanti. Potrebbe valere la pena prendere in considerazione alcuni modelli di piccoli trattori prodotti in Europa, in Asia e negli Stati Uniti. I piccoli trattori elettrici per l'orticoltura non sono ancora disponibili, ma dovrebbero uscire sul mercato da qui a qualche anno. Non importa quale macchinario sceglierete, ma assicuratevi che gli attrezzi di cui avrete bisogno siano disponibili e compatibili.

Perché bisogna fare attenzione a non invertire gli strati di terreno? Per non disturbare il fragile equilibrio dell'ecologia del suolo, che non si è sviluppato così senza una ragione. I batteri, i funghi e i lombrichi, che contribuiscono tutti a migliorare la struttura del terreno, sono presenti solo fino a una certa profondità in base all'umidità e alla giusta aerazione che vi trovano. Invertendo gli strati di terreno, si sconvolge questo equilibrio, almeno per un certo tempo, e così non si può più contare su questi alleati che ci assistono nel nostro lavoro. L'inversione degli strati di terreno riporta anche in superficie i semi delle erbe infestanti in dormienza che si trovano in profondità.

su un'intera parcella (16 bancali da 30 metri) richiede meno di un'ora di lavoro.

Si potrebbe pensare che, su scala commerciale, lavorare con questo arnese sia troppo faticoso. Ma bisogna sapere che esistono ben poche soluzione alternative. La grelinette costituisce dunque una soluzione semplice ed economica per garantire un suolo sempre ben aerato. Tutto sommato, ritengo che i vantaggi di questo attrezzo siano troppo importanti per lasciare che le nostre pratiche siano dettate dalla pigrizia. Bisogna precisare, però, che non lo usiamo sistematicamente prima di ogni semina, ma solamente per quelle colture le cui radici traggono beneficio da una lavorazione profonda del terreno.

La grelinette è uno strumento inventato in Francia da André Grelin, negli anni '60. La nostra azienda porta il nome di questo strumento, perché ci siamo resi conto che la grelinette era l'emblema di un lavoro manuale, ecologico ed efficiente in orticoltura biologica.

L'uso dei teli e la copertura del terreno prima della coltivazione

Una delle principali scoperte che abbiamo fatto nel corso degli anni è stata l'uso di teli pacciamanti per preparare il terreno prima dell'impianto. Uno dei grandi problemi che dovevamo risolvere era riuscire a ripulire un bancale dai residui colturali e dalle erbe infestanti senza dover ricorrere alla fresa. Per un certo tempo, abbiamo ripulito i bancali a mano, con l'idea di usare i resti delle colture come materiale da compostare. Ma era un lavoro troppo lungo. Un po' per caso, abbiamo cominciato a servirci di teli neri di polietilene trattati UV che avevamo acquistato per altri motivi. Abbiamo subito constatato che era una tecnica estremamente efficace: tre settimane di copertura del suolo con questi teli distruggono tutti i residui colturali, lasciando la superficie dei bancali pulitissima.

Dopo aver fatto molte prove, abbiamo anche notato che questa tecnica riduce considerevolmente la presenza di erbe infestanti nelle coltivazioni successive. La spiegazione è semplice: le infestanti germogliano sotto il telo, che crea un microclima umido e caldo, e poi muoiono per l'assenza di luce. Proprio come la pacciamatura, credo che questa pratica sia altrettanto benefica per il terreno. Perlomeno, quando rimuoviamo i teli notiamo ogni volta una presenza impressionante di lombrichi, che è sempre un buon segno. Facendo ricerche sul tema, abbiamo scoperto che gli agricoltori francesi utilizzano ampiamente questa tecnica (chiamata «occultazione») per ridurre, se non eliminare, la presenza delle erbe infestanti nei loro campi.

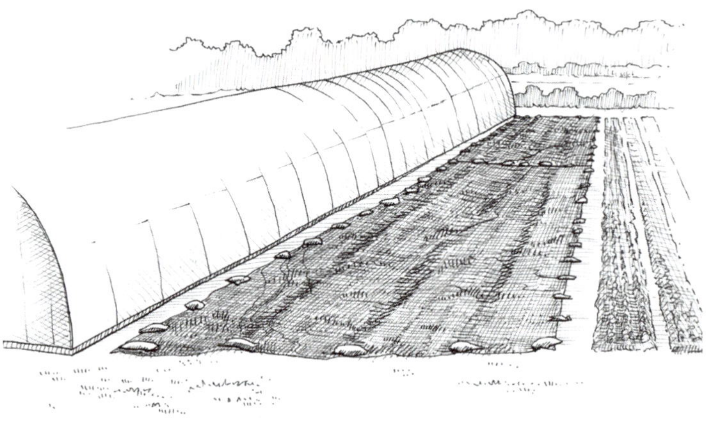

Coprire il suolo per alcune settimane con un telo opaco ci permette di risanare la superficie dei bancali senza lavorare il terreno. Questa tecnica è vantaggiosa anche per diminuire la pressione delle erbe infestanti sulle coltivazioni successive.

Nel 2007, Eliot Coleman e i suoi collaboratori hanno messo a punto un piccolo coltivatore attivato dal motore di un trapano a batteria e che permette di incorporare il compost e di affinare la terra nei primi centimetri del suolo. Benché non sia molto efficiente per tutto l'orto, questo strumento è utile nelle serre dove è spesso complicato passare con il motocoltivatore.

Il futuro della lavorazione minima del suolo

La lavorazione minima del suolo è un tema sempre più dibattuto tra gli esperti di scienze agrarie, il cui interesse per l'approccio biologico non fa che aumentare. Espressioni come «substrato vivente» ed «equilibrio fragile» sono attualmente menzionate come sinonimo di buone pratiche agricole, e ne sono felice. Anche se ancora non è stato ottenuto niente per quanto riguarda la messa al bando dei diserbanti sintetici, l'agronomia moderna sembra considerare maggiormente l'importanza della salute dei suoli. Ho buone speranze che dalle tecniche e dagli strumenti che valorizzano maggiormente la vita microbica e la struttura dei terreni nasca uno scambio di informazioni a livello internazionale. Il lavoro di un giardiniere-orticoltore può e deve inserirsi in questo percorso di ricerca e di sviluppo.

D'altronde, è stato Eliot Coleman per primo ad averci fatto riflettere sull'opportunità di sviluppare delle tecniche di lavorazione del terreno in superficie. Nella nostra azienda, abbiamo seguito alcuni dei suoi suggerimenti, oltre ad aver adottato vari attrezzi che egli stesso ha contribuito a mettere a punto nel corso degli ultimi 20 anni. Dopo molti adattamenti, abbiamo trovato, alla fine, un equilibrio tra la teoria e la pratica, tanto che a tutt'oggi il nostro metodo di preparazione del terreno dà risultati soddisfacenti sia a livello di resa sia di risparmio di sforzi (o di energia). Detto ciò, sono convinto che non è che l'inizio e che, continuando a prestare attenzione a idee e strategie innovative, troveremo come rendere ancora più efficiente un meteodo ecologico di lavorazione del suolo. L'avventura continua...

Per coloro che stanno avviando un progetto agricolo, credo sia importante fare una precisazione: se la lavorazione minima del terreno è un'idea che vi ispira, questa dovrebbe essere considerata come parte di un percorso piuttosto che rappresentare una dottrina. Durante i primi anni, la cosa importante è riuscire a produrre ortaggi e non bisogna immediatamente scartare le soluzioni comprovate da orticoltori esperti, anche se ai vostri occhi non sembrano essere quelle «ideali».

CAPITOLO 6

La concimazione organica

L'equilibrio è qualcosa in cui non ci possono essere eccessi. In larga misura, è gestito meglio da coloro che studiano direttamente la natura piuttosto che sui libri, anche se i libri possono essere estremamente utili quando si studia la natura.

Charles Walter, *Eco-farm, 2003*

In questo capitolo, eviterò di usare il termine «humus», preferendo usare l'espressione «materia organica» che appare nelle analisi del suolo. Ho fatto questa scelta per evitare confusione, dal momento che i due concetti sono strettamente collegati e spesso utilizzati senza distinzione.

Nel capitolo precedente, ho parlato brevemente della biologia del suolo, spiegando quanto sia importante per la salute del terreno. Infatti, il principio fondamentale dell'agricoltura biologica è che la fertilità risiede nello stato del suolo (fisico, biologico e chimico) e negli organismi viventi che lo compongono. Contrariamente all'agricoltura convenzionale, che cerca di colmare i bisogni delle colture concimando direttamente le piante con fertilizzanti solubili sintetici, il metodo biologico riconosce che sono i microrganismi del suolo ad avere un ruolo fondamentale nel somministrare alle piante gli elementi nutritivi necessari per una buona crescita.

Il lavoro di un agricoltore biologico consiste dunque nell'innescare un processo naturale di fertilizzazione attraverso l'aggiunta di compost, letame e sovescio, definiti ammendanti organici. Questi ultimi, al contrario dei fertilizzanti, devono essere «digeriti» dai microrganismi del terreno per liberare le riserve di sostanze nutritive disponibili. Questa relazione tra l'attività biologica del terreno e la sostanza organica aggiunta dall'agricoltore è la base di ciò viene definita come concimazione organica delle colture.

Quando abbiamo iniziato a coltivare a livello commerciale, questo concetto di «nutrire il terreno per nutrire la pianta» era confortante, vista la sua semplicità. Grosso modo, la nostra strategia di concimazione era di fornire al terreno più compost possibile, nella speranza che tutto crescesse nel migliore dei modi. Man mano che apprendevamo le diverse strategie di concimazione adottate in orticoltura biologica, ci siamo resi conto che le cose non erano così semplici... Abbiamo dovuto anche far fronte al fatto che la disponibilità di compost è quasi sempre limitata e che quindi bisogna, in un modo o nell'altro, farne un uso razionale.

Con il tempo, abbiamo imparato a usare tecniche come l'analisi del suolo e i piani di concimazione per comprendere meglio i bisogni della nostra terra e regolare le dosi delle sostanze fertilizzanti in base alle esigenze specifiche delle colture. In altre parole, abbiamo smesso di concimare alla cieca. Sapevamo già quanto fosse importante una buona rotazione delle colture, ma abbiamo fatto passare un po' di tempo prima di avvalercene per evitare che diventasse troppo complicata da rispettare. Abbiamo fatto anche numerose prove con i sovesci per trovare un loro utilizzo ottimale all'interno del nostro sistema intensivo di produzione. Tutte queste esperienze ci hanno permesso di elaborare un piano di concimazione che ci ha portati, successivamente, a risultati più che soddisfacenti. Oggi, il nostro terreno è di gran lunga migliore rispetto a quando abbiamo iniziato.

In fin dei conti, imparare a concimare adeguatamente le proprie colture non è una cosa così semplice. Si tratta non solo di avvalersi delle tecniche agronomiche esistenti, ma anche di dedicare del tempo per osservare e comprendere a fondo i fattori che determi-

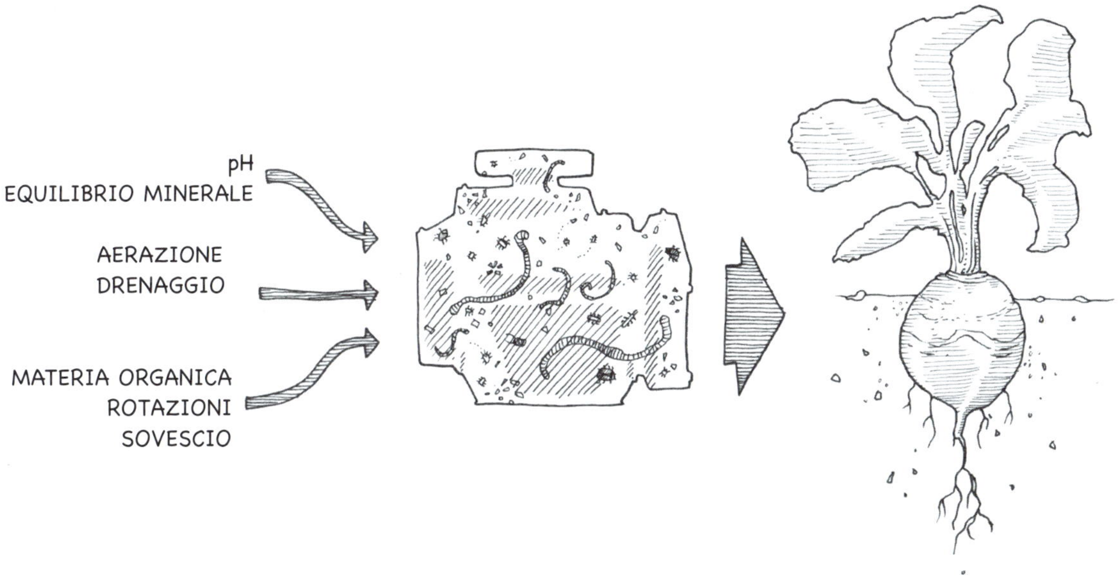

La biologia del suolo è il motore del vostro orto. Imparate a sfruttare il suo pieno potenziale, studiandone il funzionamento.

nano la fertilità del proprio terreno. Ciò dà un senso alle osservazioni che si fanno regolarmente nell'orto e di modificare conseguentemente le proprie pratiche. Alla fine, saranno le rese e la qualità degli ortaggi prodotti a confermare se le nostre pratiche sono valide.

Gli elementi di un buon metodo di concimazione

- Un'analisi del terreno in laboratorio e una prescrizione agronomica per correggere le carenze e gli squilibri nelle sostanze nutritive del suolo.
- Un piano di calcinazione per ottenere un pH ottimale in tutte le parcelle.
- Un piano di rotazione colturale che includa il sovescio.
- Un dosaggio degli ammendanti fertilizzanti forniti all'orto che tenga conto di una misura di fertilità del terreno e dei bisogni di ciascun ortaggio.
- Un monitoraggio che permetta di misurare l'effetto delle sostanze concimanti sulle colture e sull'evoluzione del suolo nel corso del tempo.

La concimazione a Les Jardins de la Grelinette

Ecco il piano di concimazione che abbiamo adottato l'anno successivo al nostro insediamento. Queste raccomandazioni tengono conto dei bisogni dei vari ortaggi, considerando che vengono coltivati in un suolo con un pH equilibrato e un buon tasso di materia organica. Dal momento che il nostro suolo si è arricchito notevolmente nel corso del tempo, di recente abbiamo ridotto l'apporto di compost e abbiamo smesso di concimare molti ortaggi meno esigenti. C'è da notare che nel nostro orto i bancali hanno una larghezza standard di 75 centimetri e una lunghezza di 30 metri. Per mettere in pratica queste indicazioni su superfici differenti, i rapporti dovranno essere quindi riadattati.

ORTAGGI FORTI CONSUMATORI (*solanacee, cucurbitacee, alcune brassicacee*)

Pollina granulare: 1,5 tonnellate/ettaro o 6 litri/bancale

Compost di alghe: 80 tonnellate/ettaro o 5 carriole/bancale

CIPOLLE E ALTRE LILIACEE (*tra cui porri e cipolline di tipo scalogno*)

Pollina granulare: 2,4 tonnellate/ettaro o 10 litri/bancale

ORTAGGI DEBOLI CONSUMATORI (*radici, insalatine miste, lattuga e ortaggi a foglia*)

Pollina granulare: 2 tonnellate/ettaro o 8 litri/bancale

I PISELLI E I FAGIOLINI non vengono concimati.

L'AGLIO viene concimato in autunno come un forte consumatore con 80 tonnellate/ettaro (5 carriole/bancale) di compost di alghe.

Il piano di concimazione tiene conto dell'alternanza tra ortaggi forti consumatori e deboli consumatori che va fatta ogni anno. Seguendo questa rotazione, tutti i bancali dell'orto ricevono un apporto di compost ogni due anni.

Quando un sovescio di leguminose viene incorporato nel terreno prima di un forte consumatore, riduciamo della metà il dosaggio di pollina granulare.

NOTE

I pomodori e i cetrioli in serra seguono un piano di concimazione diverso.

- Le carriole che utilizziamo hanno una capienza di 65 litri e una volta riempite di compost pesano circa 45 kg.

L'importanza dell'analisi del terreno

Come mostra l'illustrazione nella pagina precedente, la concimazione organica delle proprie colture favorisce l'attività biologica del suolo. Sono i microrganismi che trasformano la materia fertilizzante fornita in nutrimento assimilabile dalla pianta. In termini agronomici, questo processo è chiamato «mineralizzazione». Ma per essere ottimale, questo processo deve svolgersi in condizioni adatte; il suolo deve avere un pH adeguato, una buona riserva di materia organica, un buon equilibrio minerale, un giusto grado di umidità e calore a sufficienza per consentire alla vita di proliferare. E visto queste informazioni non si possono ottenere attraverso l'osservazione diretta, occorre far eseguire un'analisi del terreno in laboratorio. Un terreno ben ammendato potrebbe non presentare nessuno di questi problemi ed è del tutto possibile avere successo con le proprie colture evitando di fare analizzare il terreno. Ma è altrettanto possibile arricchire il suolo in maniera eccessiva, cosa che potrebbe comportare un perdita di produzione o problemi di inquinamento. Per queste ragioni, ritengo che l'analisi del terreno sia fondamentale, qualunque siano le dimensioni di un orto professionale.

Fare analizzare il terreno in laboratorio non è una cosa complicata. Il campione di terra dev'essere rappresentativo delle varie parcelle dell'orto e prima di essere inviato via corriere a un laboratorio va marcato con cura e prelevato su uno spessore di circa 15-20 centimetri. Una volta ottenuti i risultati, vi suggerisco di rivolgervi a un agronomo specializzato in agricoltura biologica per interpretare i dati. Un'analisi non potrà dirsi completa se l'agronomo non avrà visitato il vostro orto almeno un volta. Se la scelta del laboratorio non è molto importante, la scelta dell'agronomo è invece cruciale, perché il valore delle sue raccomandazioni dipenderà dall'esattezza dell'interpretazione dei risultati.

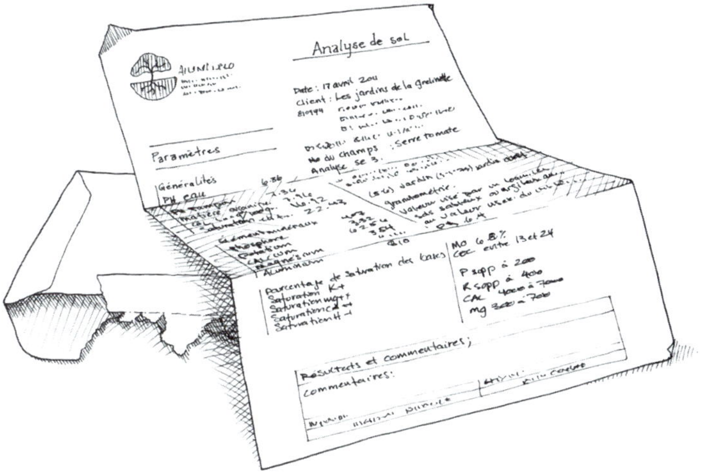

L'analisi del suolo dà un'idea generale, benché imperfetta, della fertilità naturale del terreno. È utile anche per individuare eventuali carenze minerali che potrebbero interessare le vostre colture e per seguire l'evoluzione del vostro terreno. A mio parere, dovrebbero farla tutte le aziende, di qualsiasi dimensione siano.

I bisogni degli ortaggi

Uno degli aspetti positivi della scienza agricola convenzionale è che ci informa dei bisogni nutritivi di ciascun ortaggio. Nel Québec, queste informazioni sono racchiuse nella *Guida alla concimazione,* che la maggior parte degli agronomi possiede. Questi dati, uniti ai risultati dell'analisi del terreno e al contenuto NPK (azoto, fosforo e potassio) degli ammendanti, consentono di fare un calcolo preciso della quantità di concime da fornire all'orto. Il procedimento è un po' complicato ed è uno dei migliori aiuti che un agronomo vi può fornire per un piano di concimazione. Certo, è un modo molto teorico di procedere e spesso non riesco a capire come le equazioni possano rappresentare la complessità delle numerose interazioni biologiche presenti in un terreno coltivato. Ciononostante, è una tecnica che ha il merito di stimare la quantità di ammendanti necessaria a una particolare coltura e in questo è estremamente utile. Del resto, anche il piano di concimazione della

Capita spesso che un terreno contenga troppe quantità di un dato elemento in rapporto agli altri (per esempio, troppo magnesio in rapporto al calcio). Questo squilibrio può essere causa di una cattiva fertilità naturale del terreno. Un agronomo sarà in grado di individuare gli squilibri e di proporre misure correttive.

I calcoli relativi alla concimazione vanno visti come bersagli da centrare. Anche se non si colpisce il centro, impediscono di concimare alla cieca.

nostra azienda è stato elaborato in parte grazie a questi calcoli.

Detto ciò, non bisogna preoccuparsi troppo se la concimazione di un orto professionale non proviene direttamente da questi calcoli. Si possono seguire raccomandazioni più generali e integrarle con un ulteriore esame sul campo. In fin dei conti, è l'osservazione della pianta e il successo di una coltura che valorizza o meno un piano di concimazione. È bene tenere a mente che una concimazione eccessiva è altrettanto dannosa di una scarsa.

Gli elementi della fertilità

Per acquisire competenza nella concimazione delle proprie colture è necessario conoscere gli elementi che rendono il suolo fertile. È ciò che propongo di fare in questo capitolo. Per un'esposizione più completa ed esaustiva su questo argomento vi consiglio di leggere *Les bases de la production végétale* di Dominique Soltner. Anche l'opera di Denis Lafrance, *La culture biologique des légumes*, è molto istruttiva.

La materia organica (MO)

La materia organica gioca un ruolo fondamentale nella fertilità di un terreno. Quando è mineralizzata grazie all'attività biologica, rilascia azoto, fosforo, zolfo e vari oligoelementi che forniscono nutrimento alle piante. Tutto ciò che non viene mineralizzato si accumula nel terreno e ne va a costituire la struttura. Per l'insieme degli organismi viventi del suolo, la materia organica funge sia da carburante che da habitat. Materia organica e attività biologica sono quindi strettamente connesse.

Il tasso di materia organica è una delle principali informazioni fornite dall'analisi del terreno. Con questa informazione, si deve poi gestire la materia organica nel proprio terreno in tre modi:

- Costruire il suolo, cioé fornire un grande apporto iniziale di ammendante organico per ottenere un livello elevato di materia organica all'interno dell'orto. A questo proposito, la torba[1] costituisce spesso un'ottima scelta.
- Conservare la fertilità del suolo compensando la perdita di materia organica dovuta alla mineralizzazione, alla lavorazione del terreno, alla raccolta degli ortaggi e all'erosione. Questa è la prinicipale ragione per cui bisogna incorporare nel terreno il compost, il sovescio e i residui colturali.
- Assicurarsi che un livello troppo elevato di materia organica non sia il risultato di un'attività biologica insufficente dovuta a un suolo troppo acido o mal drenato. Ciò significherebbe che la materia organica si sta accumulando invece di decomporsi. Anche se i risultati sembrano buoni sulla carta, dovrete forse migliorare la disponibilità di materia organica nel terreno modificandone le caratteristiche fisiche.

Il pH

Nel Québec la maggior parte dei terreni è leggermente acida. Dal momento che un pH inferiore a 6 inibisce lo sviluppo della vita

1. In UE l'uso della torba è ammesso in orticoltura, nonstante le problematiche ecologiche associate alla sua estrazione da ecosistemi fragili e di consequenza di uso non molto sostenibile. Per questo motivo bisogna verificare con il proprio ente di certificazione biologica/biodinamica le restrizioni d'uso.

microbica e nuoce all'attività biologica in generale, bisogna spesso correggere questa acidità mediante l'aggiunta di ammendanti calcarei, come la cenere di legna e la calce agricola. Quest'ultima è la più comune ed è ciò che usiamo nel nostro orto. La calce agricola è una pesante polvere bianca ottenuta dalla frantumazione delle rocce. Si tratta di un ingrediente naturale che, cosa importante, agisce piuttosto lentamente.

Il pH ottimale per la maggior parte delle colture è tra 6 e 7 e l'ideale sarebbe, generalmente, mirare a un valore di 6,5. Per aumentare il pH del terreno con la calce, bisogna incorporarla gradualmente in piccole dosi per non alterare troppo bruscamente la struttura del suolo. Per questo, è importante rispettare le indicazioni agronomiche. È importante anche verificare il cambiamento del pH dopo ogni applicazione per essere sicuri che il trattamento sia appropriato – da qui l'importanza di procedere partendo da un'analisi del terreno. Una volta ottenuto il pH desiderato, l'aggiunta regolare di compost, spesso leggermente alcalino, dovrà far sì che il pH si mantenga da sé. Nel nostro orto applichiamo la calce spargendola sulla superficie e incorporandola successivamente nei primi 15 centimetri di terreno con l'aiuto della fresa.

L'azoto (N)

Ogni anno, la materia organica presente nel terreno rilascia una certa quantità di azoto attraverso la mineralizzazione, ma, dopo le coltivazioni, potrebbe risultare insufficiente o non essere disponibile al momento giusto. Dato che esiste una relazione diretta tra un buon apporto di azoto e la crescita degli ortaggi, bisogna fare attenzione che le colture non ne siano carenti. Il compost e il letame che si aggiungono all'orto devono essere ricchi di azoto per garantire una concimazione adeguata. Gli ammendanti non hanno tutti lo stesso valore nutritivo e vanno quindi adattati ai vari ortaggi.

L'azoto è un elemento che favorisce soprattutto lo sviluppo fogliare dei vegetali. Perciò dev'essere subito disponibile alle colture dopo il loro impianto, nel momento in cui sviluppano il fogliame. Quando si usano i concimi organici, è importante ricordare che la mineralizzazione è possibile solo in un suolo caldo. Generalmente, al di sotto dei 10°C (temperatura del suolo e non dell'aria) l'attività biologica nel terreno diventa molto scarsa, se non del tutto assente. È per questa ragione che in primavera, quando il terreno è ancora freddo, è necessario compensare la potenziale carenza di azoto con l'aggiunta di un concime solubile all'inizio della coltivazione per essere sicuri che le piante abbiano un buono sviluppo. La farina di sangue, l'emulsione di pesce o la pollina[3] sono esempi di concimi che forniscono azoto più velocemente rispetto al compost.

Allo stesso modo, quando le temperature sono troppo basse, per esempio a fine stagione, non bisogna concimare le coltivazioni con un ammendante ricco di azoto. Infatti, l'azoto si accumula sotto forma di nitrati e può rendere gli ortaggi tossici. Nei periodi dell'anno con minore disponibilità di luce, la concimazione delle colture tardive, come ad esempio gli spinaci invernali e altri ortaggi coltivati sotto tunnel, provoca spesso questo genere di problemi.

Il fosforo (P)

Il fosforo contribuisce direttamente allo sviluppo radicale degli ortaggi all'inizio della loro fase di crescita e, in generale, gioca un ruolo di primo piano nella formazione e maturazione di frutti e tuberi. Anche questo elemento è prodotto dalla mineralizzazione della materia organica e, di conseguenza, tutte le pratiche che stimolano l'attività biologica del suolo favoriscono una maggiore disponibilità di fosforo per le piante. L'aggiunta regolare di compost e di letame fornisce al suolo una riserva di fosforo sufficiente a soddisfare i bisogni degli ortaggi. Piuttosto, è l'uso eccessivo di questo elemento a essere dannoso.

Il fosforo è molto meno mobile all'interno del suolo e gli ortaggi ne hanno bisogno in

Il libro La guide de gestion globale de la ferme maraîchère biologique et diversifiée riassume in modo assai completo il metodo utilizzato per calcolare le esigenze di concimazione. Contiene anche alcune tabelle per conoscere i bisogni nutritivi dei vari ortaggi[2].

2. Vedi anche: Tesi, Romano, *Orticoltura mediterranea sostenibile*, Pàtron, 2010; Accorsi, E. e F. Beldì, *Il mio orto biologico*, Terra Nuova Edizioni, 2010.

3. Secondo il regolamento UE tutti questi fertilizzanti sono ammessi, va però verificato il loro uso secondo le regole dei enti di certificazione biologica/biodinamica.

quantità molto inferiori rispetto all'azoto. Se si concimano le colture con ammendanti di origine animale (per colmare il loro bisogno di azoto), il fosforo può accumularsi velocemente nel suolo, disperdendosi poi nell'ambiente attraverso la lisciviazione e il ruscellamento. È questo tipo di inquinamento che causa l'eutrofizzazione dei corsi d'acqua che si trovano nei pressi delle aree agricole. Il sovescio è una soluzione per cercare di ovviare a questo problema. Infatti, permette di fornire azoto alle colture senza l'aggiunta di fosforo.

Il potassio (K)

Il potassio è l'ultimo elemento della famosa sigla NPK (azoto, fosforo, potassio). Gioca un ruolo nella conservabilità degli ortaggi da radice e agisce positivamente sulla grandezza, il colore e anche il sapore degli ortaggi da frutto. Rende anche le piante più resistenti alle malattie, ai parassiti e alle intemperie, contribuendo così alla loro vitalità.

Contrariamente all'azoto e al fosforo, il potassio non deriva dalla mineralizzazione della materia organica. Esso si trova già nel suolo allo stato minerale, principalmente sotto forma di argilla. Nel suolo il potassio assimilabile è molto solubile e ciò lo rende facilmente disponibile per le piante, ma anche facilmente lisciviabile. È uno dei primi elementi a scomparire quando si lascia scoperto un cumulo di compost.

Le coltivazioni ortive, nel loro insieme, sono generalmente molto esigenti in fatto di potassio. Ma nella maggior parte dei terreni[4] la fertilità naturale, una sana rotazione, il regolare apporto di compost e di letame sono sufficienti per i bisogni dei vari ortaggi. In certi suoli sabbiosi e nelle serre, dove la produzione è assai intensiva, capita spesso che il potassio non sia disponibile in quantità sufficienti. Per risolvere questo problema a breve termine spesso la soluzione migliore è ricorrere a un ammendante minerale solubile come il solfato di potassio, combinato con una concimazione organica (letame e compost).

4. L'analisi del terreno permette di sapere se il livello di potassio disponibile è sufficiente per le coltivazioni.

Ho consultato spesso molti libri sull'agricoltura biologica in cui si consiglia di usare la mica o il basalto per correggere, in maniera graduale, una carenza di potassio nel terreno. Ciononostante, molti serricultori biologici che li hanno provati nel corso di alcune stagioni, mi hanno riferito che questi ammendanti agiscono troppo lentamente e che, anche con apporti considerevoli, non hanno notato alcun significativo miglioramento nella disponibilità di potassio nel loro terreno.

Il calcio (Ca) e gli elementi secondari

Il calcio, il magnesio e lo zolfo fanno parte degli elementi minerali detti «secondari». Sono importanti per la crescita degli ortaggi e, generalmente, si trovano nel terreno in quantità sufficienti per le esigenze delle colture.

Tuttavia, certi suoli sabbiosi possono presentare una carenza di magnesio ed ecco perché nel nostro orto utilizziamo la calce dolomitica, che contiene magnesio, invece della calce normale. Ecco un altro sintomo abbastanza frequente: il marciume apicale nei pomodori e nei peperoni, che indica una carenza di calcio. Ma nella maggior parte dei casi, una simile carenza non è segno di una mancanza di calcio nel suolo, ma è piuttosto il risultato di uno stress della pianta che non riesce ad assimilare l'elemento. Un'irrigazione irregolare ne è spesso la causa.

Gli oligoelementi

Gli oligoelementi (spesso definiti elementi minori) sono essenziali allo sviluppo delle colture, ma in dosi molto piccole. Beato l'orticoltore che è in grado di spiegare il loro ruolo esatto! In generale, un buon piano di rotazione e un apporto costante di compost dovrebbero essere sufficienti per coprire un'eventuale carenza di questi elementi nell'orto.

Ciononostante, può capitare che il boro e il molibdeno si trovino in una concentrazione troppo debole per certe colture, in particolare gli ortaggi forti consumatori della famiglia delle crucifere. In questo caso, una spruzzata sulle foglie di questi due elementi risolve il problema più facilmente piuttosto che cercare di arricchire il terreno.

Esistono numerose prove secondo cui gli oligoelementi sono in gran parte responsabili del valore nutritivo degli ortaggi. La pubblicità e i venditori presenti nelle fiere agricole insistono spesso sull'importanza della remineralizzazione del suolo attraverso l'aggiunta di vari prodotti «miracolosi». Non conosco la validità di queste proposte e ignoro fino a che punto la qualità dei nostri ortaggi sarà migliore se acquistassimo tutti questi integratori. La realtà è che finora siamo sempre riusciti a cavarcela piuttosto bene. È anche vero, però, che usiamo un compost ricco di alghe marine, un ammendante che contiene diversi oligoelementi.

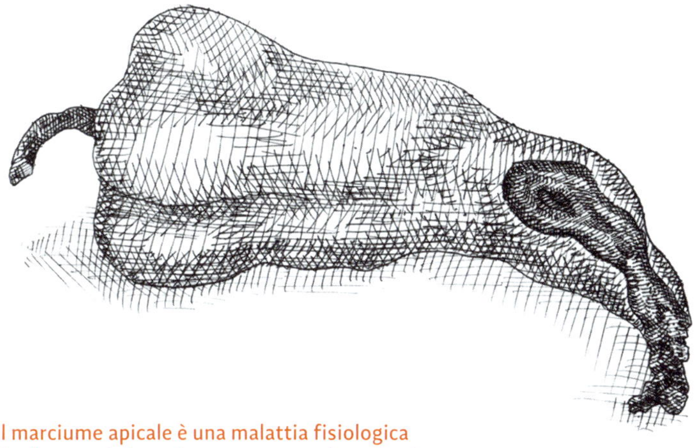

Il marciume apicale è una malattia fisiologica degli ortaggi che può causare enormi perdite in termini di produzione. Può verificarsi in condizioni climatiche calde, congiuntamente a una mancanza d'acqua, provocando una carenza di calcio durante la messa a frutto. Come misura preventiva, noi forniamo calcio ai peperoni in maniera sistematica durante una parte della loro crescita.

Un buon compost

Nella nostra azienda il compost è il principale materiale che usiamo come concime, perché riteniamo che sia l'ammendante per eccellenza per costruire e mantenere un suolo vivo. In virtù delle sue particolari caratteristiche, il compost non può essere sostituito né dal letame né dai concimi naturali (farina di piume, farina di ossa, ecc.) e neanche dal sovescio.

Il compost è una miscela di materiali organici carboniosi (paglia, foglie, strame, ecc.) e di sostanze azotate come il letame e i residui colturali. In questa miscela, diversi microrganismi si mettono all'opera per riorganizzare la materia organica. Quando la sua composizione è varia e quando il processo di decomposizione si svolge in condizioni ottimali, il risultato è un ammendante stabile e ricco che contiene quasi tutti gli elementi necessari ai bisogni delle colture. Un buon compost fornisce materia organica al terreno e un apporto di concime alle colture. Ha la capacità di attivare tutto ciò che c'è di vivo nel suolo. Detto altrimenti, è sinonimo di un suolo vivo e in salute.

Il termine «buono» va sottolineato, dato che non tutti i compost hanno la stessa qualità, principalmente per il fatto che la loro produzione non è così semplice. Un gran numero di coltivatori amatoriali (e anche alcuni orticoltori che ho conosciuto) concima troppo spesso con un compost prosciugato delle sue sostanze nutritive, decomposto solo in parte o, ancora peggio, con un vecchio cumulo di letame recuperato da un vicino che se ne voleva sbarazzare. Se vuole che le sue colture crescano bene, un giardiniere-orticoltore deve capire come è costituito un buon compost e le ragioni per cui il letame grezzo non lo può sostituire. Il processo di compostaggio consente:

- di stabilizzare l'azoto e di produrre un ammendante che rilasci gradualmente e poco alla volta le sostanze fertilizzanti nell'intero corso della stagione di produzione, o perfino nel corso di alcuni anni. Si può considerare il compost come una sorta di deposito dove viene immagazzinato l'azoto, cosa che non è possibile fare con il letame o con gli altri concimi naturali.

Il cumulo di compost, che sia acquistato o prodotto in casa, dovrà essere costantemente coperto con un telo per evitare la lisciviazione delle sostanze nutritive. Dovrà essere anche collocato in un luogo dove non si verificano ristagni d'acqua.

- di distruggere i potenziali agenti patogeni, ma soprattutto i numerosi semi delle erbe infestanti presenti nel letame, soprattutto quello proveniente dai ruminanti. Introdurre le erbe infestanti nel proprio orto è un errore che non si può commettere senza dover pagare il prezzo di un diserbo aggiuntivo per molte stagioni.
- di eliminare le zolle e di creare un terreno omogeneo e soffice che può essere lavorato facilmente e livellato con cura sulla superficie di un bancale coltivato.

La produzione di un buon compost è un'operazione che richiede una certa competenza, una tecnica che devo ammettere di non padroneggiare completamente. Quindi, preferisco evitare di dare consigli professionali a riguardo.

Ciò si spiega, in parte, per il fatto che il nostro fabbisogno di compost è talmente elevato che non riusciamo a produrne in quantità sufficienti. La nostra azienda non dispone né di un trattore né di una pala meccanica per gestire un cumulo di compost e rivoltare più di 30 tonnellate di materia organica manualmente sarebbe controproducente in una stagione di produzione già carica di impegni. Ecco perché abbiamo subito deciso che acquistare di un compost commerciale sarebbe stata la soluzione migliore per rifornire un orto professionale come il nostro.

Un'altra delle nostre motivazioni è la certezza della qualità del prodotto. Una ditta specializzata nel compostaggio dispone degli attrezzi e delle tecniche che permettono di intervenire nel processo di decomposizione nei momenti critici. Le temperature e il grado di umidità vengono costantemente monitorate e il cumulo viene rivoltato nei momenti giusti. Le miscele, quindi, sono ben strutturate e amalgamate. Il prodotto finale è stabile ed è accompagnato da un'analisi minima garantita di NPK. Alcuni fornitori possono anche modificare la composizione per adattarla alle esigenze di certi tipi di suolo o aggiungere determinati ingredienti a richiesta. Come ho già accennato, il compost che usiamo include, per esempio, una miscela di alghe marine, ricca di potassio e oligoelementi.

Certo, acquistare una grande quantità di compost rappresenta una spesa importante, soprattutto per i costi di consegna. Ma in termini di qualità e di tempo risparmiato, è un'investimento più che redditizio. Nella nostra azienda, questi costi costituiscono meno del 3% del nostro volume di affari, una

«Si lavorerebbe molto più in fretta con uno spandiletame!»

È un commento che sento sempre pronunciare dai nostri tirocinanti. Visto che distribuiamo il compost su una superficie di circa 388 metri quadrati (ogni anno mettiamo il compost su metà del nostro orto, formato da 10 parcelle con 16 bancali da 30 metri) con le carriole, questo metodo potrebbe sembrare poco efficiente. I nostri tirocinanti dimenticano, però, che distribuire il compost con l'aiuto di uno spandiletame richiede non uno, ma ben due trattori. Il primo serve per trainare lo spandiletame nell'orto e l'altro è dotato di una pala meccanica per velocizzare il lavoro. Aggiungiamo anche il fatto che non è così facile trovare uno spandicompost che rispetti le dimensioni delle nostre aiuole (120 centimetri). Considerando tutte le spese che dovremmo affrontare e dato che per spargere il compost non ci vuole più di una settimana di lavoro, questa «soluzione» semplicemente non è adatta alla nostra impresa. Per distribuire il compost in un orto professionale, è sufficiente avere delle carriole, delle pale e un po' di olio di gomito!

Per integrare la nostra fornitura di compost commerciale, produciamo un compost fatto in casa con i residui colturali e altri materiali carboniosi che abbiamo a disposizione. Mentre mescoliamo i materiali (cosa che si fa progressivamente nel corso della stagione), inoculiamo il cumulo con batteri di tipo «bokashi» che facilitano la decomposizione, malgrado eventuali condizioni anaerobiche. È una delle soluzioni che abbiamo trovato per compostare senza dover rivoltare il cumulo, mentre le nostre esperienze proseguono.

somma trascurabile se consideriamo quanto è importante questo prodotto per la riuscita delle nostre coltivazioni.

Al momento della consegna, chiediamo all'autista di scaricare il compost in due cumuli diversi, alle due estremità dell'orto. Avendo i cumuli di compost a portata di mano, si risparmia molto tempo quando lo si distribuisce. Preferiamo ricevere il compost in primavera, subito prima di iniziare a seminare in campo aperto, per approfittare ancora del calore di fabbrica. Quando il compost è ancora caldo, contiene una vita batterica (funghi, microbi, vermi, ecc.) già molto attiva, che stimola l'attività biologica nel terreno in primavera, spesso ancora un po' freddo. Tutto sommato, ritengo che sia una maniera molto pratica di fare le cose e non credo che cambieremo metodo.

Per quel che concerne l'applicazione del compost, ci sono alcune procedure da seguire. Nel nostro orto, il compost è distribuito nei vari lotti con una carriola e steso sui bancali con l'aiuto di un rastrello. Successivamente, lo incorporiamo nei primi cinque centimetri di terreno (con l'erpice rotante) per evitare che l'azoto si disperda nell'aria.

Perché usare fertilizzanti naturali?

La pollina che usiamo nell'orto è un concime granulare che è stato sterilizzato e che, come il compost, può essere incorporato nel terreno subito prima dell'impianto di una coltura senza rischio di contaminazione batteriologica. Il suo valore NPK è circa 4-4-2 (a seconda dei fornitori) e gli elementi nutritivi sono presto disponibili dopo l'applicazione, di solito nei 30 giorni successivi. Contrariamente all'azoto del compost, che dev'essere mineralizzato dai microrganismi prima di essere disponibile per la pianta, una buona parte dell'azoto contenuto nella pollina può essere direttamente consumato, cosa che lo rende disponibile anche quando il terreno è ancora un po' freddo.

Una delle caratteristiche importanti da ricordare quando si concima con il compost è che il suo effetto fertilizzante è lento e progressivo e che, in un suolo che non si è completamente riscaldato (specialmente in primavera), la sua azione concimante è ridotta.

Perciò, una combinazione di pollina e di compost permette di fornire azoto alla pianta nella fase iniziale del suo sviluppo, quando ce n'è più bisogno. Dopo questo primo effetto «di avviamento», il compost entra in gioco a fornire il resto degli elementi nutritivi necessari. Nel nostro orto, questa combinazione costituisce la base del nostro piano di concimazione, perché permette di sincronizzare nel modo giusto il rilascio degli elementi nutritivi con i bisogni delle colture.

Avendolo sentito più di una volta, so che molti aspiranti giardinieri-orticoltori saranno preoccupati della provenienza di questo letame, perché spesso è prodotto in allevamenti intensivi e sovraffollati. Si potrebbe anche obiettare che questo letame agisce più come concime che come ammendante organico. Sono tutte domande lecite, che meritano di essere sollevate. Il mio parere sulla questione è il seguente: la pollina granulare rappresenta per la nostra azienda un concime integrativo. Esso integra il compost, ma non lo sostituisce. Usato in quest'ottica, è poco dispendioso, facile da applicare e porta a buoni risultati, senza contrastare il processo naturale di fertilità del terreno. Ecco perché ritengo che si tratti di un valido apporto. Ciononostante, se fosse disponibile un nuovo concime che offrisse gli stessi vantaggi, lo userei senza la minima esitazione. La farina di erba medica è probabilmente una delle migliori soluzioni alternative, ma, per una ragione che ignoro, non è ancora disponibile qui nel Québec.

L'elaborazione di un piano di rotazione

Una delle ragioni migliori di coltivare una grande varietà di ortaggi è il fatto di poter assicurare un sano avvicendamento colturale. Prima dell'avvento della monocultura, gli agricoltori erano più coscienti del fatto che questa diversificazione era ciò che permetteva di non esaurire le riserve del terreno e di eliminare molte malattie e insetti nocivi. Nelle opere di agricoltura scritte prima della cosiddetta rivoluzione verde, cioé all'incirca prima degli anni '50, è sorprendente constatare quanto gli agronomi dell'epoca sconsigliassero una rotazione colturale che fosse troppo breve. Fortunatamente, l'agricoltura biologica ha riportato in auge questa importante pratica.

Quando si parla di avvicendamento in orticoltura diversificata, è importante raggruppare gli ortaggi per famiglia botanica e/o per esigenze nutritive al fine di alternare la loro coltivazione con un certo intervallo. I vantaggi di questa pratica sono numerosi, anche se difficilmente quantificabili. Diciamo che la rotazione colturale contribuisce al miglioramento generale di un sistema di coltivazione in vari modi:

- Permette di interrompere il ciclo vitale di molti organismi nocivi per le colture (insetti parassiti, malattie ed erbe infestanti) che, altrimenti, riuscirebbero a insediarsi più facilmente.
- Permette alle piante che hanno apparati radicali differenti di esplorare il terreno a diverse profondità e di migliorarne la struttura.
- Evita di esaurire le riserve nutritive del suolo alternando colture con esigenze diverse, o meglio, che presentano uno sviluppo vegetativo differente (ortaggi da radice, ortaggi da foglia oppure ortaggi da frutto).

- Mantiene le parcelle dell'orto più pulite grazie all'alternanza di colture più «disordinate» con altre che lo sono meno o che fanno appello a migliori tecniche di lotta contro le erbe infestanti (pacciamatura, sarchiature più frequenti, falsa semina).
- Rende più razionale l'utilizzo del compost, consentendo di ammendare il terreno ogni due anni, e assicura una concimazione «di fondo» che servirà prima alle coltivazioni più esigenti e successivamente a quelle meno esigenti.

Quando abbiamo iniziato a coltivare ortaggi a livello professionale, non davamo molta importanza alla rotazione delle colture. Conoscevamo i princìpi ed eravamo consapevoli degli effetti, ma è soltanto dopo aver partecipato a un seminario in cui alcuni produttori esperti affrontavano l'argomento – ponendo l'accento sull'importanza a lungo termine di una pianificazione meticolosa – che abbiamo deciso di creare un nostro piano di rotazione.

Detto ciò, elaborare un piano di rotazione è un'operazione complessa, le cui conseguenze non vanno prese alla leggera. Infatti, questo aspetto della gestione di un orto professionale va esaminato con attenzione, forse più di ogni altro. Quando vi sentirete pronti a passare all'azione, vi suggerisco di studiare vari sistemi di avvicendamento, che si trovano nei libri o che potete apprendere da produttori biologici che conoscete, per capirne la logica. Per essere in grado di definire il proprio piano, è necessario prima di tutto comprendere i princìpi che regolano la rotazione. A titolo di esempio, ecco il procedimento che abbiamo seguito a *Les Jardins de la Grelinette*.

Il percorso seguito a Les Jardins de la Grelinette

Quando abbiamo concepito il nostro piano di rotazione, abbiamo innanzitutto considerato tutti i princìpi che volevamo rispettare. La maggior parte dei produttori biologici pianifica la rotazione in base alle caratteristiche del terreno. Alcune parcelle non possono essere irrigate, altre hanno un suolo adatto solo a certe colture, altre ancora sono sempre umide, ecc. Nel nostro orto, abbiamo analizzato queste caratteristiche quando abbiamo sistemato il terreno per non dovercene più preoccupare in seguito. Un'altra pratica comunemente adottata è il mantenimento di pascoli e/o aree incolte per più di una stagione, con tutti i vantaggi che ne risultano. Ma questo approccio non è adatto al nostro modello intensivo.

Il libro Le maraîchage biologique diversifié. Guide de gestion globale *fornisce un quadro completo dei principali fattori presi in considerazione dagli orticoltori biologici del Québec nel momento di stabilire la rotazione dei loro ortaggi. Si tratta di un'eccellente fonte di informazioni che raccomando più di ogni altra.*[5]

5. In alternativa a questo testo si consiglia di consultare il libro *Compact Farms* di Josh Volk (vedi bibliografia).

Un sorprendente consiglio sull'avvicendamento colturale

Quando si avvia un orto professionale o lo si gestisce temporaneamente, la rotazione delle colture è una buona pratica... che va ignorata! Infatti, la complessità della rotazione può essere un grattacapo che vi impedirà di lavorare con efficienza. In più, ci sono buone probabilità che il piano di rotazione non venga rispettato, nonostante tutta la fatica che la sua elaborazione è costata. Nei primi anni, infatti, è quasi certo che alcune coltivazioni saranno abbandonate o aggiunte e che lo spazio dedicato a certe colture verrà riconfigurato, a seconda delle vostre preferenze. In un simile contesto, seguire un piano di rotazione è solo fatica sprecata. Se nessuna successione complessa sarà inclusa in un piano di concimazione per una o due stagioni, sarà priva di effetto. L'avvicendamento colturale diventa necessario solo in una prospettiva di medio o di lungo termine.

Dopo aver esaminato un insieme di linee guida (un esercizio che suggerisco anche a voi di fare), abbiamo identificato i presupposti che volevamo rispettare nel nostro piano di rotazione:

- Mantenere un intervallo di quattro anni tra due coltivazioni di crucifere, liliacee e solanacee. Questo intervallo va applicto anche per le cucurbitacee, ma non in maniera rigorosa.
- I forti consumatori devono essere seguiti dai deboli consumatori; ciò consente di ottimizzare l'impiego del compost, dovendolo spargere unicamente sui lotti destinati alle colture più voraci.
- Le coltivazioni di ortaggi da radice vanno alternate con quelle di ortaggi da foglia.
- Una coltivazione facile da diserbare deve precedere le cipolle, dove il diserbo è più complicato.

Una volta stabiliti questi presupposti, era necessario stilare delle «regole» e organizzare la successione delle colture nel corso degli anni. Un buon metodo è di schematizzare il ciclo delle colture in una serie di scomparti, ciascuno dei quali rappresenta una famiglia botanica e/o delle esigenze nutritive. L'esercizio consiste poi nel giocare con diverse associazioni successive di questi scomparti fino a trovare una rotazione che rispetti tutti i presupposti. Per semplificare di molto le cose, abbiamo stabilito che ogni famiglia botanica (scomparto) fosse associata a una parcella di terreno. Ecco le varie tappe che abbiamo seguito.

La nostra idea iniziale era di coltivare quattro famiglie di ortaggi forti consumatori (crucifere, liliacee, solanacee e cucurbitacee). Volevamo anche produrre degli ortaggi di tre famiglie di deboli consumatori: leguminose, chenopodiacee e ombrellifere. Dal momento che queste tre famiglie sono poco esigenti e non hanno alcun problema ad essere associate con altre, le abbiamo raggruppate insieme in un quinto scomparto, nel quale abbiamo incluso anche altri ortaggi poco esigenti, ma che derivano da famiglie di forti consumatori, ossia principalmente verdure (cavolo riccio, cavolo rapa, rucola, ecc.) che non rimangono a lungo nell'orto e sulle quali i parassiti e le malattie tendono a proliferare di meno. Abbiamo chiamato quest'ultima famiglia «verdure-radici». Quindi, in tutto abbiamo ottenuto cinque famiglie su cinque diverse parcelle di terreno.

TABELLA DI ROTAZIONE 1

Parcella 1	Parcella 2	Parcella 3	Parcella 4	Parcella 5
Solanacee	**Crucifere**	**Liliacee**	**Cucurbitacee**	**Verdure-radici**

Successivamente, volevamo ottimizzare l'impiego del compost concimando solo una parcella su due. Dal momento che la famiglia delle «verdure-radici» è composta da ortaggi deboli consumatori, era logico che seguisse sempre una famiglia di forti consumatori. Per completare la sequenza era quindi necessario aggiungere quattro parcelle di verdure-radici al piano di successione. La rotazione allora appariva così:

TABELLA DI ROTAZIONE 2

Parcella 1	Parcella 2	Parcella 3	Parcella 4	Parcella 5	Parcella 6	Parcella 7	Parcella 8	Parcella 9	Parcella 10
Solanacee Compost	Verdure-radici	Crucifere Compost	Verdure-radici	Liliacee Compost	Verdure-radici	Cucurbitacee Compost	Verdure-radici	Aglio Compost	Verdure-radici

Fin qui, si può notare che l'alternanza di forti consumatori e deboli consumatori coinvolge otto parcelle diverse. Tuttavia, dato che avevamo intenzione di coltivare aglio in grandi quantità, abbiamo aggiunto una parcella riservata a questa coltura esigente. Per rispettare l'alternanza era quindi necessario aggiungere una quinta parcella di deboli consumatori, cosa che ha portato a un totale di 10 parcelle di terreno. In questo modo, si può distribuire il compost unicamente sulle parcelle dei forti consumatori, quindi ogni due anni, come volevamo. È uno scenario di concimazione ideale. Il piano di rotazione appariva allora così:

TABELLA DI ROTAZIONE 3

	Parcella 1	Parcella 2	Parcella 3	Parcella 4	Parcella 5	Parcella 6	Parcella 7	Parcella 8	Parcella 9	Parcella 10
Anno 1	Solanacee Compost	Verdure-radici	Crucifere Compost	Verdure-radici	Liliacee Compost	Verdure-radici	Cucurbitacee Compost	Verdure-radici	Aglio Compost	Verdure-radici
Anno 2	Verdure-radici	Solanacee Compost	Verdure-radici	Crucifere Compost	Verdure-radici	Liliacee Compost	Verdure-radici	Cucurbitacee Compost	Verdure-radici	Aglio Compost
Anno 3	Aglio Compost	Verdure-radici	Solanacee Compost	Verdure-radici	Crucifere Compost	Verdure-radici	Liliacee Compost	Verdure-radici	Cucurbitacee Compost	Verdure-radici
Anno 4	Verdure-radici	Aglio Compost	Verdure-radici	Solanacee Compost	E così di seguito... (rotazione su dieci anni)					

In seguito, abbiamo deciso di separare la parcella dell'aglio da quella delle altre liliacee con un intervallo di quattro anni. Organizzato in questo modo, il piano di avvicendamento avrebbe impiegato quindi 10 anni per tornare al suo punto di partenza.

Infine, l'ultima fase e non la meno importante: era necessario far coincidere il piano di rotazione con il nostro piano di produzione. Prima di tutto, una cosa era chiara: la metà dell'orto era costituita da verdure-radici. Ciò non ci creava alcun problema, dato che la produzione di insalatine miste doveva generare un ricavo importante[1]. Analizzando il nostro piano di rotazione, ci siamo resi conti che volevamo coltivare broccoli e cavolfiori in primavera e in autunno, ma non in estate. Volevamo anche coltivare una grande quantità di zucchine, ma in due volte: una parte molto presto nella stagione e un'altra più tardi. Perciò abbiamo dovuto «barare» un po' per raggruppare queste due famiglie e creare una parcella di «primizie» e un'altra di produzione tardiva. Nonostante questo assetto, che permette di raddoppiare la produzione di cucurbitacee e di crucifere, la regola dei quattro anni di intervallo tra due coltivazioni di forti consumatori è sempre rispettata perché la successione è di 10 anni. Il piano di rotazione finale appare sostanzialmente come nella tabella a pagina 82.

Ovviamente, questo piano di rotazione risponde alle nostre particolari esigenze di produzione, ma può servire da esempio. Il punto importante da sottolineare è che il piano su carta si è tradotto in un corrispettivo allestimento sul terreno. Il nostro orto è suddiviso in 10 parcelle che rispettano esattamente i parametri del nostro piano di avvicendamento colturale. Questo modo di procedere ha il pregio di semplificare le operazioni, ma impone un limite: la produzione è determinata dal numero di bancali che compone ogni parcella.

Dal momento che ogni parcella è composta in tutto da 16 bancali, la produzione totale di tutte le varietà di ortaggi all'interno di una «famiglia» deve limitarsi a questo numero. Per esempio, al momento della pianificazione annuale della coltivazione delle liliacee,

1. Per rispondere a bisogni di produzione differenti, queste parcelle avrebbero potuto essere sostituite con sovesci o con altre coltivazioni che rispettino le regole stabilite della rotazione.

TABELLA DI ROTAZIONE 4

	Parcella 1	Parcella 2	Parcella 3	Parcella 4	Parcella 5	Parcella 6	Parcella 7	Parcella 8	Parcella 9	Parcella 10
Anno 1	Solanacee Compost	Verdure-radici	Aglio Compost	Verdure-radici	Cucurbitacee Crucifere Compost	Verdure-radici Compost	Liliacee Compost	Verdure-radici	Cucurbitacee Crucifere Compost	Verdure-radici
Anno 2	Verdure-radici	Solanacee Compost	Verdure-radici	Aglio Compost	Verdure-radici	Cucurbitacee Crucifere Compost	Verdure-radici Compost	Liliacee Compost	Verdure-radici	Cucurbitacee Crucifere Compost
Anno 3	Cucurbitacee Crucifere Compost	Verdure-radici	Solanacee Compost	Verdure-radici	Aglio Compost	Verdure-radici	Cucurbitacee Crucifere Compost	Verdure-radici	Liliacee Compost	Verdure-radici
Anno 4	Verdure-radici	Cucurbitacee Crucifere Compost	Verdure-radici	Solanacee Compost	Verdure-radici	Aglio Compost	Verdure-radici	Cucurbitacee Crucifere Compost	Verdure-radici	Liliacee Compost
Anno 5	Liliacee Compost	Verdure-radici	Cucurbitacee Crucifere Compost	Verdure-radici	Solanacee Compost	Verdure-radici	Aglio Compost	Verdure-radici	Cucurbitacee Crucifere Compost	Verdure-radici
Anno 6	Verdure-radici	Liliacee Compost	Verdure-radici	Cucurbitacee Crucifere Compost	Verdure-radici	Solanacee Compost	Verdure-radici	Aglio Compost	Verdure-radici	Cucurbitacee Crucifere Compost
Anno 7	Cucurbitacee Crucifere Compost	Verdure-radici	Liliacee Compost	Verdure-radici	Cucurbitacee Crucifere Compost	Verdure-radici	Solanacee Compost	Verdure-radici	Aglio Compost	Verdure-radici
Anno 8	Verdure-radici	Cucurbitacee Crucifere Compost	Verdure-radici	Liliacee Compost	Verdure-radici	Cucurbitacee Crucifere Compost	Verdure-radici	Solanacee Compost	Verdure-radici	Aglio Compost
Anno 9	Aglio Compost	Verdure-radici	Cucurbitacee Crucifere Compost	Verdure-radici	Liliacee Compost	Verdure-radici	Cucurbitacee Crucifere Compost	Verdure-radici	Solanacee Compost	Verdure-radici
Anno 10	Verdure-radici	Aglio Compost	Verdure-radici	Cucurbitacee Crucifere Compost	Verdure-radici	Liliacee Compost	Verdure-radici	Cucurbitacee Crucifere Compost	Verdure-radici	Solanacee Compost

occorrerà determinare che si avranno, diciamo, 10 bancali di cipolle, 4 bancali di porri e due bancali di cipollotti. Per rispettare il nostro piano di rotazione, sarà d'ora in poi necessario regolare la produzione di ogni famiglia di ortaggi in base a questo limite di spazio. Abbiamo sempre la possibilità di dividere in due i bancali, ma la produzione totale sarà sempre limitata al numero totale di bancali.

La maggior parte degli orticoltori con cui ho discusso trova molto limitante il piano di rotazione del nostro orto, e devo ammettere che hanno ragione. Ma, a mio parere, è meglio così. Il nostro piano di rotazione è facile da seguire proprio in virtù del fatto che ci siamo dati un quadro ben preciso. Infine, a noi interessa la stabilità di questo sistema, visto che ci auguriamo di coltivare intensivamente lo stesso ettaro ancora per molti anni.

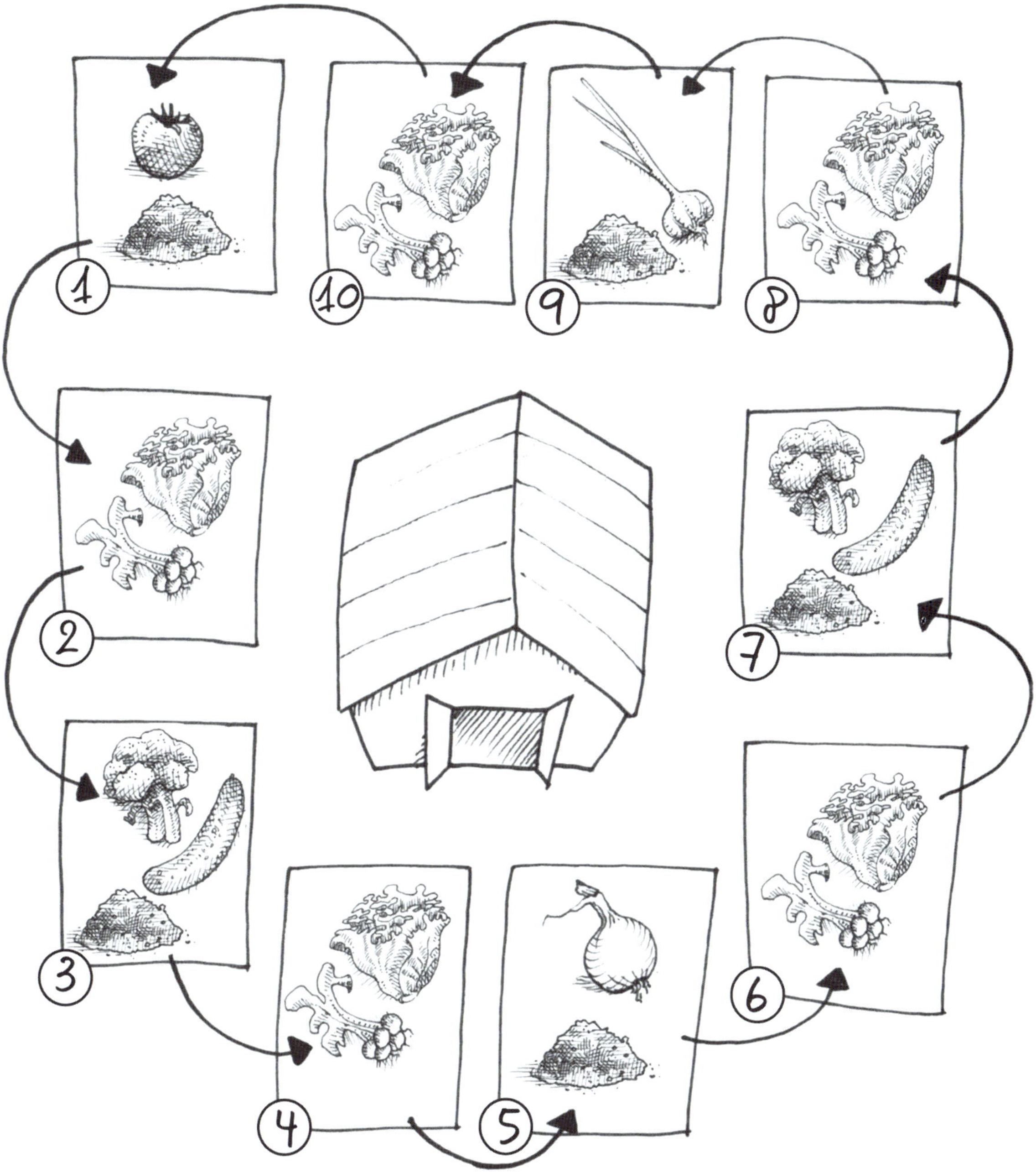

La suddivisione dell'orto in 10 parcelle produttive è stata effettuata sulla base del nostro piano di avvicendamento fissato per 10 anni.

Il sovescio e le colture di copertura

Il sovescio è una coltura che non è destinata alla vendita; serve invece a proteggere e a migliorare il suolo. Si tratta essenzialmente di graminacee e leguminose che, dopo essere state trinciate, vengono incorporate nel terreno al fine di aumentarne la fertilità. Il concetto di base dell'azione fertilizzante del sovescio è il seguente:

Molte piante leguminose (fagiolini, piselli, soia, erba medica, trifoglio, ecc.) hanno la straordinaria capacità di catturare (fissare) l'azoto presente nell'aria e di rilasciarlo nel terreno. Quando una coltivazione di questo tipo viene incorporata nell'orto, un nuovo apporto di azoto diventa disponibile per le altre colture. Quando alle leguminose vengono aggiunti dei cereali (avena, segale, frumento, ecc.), i residui di coltivazione forniscono non soltanto azoto, ma anche materia organica carboniosa. Il sovescio può essere quindi considerato un ammendante al pari del compost e del letame.

L'importante vantaggio del sovescio è che la materia prima che serve a formare l'ammendante si trova sul posto e non necessita di nessun altra lavorazione se non la semina, lo sfalcio e l'interramento della coltura. Lo svantaggio è che la coltura da sovescio occupa lo spazio di una coltura da reddito nella sua fase di crescita, che può variare da sei settimane a un stagione completa, a seconda della specie selezionata. A ciò bisogna aggiungere spesso due settimane di latenza dopo l'interramento, in modo da consentire ai microrganismi di decomporre adeguatamente il sovescio e di rendere l'azoto disponibile per le piante.

In orticoltura biologica, la concimazione delle colture attraverso la pratica del sovescio è un metodo fortemente consigliato. È una maniera economica ed efficace di fornire azoto al campo, soprattutto se paragonata allo spargimento di grandi quantità di compost e di letame su una vasta superficie. È anche un modo di concimare le proprie colture con l'azoto senza aggiunta di fosforo. Tuttavia, ricorrere al sovescio per concimare piccole superfici è lungi dall'essere una soluzione ideale. La successione delle colture lascia poco tempo al suo impianto e l'idea di lasciare incolte diverse parcelle è contraria a un uso ottimale di una superficie coltivata. Inoltre senza un trituratore, l'interramento del sovescio con la fresa è altrettanto problematico.

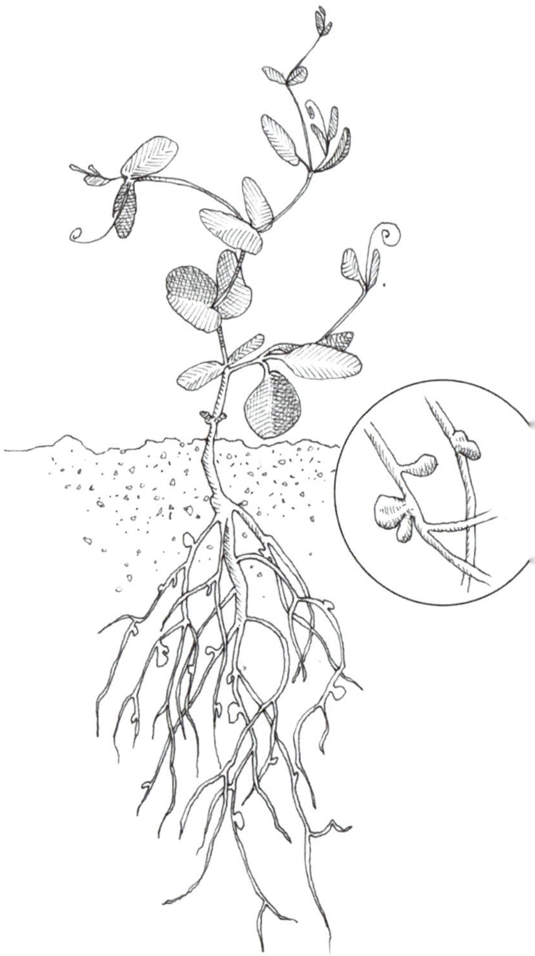

Per capire se è necessario inoculare i semi di sovescio, estraete dal terreno una pianta di piselli o di fagiolini (o di qualsiasi altra leguminosa) e osservate se attacati alle radici sono presenti dei noduli rosa (piccole protuberanze più o meno tonde). Il momento migliore per effettuare questa osservazione è dopo la quarta settimana di crescita e prima della fioritura.

Detto questo, nell'orto noi usiamo ugualmente le leguminose e le graminacee per varie ragioni, ma preferiamo definirle piuttosto «colture di copertura». Ecco come integriamo i vantaggi connessi al loro uso nel nostro sistema intensivo di produzione.

Aggiungere ulteriore azoto

Anche se nel nostro orto preferiamo di più concimare le colture con il compost, non scartiamo l'idea di trarre vantaggio dall'azione fertilizzante delle leguminose. La difficoltà, per noi, sta nel trovare dei «buchi» nel piano di coltivazione che ci permettano di piantare un sovescio prima di una coltivazione (ciò che viene definita come «coltura intercalare»). Le leguminose da sovescio che preferiamo sono i piselli da foraggio e la veccia comune. In entrambi i casi, le misceliamo con l'avena, alla quale possono attaccarsi e trovare sostegno durante la fase di crescita.

Per trarre vantaggio dall'azione fertilizzante di un sovescio di leguminose, bisogna tenere conto dei seguenti fattori:

- Primo, il momento migliore per interrare il sovescio è appena prima della fioritura. È a questo punto che la pianta avrà immagazzinato il massimo di azoto e che il contributo alla fertilità del suolo sarà più significativo. Oltretutto, a questo stadio, il sovescio è ancora giovane e tenero, cosa che ne rende più facile la decomposizione per la coltura successiva.
- Secondo, bisogna sapere che le leguminose non fissano in maniera automatica l'azoto presente nell'aria. Sono alcuni batteri del genere «Rhizobium», che formano dei noduli sulle radici delle piante, a permettere a questo scambio di avere luogo. Tuttavia, è possibile che questi batteri non siano presenti nei terreni dove per un certo tempo non sono cresciute leguminose. Ad ogni modo, conviene inoculare le proprie sementi con Rhizobium di qualità. Per far sì che i Rhizobium fissino più azoto possibile, è necessario che le sementi di ciascuna specie vengano inoculate separatamente. Si tratta semplicemente di una polvere fine che va miscelata in acqua insieme alle sementi. Accertatevi di usare prodotti che rispettino le norme di certificazione biologica.

Aggiungere materia organica

Come ho già accennato, è più vantaggioso interrare il sovescio quando è ancora giovane e verde. Così facendo, nel suolo resta poca materia organica residuale dopo la decomposizione.

Per ottenere una buona quantità di materia organica a partire da un sovescio, occorre incorporare nel terreno piante mature e molto fibrose che siano abbastanza resistenti alla decomposizione. Una segale autunnale molto fitta o un ibrido di sorgo sudanese sono due validi esempi. Tali colture producono molta biomassa e il lavoro di scavo messo in atto dalle loro radici è molto positivo per la struttura del suolo. D'altro canto, però, bisogna sapere che, per riuscire a decomporre questi sovesci, i microrganismi avranno bisogno di azoto, che assorbiranno direttamente dal terreno. Quindi, la pratica che consiste nell'impiego del sovescio per incorporare una grande quantità di residui carboniosi può comportare una ridotta disponibilità di azoto per la coltura successiva.

Nel nostro orto, per aggiungere materia organica al terreno ci affidiamo principalmente al compost (un compost ricco di torba). Gli unici sovesci che sono abbastanza coriacei da aggiungere materia organica al nostro terreno in maniera significativa sono quelli che seminiamo a fine stagione, per coprire il suolo prima dell'inverno.

Le varie miscele e combinazioni di sovescio uitilizzate dagli orticoltori biologici costituiscono un tema molto interessante. Invito i lettori a consultare la sezione bibliografica in appendice per trovare varie fonti che ne parlano più approfonditamente.

Proteggere il suolo

Lasciare il suolo a nudo per molti mesi è controindicato. L'esposizione ai forti venti e alle piogge abbondanti ne degradano notevolmente la struttura e la qualità. Questa considerazione è ancora più importante durante il periodo invernale, dal momento che i fattori erosivi del suolo sono estremi e non c'è nessun'altra coltura a proteggerlo. Nel Québec, la neve protegge adeguatamente la superficie del suolo durante l'inverno, ma in primavera, quando la neve si scioglie e i terreni sono pieni di acqua, il ruscellamento può provocare seri problemi di lisciviazione e di perdita di fertilità. Ecco perché è importante «chiudere» il proprio orto prima dell'inverno. Ciò si può fare lasciando un residuo colturale sul posto, con un telo da pacciamatura o con una semina tardiva di sovescio per fornire una copertura vegetale alla superficie del terreno. Una copertura vegetale anche solo di due centimetri è meglio di niente. Facendo così, in primavera troverete un terreno sciolto invece che una dura crosta superficiale.

La strategia ideale sarebbe quella di seminare un qualsiasi cereale almeno sei settimane in anticipo rispetto alla prima forte gelata. In questo modo, l'apparato radicale delle piante avrà tempo a sufficienza per svilupparsi e per consentirne la crescita. Una semina di *Lolium perenne* effettuata prima di novembre continuerà a crescere nonostante il freddo autunnale e riprenderà in primavera. Ma talvolta ci è impossibile seminare prima dell'inverno e allora facciamo ricorso a una copertura vegetale primaverile molto precoce. Si può seminare, ad esempio, una miscela di piselli e avena appena la neve comincia scomparire (da noi di solito all'inizio del mese di aprile) e incorprarla nel terreno otto settimane più tardi, in coincidenza con l'inizio di alcune semine all'aperto.

Qualunque sia lo scenario, seminiamo le colture di copertura con una densità molto elevata, in maniera che possano proteggere rapidamente la superficie del suolo.

Prevenire la proliferazione delle erbe infestanti

Gli orticoltori biologici spesso piantano dei pascoli per un lungo periodo di tempo per interrompere il ciclo delle erbe infestanti sui loro campi. Nel nostro orto, questa opzione non è concepibile, considerata la mancanza di spazio. Piuttosto, per sfruttare il suo effetto repressivo sulla diffusione delle infestanti, usiamo il sovescio come coltura di copertura tra due semine consecutive o anche quando sappiamo che un bancale resterà libero per molto tempo.

Nel corso della stagione produttiva, il nostro «tappa-buchi» preferito è il grano saraceno, una coltura che in meno di un mese forma una copertura vegetale abbastanza densa da soffocare le malerbe. Questa soluzione è più complicata rispetto a usare un telo da pacciamatura e meno efficace di una falsa semina (vedi capitolo 9 sul diserbo), ma spesso è l'opzione che preferiamo. Oltre a offrire alle api dei fiori magnifici, il sovescio di grano saraceno permette di aumentare l'attività biologica del suolo. I suoi giovani tessuti vegetali, teneri e verdi, sono una vera prelibatezza per i microrganismi, che ne sono stimolati. Abbiamo potuto osservare questo effetto fortificante sulla coltura successiva in più di una occasione.

Il grano saraceno non è l'unico sovescio utile contro le erbe infestanti. Infatti, qualunque specie o qualunque miscela, può produrre lo stesso effetto, a condizione che riesca a formare una fitta copertura vegetale più velocemente rispetto alle prime infestanti. In questo processo la densità gioca un ruolo importante ed è il motivo per cui seminiamo i nostri sovesci in dosi da 5 a 10 volte maggiori rispetto alle generali raccomandazioni. Reputiamo che sia molto più proficuo spendere di più per le sementi piuttosto che perdere tempo a diserbare una coltura da sovescio.

Lasciare una parcella a riposo (sovescio di un anno)

Anche se ancora non lo abbiamo mai fatto, è possibile che un giorno decideremo di non mettere a coltura una parte del nostro orto per un'intera stagione (anche gli agricoltori prendono un anno sabbatico!). Se una simile scelta dovesse essere motivata da una mancanza di tempo o di manodopera, suggerisco

Un trinciaerba che permette di triturare le piante in piccoli pezzi è pressoché indispensabile se si ha l'intenzione di praticare il sovescio in un orto professionale.

di optare per un sovescio che si possa tagliare senza che muoia e che possa continuare a crescere per un lungo periodo di tempo. Personalmente, sceglierei di piantare il trifoglio bianco che fornisce molto azoto al terreno e che richiede poca manutenzione, cioè solo qualche taglio annuale. D'altra parte però, il trifoglio è una specie che cresce lentamente e, per far sì che le infestanti non abbiano il tempo di insediarsi, seminerei allo stesso tempo un cereale di copertura, che possa insediarsi più velocemente. Questo cereale morirà al primo taglio, lasciando così al trifoglio la possibilità di coprire adeguatamente la superficie del terreno.

Se la ragione principale di seminare un sovescio non è di lasciare il terreno a riposo, ma piuttosto di migliorarne la qualità, la mia strategia sarebbe allora di seminare due sovesci differenti, intervallati da un periodo a riposo. Una miscela di piselli e avena seminata molto presto in primavera verrebbe interrata a giugno, prima che un altro sovescio di avena e di veccia venga seminato al più tardi a metà agosto e poi lasciato come pacciamatura durante i mesi invernali. Il periodo tra le due colture verrebbe sfruttato per fare delle false semine e liberare il terreno dal maggior numero possibile di semi dormienti.

Se interrate il sovescio con la fresa è importante utilizzare l'apparecchio a velocità minima, in modo che le zappe rimescolino l'ammendante senza polverizzare troppo il suolo.

Le specie da sovescio utilizzate a Les Jardins de la Grelinette

TRIFOGLIO BIANCO. Il trifoglio bianco (lo preferiamo a quello rosso, che è forse meno costoso, ma anche meno vigoroso) è lento a insediarsi, ma molto vivace e difficile da eliminare in seguito. Lo impieghiamo soprattutto per inerbire le bordure delle nostre aiuole. In questo modo, fornisce azoto al terreno, sopravvive agli inverni e richiede soltanto qualche taglio di mantenimento. Procediamo con una semina a spaglio e, dato che i semi sono molto piccoli, li mescoliamo al 50% con della sabbia. Ciò permette di evitare una densità troppo elevata.

Dose di semina: 1 kg/bancale di 30 metri (inclusa la sabbia al 50%)

AVENA E PISELLI. La miscela di avena e piselli è il nostro sovescio di base per una coltura intercalare. Può essere seminata molto presto in primavera, appena si è sciolta la neve. Fornisce al suolo molto azoto e molta biomassa. In autunno, ci piace diversificare e sostituire i piselli con la veccia comune. Un sovescio di avena e piselli (o veccia comune) richiede otto settimane di crescita prima dell'interramento. Sul nostro terreno il termine ultimo per seminare questo sovescio è il 1° settembre.

Dose di semina: 1,5 kg/bancale di 30 metri in miscela composta da un 60% di piselli (o veccia) e un 40% di avena.

SEGALE AUTUNNALE. La segale autunnale è estremamente utile per garantire una copertura vegetale ai bancali dove sono state fatte raccolte tardive. Richiede da quattro a sei settimane per insediarsi bene e cresce nonostante il freddo. Tuttavia, è molto difficile da eliminare e anche dopo averla trinciata, una semplice fresatura di solito non basta a ditruggerla. La nostra scadenza per effettuare la semina prima dell'inverno è la prima settimana di ottobre. Seminata in questo periodo, ricresce in primavera e produce molta biomassa per la fine del mese di maggio.

Dose di semina: 1,5 kg/bancale da 30 metri.

GRANO SARACENO. Il grano saraceno è efficace per ottenere una rapida copertura del suolo e per soffocare le erbe infestanti. Dal momento che va a seme cinque-sei settimane dopo la semina, va tagliato prima della formazione dei semi per evitare il rischio che invada l'orto. È un'informazione che annotiamo nel nostro calendario colturale. Dato che il grano saraceno è una pianta molto sensibile al gelo, la fine di agosto rappresenta per noi il termine ultimo per poterlo seminare.

Dose di semina: 1,5 kg/bancale da 30 metri.

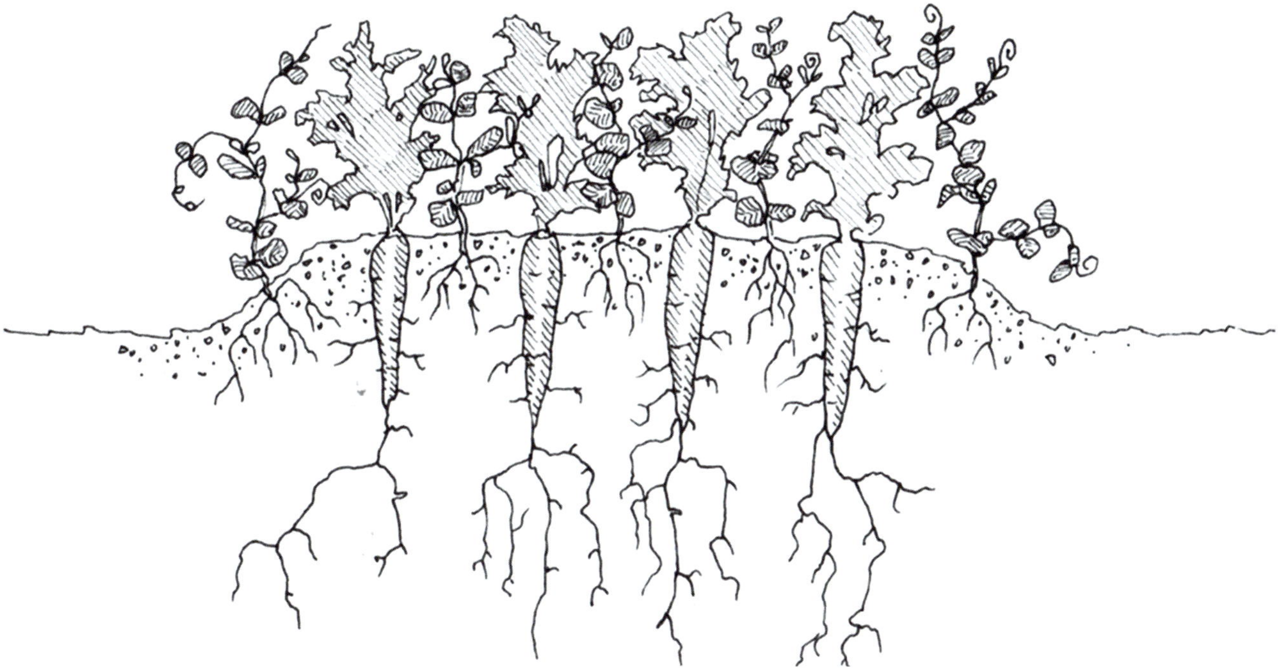

Il sovescio intercalare è un'idea molto interessante per il fatto che permette di ottimizzare spazio e tempo. Tuttavia, integrarlo in maniera sistematica all'interno del proprio piano di coltivazione non è semplice.

Impianto e interramento del sovescio

Nel nostro orto seminiamo il sovescio a spaglio, rispettando le dosi di semina sopra indicate. Subito dopo la semina, incorporiamo i semi nel terreno con una fresatura veloce e molto superficiale o con l'aiuto di una zappa su ruota. Il più delle volte, l'umidità presente nella terra basta a garantire una buona germinazione, ma in caso di caldo eccessivo o di siccità, potrebbe essere necessario azionare gli irrigatori.

Per interrare i residui, il metodo più comune consiste nell'incorporare il sovescio negli strati più superficiali del terreno con l'aiuto di una fresa. Noi siamo andati avanti per diversi anni in questa maniera, ma il nostro approccio di lavorazione minima del terreno (vedi capitolo 5) ci ha spinti a fare le cose diversamente. Adesso tagliamo innanzitutto il sovescio con un trinciaerba. Poi, rincalziamo i bancali per interrare il residuo superficiale con la terra dei sentieri. Invece di interrare il sovescio, lo copriamo di terra senza perturbare la struttura del suolo. La maggior parte delle volte copriamo poi il tutto con un telo nero con lo scopo di accelerare la decomposizione dei residui colturali (una pacciamatura scura crea condizioni ideali per i vari organismi del terreno). Quando diamo un'occhiata nelle settimane successive, rimaniamo sempre stupiti dalla quantità di organismi che è all'opera per decomporre i residui. Tuttavia, questa lavorazione biologica del terreno implica un tempo considerevole per la preparazione dei bancali e ciò talvolta può rappresentare un problema. Allora, lavorare il terreno con una fresa costituisce per noi una soluzione alternativa.

Il sovescio come coltura intercalare

Il termine «intercalare» si riferisce a un sovescio seminato sotto una coltivazione di ortaggi per anticiparne l'impianto. Prendiamo come esempio un bancale di carote: quattro settimane prima della raccolta, viene seminato del trifoglio tra i filari affinché possa occupare lo spazio di coltivazione una volta raccolte le carote. Questa tecnica serve a estendere l'arco di tempo in cui è possibile includere un sovescio, prima o dopo (o in entrambi i casi) di una coltura principale. In un sistema intensivo come il nostro è un approccio teorico estremamente interessante.

Eppure, questa tecnica non ci ha mai entusiasmati. Dopo aver fatto molte prove, abbiamo constatato che il sovescio si insedia molto male quando è consociato con gli ortaggi, soprattutto a causa dell'ombra proiettata dalla coltura principale. Forse avevamo sbagliato il momento della semina o non avevamo consociato bene le colture, ma i risultati non erano così soddisfacenti come quando invece la coltura di copertura viene seminata su un bancale vuoto. Ma la ragione principale è che non è facile rispettare le scadenze per la semina del sovescio, un altro parametro che va ad aggiungersi a un calendario colturale già molto complicato. Tuttavia ne parlo ugualmente, perché l'idea delle colture intercalari in una coltivazione bio-intensiva può essere promettente.

PIANO DI ROTAZIONE CON INCLUSO IL SOVESCIO

	Parcella 1	Parcella 2	Parcella 3	Parcella 4	Parcella 5	Parcella 6	Parcella 7	Parcella 8	Parcella 9	Parcella 10
Anno 1	Solanacee Compost	Verdure-radici	Crudità + Cucurbitacee Primizie Compost Veccia-Avena	Segale Verdure-radici	Liliacee Compost Segale	Verdure-radici	Piselli-Avena Cucurbitacee Compost	Segale Verdure-radici	Aglio Compost Segale	Verdure-radici
Anno 2	Verdure-radici	Solanacee Compost	Verdure-radici	Crudità + Cucurbitacee Primizie Compost Veccia-Avena	Verdure-radici	Liliacee Compost Segale	Verdure-radici	Piselli-Avena Crudità + Cucurbitacee Primizie Compost	Verdure-radici Piselli-Avena	Aglio Compost Segale
Anno 3	Aglio Compost Segale	Verdure-radici	Solanacee Compost	Verdure-radici	Crudità + Cucurbitacee Primizie Compost Veccia-Avena	Verdure-radici	Liliacee Compost Segale	Verdure-radici	Crudità + Cucurbitacee Primizie Compost	Verdure-radici
Anno 4	E così via per dieci anni...									

La metà delle aiuole in produzione è riservata al sovescio per una parte della stagione. Nella maggior parte delle aiuole riservate alle verdure e agli ortaggi-radice esiste anche un arco tempo disponibile per piantare un sovescio di grano saraceno, ma non lo inseriamo nel piano, perchè potremmo preferire di effettuare delle false semine o di coprire il terreno con un telo nero.

Integrare le colture di copertura al piano di concimazione

Per quanto il sovescio sia utile sotto molti aspetti, non è stato semplice includerlo nel nostro piano di concimazione. A causa dei limiti di tempo e di spazio relativi alla sua coltivazione, un approccio sistematico è tassativo. Così, partendo dal nostro piano colturale (vedi capitolo 13), abbiamo riunito nello stesso gruppo le semine effettuate all'incirca nello stesso periodo. Questo ci permette di seminare le colture di copertura su una superficie maggiore che include più bancali, piuttosto che su singoli bancali posizionati in zone diverse. Quando è possibile, preferiamo seminare metà parcella o una parcella intera. È semplicemente più facile da gestire. Riteniamo importante che l'impiego del sovescio faccia parte di un percorso pianificato fin dall'inizio ed è per questo che lo abbiamo inserito nel nostro piano di avvicendamento. In base a questo piano, la metà delle nostre parcelle è seminata con colture di copertura per una parte della stagione.

Comprendere l'ecologia del suolo

Alla fine di questo capitolo, il messaggio che cerco di trasmettere è che si guadagna a interessarsi attivamente all'aspetto «vivente» del proprio terreno per imparare a servirsene meglio. Ho cercato di spiegare quanto siano utili i consigli di un agronomo e in che modo bisogna nutrire il suolo e le piante, conformemente ai princìpi stabiliti. Ho descritto le pratiche in vigore nel nostro orto, cercando di dimostrare che l'adozione di pratiche complesse è molto più facile se le si integra a un piano di concimazione sistematico.

Detto ciò, per ottenere risultati ottimali, dovrete sviluppare una vostra personale sensibilità nei confronti della vita delle piante e del suolo. Solo attraverso lo studio dell'ecologia del suolo e dedicando del tempo per riflettere sulla vita che si cela sotto i nostri piedi siamo potuti entrare in contatto in maniera concreta con l'affascinante mondo dei suoli. Quando ci si sofferma, si possono apprendere molte cose sulle interazioni piante-terreno e capire come meglio intervenire per favorire questa relazione.

Il nostro obiettivo, nell'orto, è sempre stato quello di creare un sistema di coltivazione che raggiunga un equilibrio tra le rese, la conservazione della fertilità a lungo termine e l'efficienza delle operazioni. Se ci basiamo sulle nostre osservazioni, direi che siamo sulla buona strada. Ciononostante, il nostro metodo di concimazione è ancora in evoluzione e ancora molte domande rimangono senza risposta. Un vecchio precetto dell'agricoltura biologica enuncia che, se la pianta è nutrita perfettamente grazie a un suolo equilibrato, essa non dovrebbe essere soggetta a malattie o a parassiti. Nel nostro orto, siamo molto lontani da questa realtà. Sulla scia di questi interrogativi, abbiamo orientato la nostra riflessione verso l'integrazione di diversi bio-attivatori al nostro piano di concimazione. Stiamo scoprendo come inoculare i bancali permanenti con le micorrize per favorire

Il cippato (BRF, bois raméal fragmenté)

Il BRF (o cippato) è una tecnica che mira a incorporare della materia legnosa nel suolo per aumentare la presenza di funghi benefici e ricreare un terreno ricco di humus, come i suoli forestali. Maggiori informazioni su questo argomento sono diponibili in appendice e nel libro *L'orto senz'acqua* di Jacky Dupety (Terra Nuova Edizioni)..

lo sviluppo della flora fungina nell'orto e stiamo facendo degli esperimenti con il cippato (BRF, bois raméal fragmenté). Vorremmo anche imparare a utilizzare i tè di compost e altre applicazioni di microrganismi benefici per stimolare la vitalità del nostro terreno. Qualunque sia il risultato di queste esperienze, ci restano ancora molte cose da scoprire in materia di soluzioni ecologiche. Il nostro lavoro ci porta a praticare ecologia applicata su base quotidiana. È un grande privilegio.

Otto consigli per una concimazione biologica

- 1. La vostra priorità dev'essere stimolare l'attività biologica del vostro terreno. Dovete cercare di avere sempre un terreno sciolto, ben aerato, umido e caldo.
- 2. L'attività biologica è più attiva con un pH che si attesta tra 6,2 e 6,8. All'occorrenza, bisogna aggiungere calce e mirare a un valore di 6,5.
- 3. La materia organica è allo stesso tempo il carburante e l'habitat di un suolo vivente. Inizialmente, bisogna costruire il proprio suolo e cercare di ottenere un tasso elevato di materia organica il più rapidamente possibile. In seguito, occorre reintegrare ciò che viene assorbito dalle colture con l'aggiunta di ammendanti organici. È questa la funzione del compost, del letame ed eventualmente del sovescio.
- 4. Bisogna nutrire il suolo ma anche le piante, tenendo conto dei bisogni delle varie colture, del valore nutritivo dei concimi e del ruolo di ciascun elemento fertilizzante (specialmente l'azoto nelle prime fasi di crescita delle colture).
- 5. L'analisi del terreno è uno strumento importante. Oltre a rilevare eventuali squilibri minerali, fornisce anche degli indicatori che servono a misurare la fertilità naturale di un terreno e a calcolare quanto concime apportare.
- 6. Dato che il compost è il principale elemento di concimazione, dev'essere di ottima qualità. Se non siete in grado di produrlo con efficacia e competenza, è meglio acquistarlo. Dovrebbe essere prodotto con sostanze le più diverse possibili e integrato con una sostanza ricca di oligoelementi. Il cumulo dev'essere sempre ben coperto per evitare la lisciviazione degli elementi fertilizzanti.
- 7. Un sano avvicendamento colturale permette di evitare molti problemi di coltivazione e garantisce la durata di un sistema colturale. Prima di definire un piano di rotazione complesso, è meglio attendere qualche stagione in modo da avere una buona conoscenza della propria produzione.
- 8. La concimazione organica delle colture comporta l'impiego di una miriade di pratiche colturali differenti. Per riuscire a gestire questa complessità, è necessario impegnarsi per elaborare un piano di concimazione coerente. Un approccio sistematico renderà poi molto più facile tradurre queste pratiche nelle operazioni di tutti i giorni.

CAPITOLO 7

Le semine al coperto

«Avere il pollice verde»: avere un talento naturale per la cura delle piante.

Espressione corrente

Nella nostra azienda, la maggior parte delle colture inizia a svilupparsi all'interno di un semenzaio che allestiamo ogni anno per produrre le piantine da trapiantare. Infatti, quando possiamo scegliere se inziare una coltivazione per trapianto o procedere con una semina diretta in campo, preferiamo trapiantare. I vantaggi di questo metodo valgono senz'altro l'impegno e i costi che comporta, soprattutto per intensificare la produzione su una piccola superficie. La riuscita dei nostri raccolti dipende allora dalla nostra capacità di sfruttare bene il semenzaio, visto che una perdita al livello della semina (dovuta a una mancata germinazione, a una crescita troppo lenta, all'insorgenza di malattie, ecc.) avrebbe conseguenze catastrofiche per il nostro calendario di produzione. Questo aspetto del mestiere richiede cura dei dettagli e una certa competenza.

Detto ciò, la produzione di piantine rappresenta solo un breve momento della nostra stagione di produzione e non vale la pena investire in impianti e attrezzature sofisticate per questa operazione. L'arte dell'orticoltura in serra è molto complessa e non è semplice riuscire a padroneggiare le migliori tecniche. Malgrado tutto, abbiamo sviluppato sufficientemente bene i nostri sistemi e abbiamo acquisito le conoscenze necessarie per riuscire a produrre piantine molto belle e in grande quantità con pochi mezzi. Per le necessità di un orto professionale l'importante è raggiungere questo obiettivo senza doversi specializzare troppo. Ecco i princìpi che seguiamo a *Les Jardins de la Grelinette*.

I vantaggi del trapianto

- Avviare la produzione molte settimane prima della fine delle gelate e, di conseguenza, estendere considerevolmente la stagionalità degli ortaggi.
- Controllare meglio le condizioni di germinazione e di crescita all'inizio della coltivazione, quando le piante sono più fragili.
- Aumentare le possibilità di riuscita dei raccolti grazie a una densità ottimale delle piantine, dando alle colture anche un netto vantaggio sulle erbe infestanti.
- Facilitare le successioni, seminando le colture prima ancora che sia disponibile lo spazio nell'orto.

La coltivazione in contenitori alveolati

Esistono molte tecniche per seminare al coperto. La maggior parte degli orticoltori amatoriali utilizza cassette aperte in polistirolo o singoli vasetti in fibra di cocco. Eliot Coleman promuove da molto tempo il *soil block* (mini-zolla), una tecnica che consiste nel far germinare i semi all'interno di blocchi di terra realizzati mediante compressione. Per quanto ci riguarda, dopo alcune prove, abbiamo deciso di produrre le nostre piantine in contenitori alveolati, una tecnica efficace e comprovata che vi suggerisco fortemente di adottare.

I contenitori alveolati sono in plastica e sono suddivisi in varie cellette, dove trovano posto le radici delle piantine. L'insieme delle cellette costituisce un vassoio multicellulare (comunemente chiamato *plateau*, plur. *plateaux*) e questi vassoi vengono poi sistemati in altri contenitori piatti (*trays*, in inglese) che servono a trasportarli. La maggior parte dei plateaux è larga 28 centimetri e lunga circa 54 centimetri. Dato che queste sono misure standard, le dimensioni dei tavoli per la semina e altre attrezzature per il semenzaio (specialmente i carrelli di raccolta usati anche per trasportare le piantine nell'orto) vi si adattano facilmente.

Per la semina degli ortaggi sono disponibili contenitori alveolati che variano da 24 a 200 celle per un plateau della stessa grandezza. La scelta del numero di celle è fatta in base allo spazio richiesto dalle radici e a quanto tempo ogni coltura dovra trascorrere nel contenitore. Ogni pianta svilupperà così il suo apparato radicale in maniera indipendente (le radici non saranno aggrovigliate e il trapianto sarà più facile). Nel nostro semenzaio, utilizziamo plateaux da 72 a 128 alveoli e altri vasetti singoli da 10 centimetri per le piante che vengono travasate.

Lavorare con i plateaux alveolati offre molti vantaggi: si maneggiano e si riempiono facilmente e drenano bene dopo un'annaffiatura. Il pane di terra formato dagli alveoli tiene bene e questa è una cosa importante per la riuscita dei trapianti. Sono resistenti e riutilizzabili, ma non indistruttibili. È proprio questo uno dei loro difetti. A fine anno, inevitabilmente, qualcuno finisce nella pattumiera. Inoltre, dal momento che i plateaux possono essere utilizzati per diverse stagioni, è importante fare attenzione affinché non siano veicolo di malattie per le piantine. Nel corso del tempo, abbiamo abbandonato il proposito di sterilizzarli prima di metterli via fino all'anno successivo e non abbiamo mai avuto problemi. Ma, dopo aver terminato i trapianti, svuotiamo sempre i plateaux della loro terra e li lasciamo asciugare al sole per qualche ora. Questo semplice accorgimento è sufficiente.

Se si decide di produrre il proprio terriccio, bisogna assicurarsi che la composizione tenga conto del fatto che lo sviluppo radicale sarà limitato dagli alveoli. In altri termini, è necessario che il terriccio sia concepito specificamente per la coltivazione in contenitori alveolati e non per altri tipi di contenitori per la semina.

L'importanza del terriccio

Affinché la produzione di piantine nei contenitori alveolati sia un successo, la scelta e la preparazione del terriccio utilizzato sono elementi molto importanti. I fabbisogni di una giovane pianta (aria, acqua, minerali, ecc.) dipendono da una quantità molto ridotta di substrato, quindi le componenti di quest'ultimo dovranno possedere particolari caratteristiche (capacità di drenaggio, ritenzione dell'acqua, aerazione, fertilità, salinità, pH, ecc.). In breve, non si può improvvisarne la composizione. Per questo, acquistare un terriccio commerciale è molto più semplice. Si dovrà allora scegliere un terriccio di prima qualità e accertarsi che non sia stato trattato con agenti umettanti sintetici. Gran parte di quelli che sono certificati biologici va più che bene.

Detto questo, preparare da soli il proprio terriccio non è difficile. Ecco una ricetta «multiuso» che abbiamo impiegato con successo nel corso di molte stagioni. Ogni secchio ha un volume di 16 litri:

- 3 secchi di torba
- 2 secchi di perlite
- 2 secchi di compost
- 1 secchio di terra dell'orto

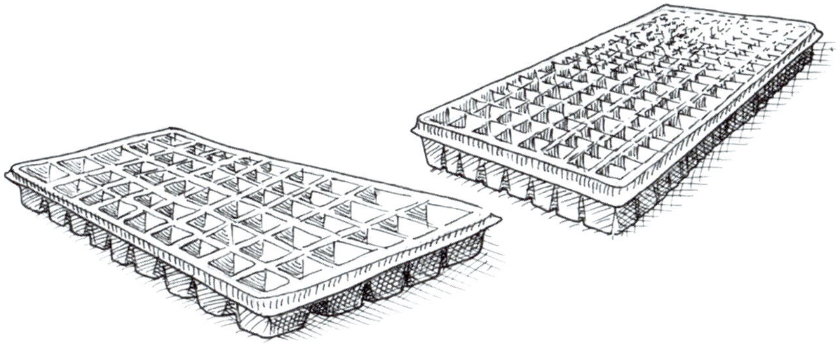

I contenitori alveolati sono disponibili in varie misure. È importante scegliere la misura dei plateaux in base alla varietà di ortaggi che volete far crescere. Alla fine del presente capitolo troverete una tabella dei trapianti.

- 1 tazza di farina di sangue[1]
- 1/2 tazza di calce agricola

Gli ingredienti di questa ricetta si trovano comunemente nella maggior parte dei terricci e una rapida indagine vi permetterà di comprenderne le origini e le caratteristiche. È importante notare alcuni dettagli:

- La torba è il componente principale della miscela e dev'essere di prima qualità. Evitate i terricci troppo grossolani o troppo fini.

- La perlite serve per aggregare e gioca un ruolo di primaria importanza per il drenaggio e l'aerazione della miscela. In questa ricetta la si può sostituire con la vermiculite, soprattutto per le piantine allevate in contenitori da 72 alveoli o meno.

- Il compost non dev'essere lisciviato dei suoi elementi fertilizzanti e dev'essere ben maturo (cioè deve aver terminato il processo di compostaggio e non essere più caldo) per evitare problemi di germinazione. Quello che utilizziamo è lo stesso che impieghiamo per il nostro orto.

- La terra dell'orto, aggiunta alla miscela, serve a «rompere» il compost e a diminuire la salinità del terriccio. Dovete usare un suolo leggero (né troppo sabbioso né troppo argilloso). Per introdurre materia vivente all'interno del terriccio, preferisco utilizzare la terra del nostro orto piuttosto che terra da giardino sterilizzata.

- La farina di sangue fornisce un apporto di azoto necessario alle colture più esigenti. In questa ricetta la si può sostituire con farina di piume.

- L'aggiunta di calce agricola è essenziale per regolare il pH della miscela, che tende a essere basso a causa della torba, naturalmente acida.

Si può comporre la miscela direttamente in una carriola. Noi mescoliamo prima la calce con la torba per aumentarne l'azione. Il resto degli ingredienti viene poi mischiato con l'aiuto di una pala. Per rendere la miscela omogenea è di grande aiuto lavorare con ingredienti asciutti, ma in seguito bisogna assicurarsi che la miscela sia ben inumidita. Secondo me, il modo migliore di procedere è di annaffiare mentre si mescolano gli ingredienti.

Il terriccio va poi passato al setaccio per rimuovere i sassi e ogni tipo di residuo grossolano. La granulometria è importante per ri-

1. Quando travasiamo le piantine, raddoppiamo la dose nella miscela.

Negli Stati Uniti e in Europa la fibra di cocco viene spesso presentata come un'alternativa «ecologica» alla torba. Dal mio punto di vista, dubito che importare questa preziosa materia organica da paesi tropicali sia più ecologico che utilizzare una risorsa locale.

Già da qualche anno, organizziamo una vendita di piantine da orto che, commercialmente parlando, si è rivelata un ottimo affare. Di conseguenza, abbiamo notevolmente aumentato la produzione di piantine e abbiamo iniziato ad acquistare un terriccio commerciale certificato biologico. Quando la produzione raggiunge una certa soglia, questa opzione è molto vantaggiosa.

empire uniformemente tutti gli alveoli di un plateau, un fattore molto importante per le annaffiature. Per questa operazione noi utilizziamo una cornice di legno che monta una rete metallica con maglie larghe all'incirca 1 centimetro. In fin dei conti, produrre il proprio terriccio è semplice, ma è stancante. Per ridurre il carico di lavoro esistono modi più efficienti di procedere, come l'impiego di una betoniera, una pratica che ho potuto osservare spesso in altre aziende.

Come riempire i contenitori

Il riempimento dei plateaux è un'operazione che va eseguita nella giusta maniera al fine di mantenere al massimo la capacità di ritenzione dell'aria del terriccio. In questo modo, si favorisce enormemente lo sviluppo radicale della pianta. Ecco il procedimento che seguiamo:

Il primo passo consiste nell'inumidire bene la miscela fino a renderla appiccicosa (lo stadio precedente alla formazione di una palla che si tenga insieme). Se non è abbastanza umida, aggiungiamo altra acqua e la impastiamo di nuovo con la pala fino al risultato desiderato.

Successivamente i contenitori vengono riempiti fino all'orlo e il terriccio in eccesso viene rimosso con un bastone o una spazzola. È importante riempire i contenitori uniformemente, perché gli alveoli con meno terriccio si seccano più rapidamente, rendendo più complicate le annaffiature.

In seguito, si compatta leggermente il terriccio negli alveoli sollevando i plateaux a un'altezza di circa 6 centimetri e lasciandoli ricadere. Dopo aver seminato, copriamo i semi con uno strato fino di terriccio asciutto, cosa che gli impedirà di seccarsi troppo velocemente in caso di carenza d'acqua. Alla fine, i plateaux dovranno essere stati riempiti per 5/6 della loro capacità, calcolando uno spazio per la ritenzione dell'acqua.

L'ultimo passo consiste nel disporre ordinatamente nel semenzaio i plateaux seminati. A questo punto, è importante raggruppare quelli che hanno lo stesso numero di alveoli, in modo da favorire un'annaffiatura uniforme.

Il locale per la semina

Alcune colture come i pomodori, i porri, le cipolle o altre che si ha intenzione di produrre precocemente vanno avviate a partire dall'inizio della primavera per essere raccolte presto durante la stagione. Dato che riscaldare una serra in un mese molto freddo implica costi di riscaldamento considerevoli, è preferibile avviare le semine in casa, in un luogo già riscaldato dove poter lavorare con il terriccio, annaffiare i contenitori alveolati e disporli in ordine. Tale spazio viene comunemente definito «locale per la semina» ed esistono molti modi di allestirne uno in casa. Ecco alcuni fattori di cui bisogna tenere conto al momento della sua progettazione:

Lo scopo principale di un locale per la semina è di poter controllare perfettamente i parametri di crescita. La temperatura media che bisogna mantenere per una buona crescita delle piante è tra i 18°C e i 23°C di giorno e 18°C di notte. Nel nostro locale per la semina usiamo battiscopa radianti per mantenere la temperatura desiderata, ma vanno bene anche altri sistemi di riscaldamento, a condizione che il calore non sia convogliato direttamente sulle piante. L'umidità relativa in questa stanza dovrà collocarsi tra 60% e 90%, cosa facilmente ottenibile con un semplice sistema di nebulizzazione controllato da un timer (es.: 10 secondi/20 minuti). Il locale per la semina dovrebbe essere rivestito di polietilene per intrappolare il calore e l'umidità. L'aggiunta di un piccolo ventilatore impedirà la formazione di aria stagnante, che favorisce l'insorgenza di malattie fungine.

Dal momento che la durata del giorno in marzo e in aprile è troppo corta per assicurare alle piante una crescita ottimale, bisogna prevedere un'illuminazione aggiuntiva che permetterà alle piante di ricevere da 14 a 16 ore di luce al giorno. Esistono molte possibili soluzioni, ma la più semplice e la più economica è di installare dei tubi fluorescenti sopra i plateaux. In più, vi dovrete procurare un fluorescente a luce fredda e uno a luce calda (radiazione infrarossa comunemente usata per i bagni) per fornire alle piante uno spettro luminoso completo. Per evitare l'eziolamento delle piantine, l'altezza delle luci dev'essere regolabile e posizionata a circa 10 centimetri sopra le piante che stanno crescendo.

Infine, per garantire una migliore germinazione (la maggior parte degli ortaggi necessita di una temperatura di germinazione maggiore rispetto a quella della crescita), si può dotare il locale di tappeti riscaldanti che si possono collegare a una presa da 110 volts. Grazie a questi tappeti la temperatura del pavimento si mantiene giorno e notte a un calore ottimale per la germinazione (circa 25°C). Contrariamente alla credenza popolare, per germinare meglio i semi non traggono vantaggio dall'oscurità. Invece, l'umidità del ter-

Per evitare di compattare troppo il terriccio negli alveoli una volta riempiti, bisogna impilarli trasversalmente invece di inserirli gli uni negli altri.

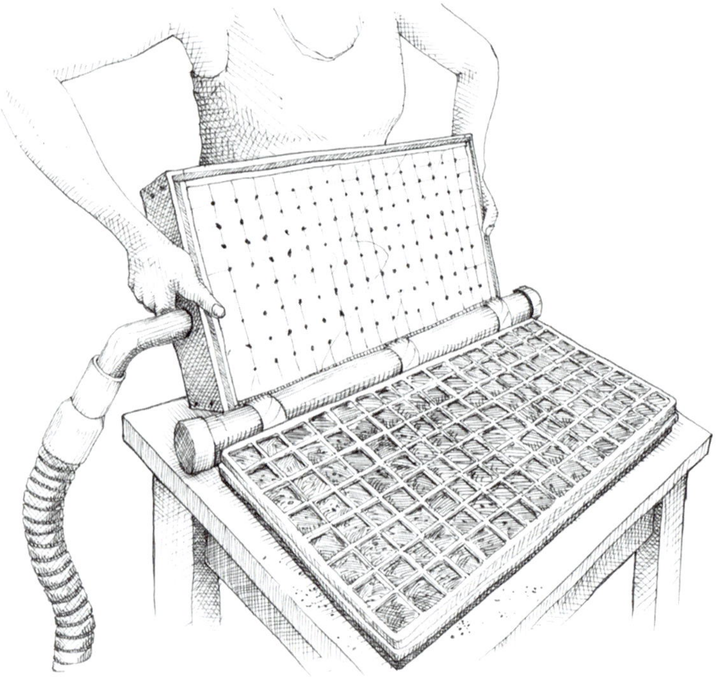

Per velocizzare la semina nei contenitori usiamo una seminatrice pneumatica prodotta in modo artigianale, chiamata anche seminatrice a piastra. Questo strumento semplice, ma efficace, sfrutta l'azione di un aspirapolvere per trattenere i semi su una piastra forata. I buchi sono collocati in modo da seguire la disposizione degli alveoli e la loro grandezza corrisponde a quella dei semi. La piastra viene rigirata sopra un contenitore alveolato riempito di terriccio, poi si spegne l'apirapolvere, facendo cadere i semi nella giusta posizione.

reno è di primaria importanza ed è il motivo per cui, oltre ad annaffiare frequentemente, ricopriamo i nostri plateaux con una copertura di tessuto non tessuto.

Il semenzaio

Un locale per la semina è ideale per avviare una piccola parte della propria produzione al coperto, ma quando questa aumenta di volume e altre semine si aggiungono al carico di lavoro, bisogna spostarsi in uno spazio più grande. Per le esigenze di un orto professionale è indispensabile allestire una serra esterna dedicata alla produzione di piantine. Ciò implica degli investimenti importanti in termini di infrastruttura e di sistema di riscaldamento e di ventilazione.

Quando abbiamo progettato il semenzaio a *Les Jardins de la Grelinette*, era chiaro che sarebbe stato più vantaggioso collocarlo temporaneamente in una serra che già accoglieva coltivazioni nella stagione produttiva, piuttosto che a livello permanente in un'altra serra allestita unicamente per la produzione di piantine. Dato che utilizziamo il semenzaio solo su base stagionale, riteniamo infatti che sia meglio mantenere una struttura polivalente. Inoltre, il riscaldamento ottimale, necessario alla crescita delle piantine, può servire anche a seminare primizie direttamente in campo. In pratica, il nostro modo di procedere raggiunge entrambi gli obiettivi.

Alla fine dell'inverno collochiamo il semenzaio nella grande serra per i pomodori, che dividiamo a metà con un telo di polietilene. Questo telo è fissato con delle pinze agli archi della serra e può essere facilmente spostato per permetterci di ingrandire l'area riscaldata man mano che aumenta la produzione di piantine. Dal momento che usiamo solo una parte della serra per i bisogni complessivi del semenzaio, il restante spazio viene seminato con insalate miste, ravanelli e altri ortaggi precoci che desideriamo raccogliere per il nostro primo mercato. L'allestimento di un semenzaio richiede, al massimo, una mezza giornata di lavoro: consiste essenzialmente nella stesura di un telo geo-tessile da pacciamatura (per evitare la diffusione delle erbe infestanti) e nell'installazione di tavoli mobili per la semina.

In primavera, quando la temperatura esterna aumenta e una parte delle piantine che si trovano al chiuso è trapiantata nei tunnel e sotto protezioni nell'orto, riorganizziamo il semenzaio in modo da riservare uno spazio per i pomodori, pronti per continuare a crescere a terra. A questo punto rimuoviamo il telo di polietilene e la serra riscalda i pomodori, le piantine e le primizie. Quando non c'è più il rischio di gelate, il semenzaio viene spostato all'esterno. Per il nostro clima, ciò accade generalmente a fine maggio o all'inizio di giugno. Poco tempo dopo, le primizie sono tutte raccolte e le altre piante di pomodoro vengono trapiantate subito a terra, occupando tutto lo spazio della serra.

Tutto questo comporta numerose operazioni e richiede una certa pianificazione, ma, in fin dei conti, questa maniera variabile di gestire il semenzaio ci permette un uso ottimale e polivalente dello spazio riscaldato. Se si considera il costo del carburante, vale davvero la pena affrontare tutti questi mal di testa.

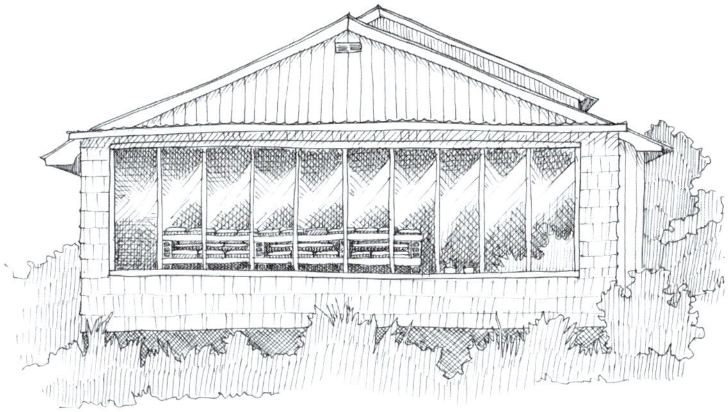

Nella nostra abitazione, un corridoio a vetrate esposto a sud funge tutto l'anno da locale per la semina. Questo ambiente è adiacente alla cucina, in modo da poter controllare più facilmente le piantine.

Riscaldamento e aerazione del semenzaio

Non importa come sia organizzato un semenzaio, è essenziale assicurare un buon riscaldamento e una ventilazione adeguata. È un principio basilare per riuscire a produrre piantine che siano le migliori possibili.

Uno degli errori più comuni è cercare di risparmiare regolando il termostato della serra a un grado più basso di quello necessario a uno sviluppo ottimale delle piante (18°C di notte). Poiché è molto costoso riscaldare una serra in una notte di gelo, è una reazione comprensibile, ma, alla fine, si va a perdere. Infatti, le piante cresceranno più lentamente, ritardando così la produzione. In una stagione già molto breve, bisogna far crescere le piantine il più velocemente possibile. Per ridurre i costi di riscaldamento bisogna piuttosto stare attenti alle attrezzature (isolare meglio la serra, adottare una caldaia più efficiente, installare uno schermo termico, ecc.) e, soprattutto, accertarsi sempre che di notte la serra sia chiusa ermeticamente e completamente isolata dai venti freddi che soffiano all'esterno.

Per quanto riguarda l'impianto di riscaldamento, esistono sistemi a gasolio, a propano

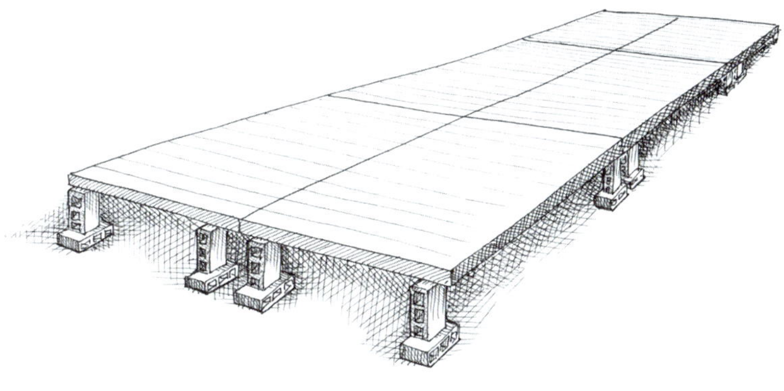

I tavoli per la semina che usiamo sono posizionati su mattoni di cemento. Sono tavoli di legno, facili da costruire e da spostare. Per sfruttare al massimo lo spazio nella nostra serra, alcuni tavoli misurano 120cmX240cm e altri 60cmX240cm.

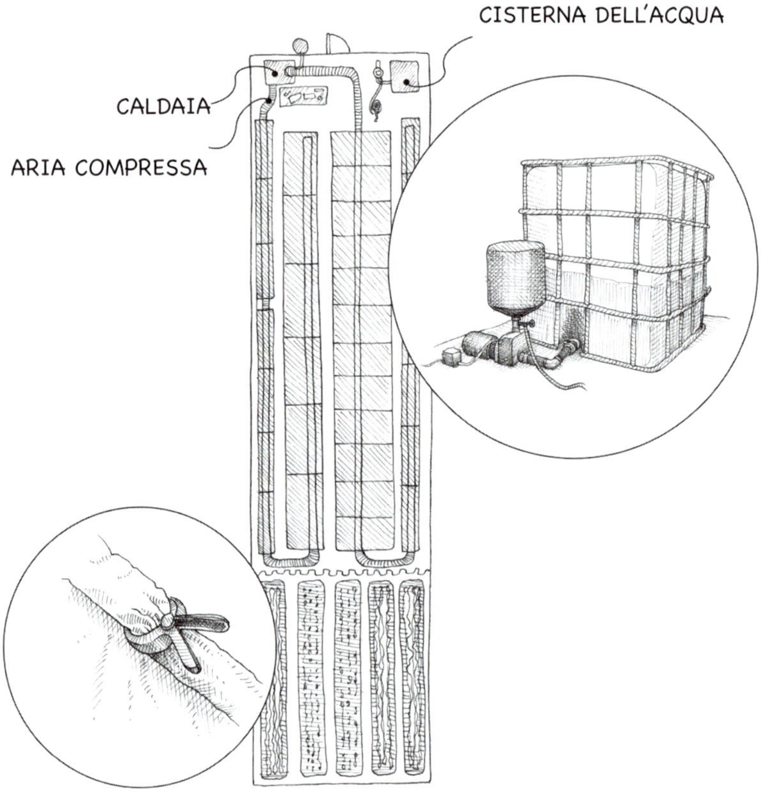

La grande serra per i pomodori è divisa in due da un telo di plastica fissato con delle pinze agli archi della struttura.

o a gas e, più o meno, si equivalgono tutti a livello di costi. A mio avviso, nessuno di questi è più ecologico degli altri. Si può anche usare la legna, ma non lo consiglio. Alzarsi più volte durante la notte per alimentare l'impianto di riscaldamento è un compito penoso e non è facile mantere questi sistemi a una temperatura predefinita. Del resto, è fondamentale dotarsi di una caldaia moderna e in ottimo stato, perché avrà prestazioni migliori e soprattutto sarà più affidabile. È necessario anche che la caldaia sia grande abbastanza da poter riscaldare lo spazio richiesto: una caldaia troppo piccola che non arriva a temperatura consumerà più carburante di una più grande che raggiunge subito la temperatura desiderata. L'affidabilità e la rapidità dei servizi offerti dai fornitori di carburante va valutata attentamente quando si sceglie un tipo di fornitura. Alcuni di essi offrono tariffe agricole vantaggiose ed è bene informarsi. Inoltre, per evitare di restare senza carburante, bisogna sempre accertarsi che il serbatoio sia sufficientemente pieno prima di una notte di gelo o di forte freddo.

Per diffondere il calore in modo uniforme, si usano tubi di plastica forati, collegati alla caldaia e posizionati sotto i tavoli, in modo da riscaldare innanzitutto i plateaux seminati. I buchi in questi tubi vanno calibrati in base alla loro grandezza e alla disposizione all'interno della serra. La maggior parte dei fornitori di attrezzature per serre offre anche questo servizio.

Per raffreddare il semenzaio nelle giornate di sole esistono varie soluzioni. Noi abbiamo scelto la ventilazione naturale attraverso l'apertura delle pareti laterali (roll up in inglese). Anche se sono disponibili molti ventilatori che svolgono un lavoro più preciso, preferiamo il meccanismo «passivo» di questo sistema, che permette all'aria calda di essere espulsa grazie alla semplice azione del vento che entra nella serra. Per evitare che il vento e l'aria fredda entrino direttamente a contatto con le piantine, abbiamo realizzato delle «gonne» sui lati lunghi della serra e posizioniamo i tavoli per la semina più in basso delle aperture laterali. Questo allestimento è molto comune e i produttori di serre possono fornire maggiori dettagli e consigli in merito.

Per ciò che concerne il controllo dell'umidità, abbiamo preso l'abitudine di aprire i laterali per qualche minuto, la mattina presto, per fare uscire l'umidità generata dalla condensa notturna. Suggerisco di eseguire questa operazione mentre la caldaia è in funzione. Questa buona pratica ci permette di eliminare il ristagno di umidità e, fino a oggi, il nostro semenzaio non è stato mai colpito da alcuna malattia fungina grave.

Infine, uno degli strumenti indispensabili per il semenzaio è un termometro dotato di un'allarme, che consente di fissare il limite massimo e minimo di temperatura. Se la caldaia si rompe o manca elettricità o carburante, questo allarme ci avverte dei pericoli che minacciano la nostra produzione. Ciò è di grande importanza nelle notti di gelo, quando solo poche ore senza riscaldamento possono essere fatali per le piantine. Un simile scenario si è manifestato in più di un'occasione, ma fortunatamente avevamo previsto un piano di soccorso. Se la caldaia si blocca, la nostra serra è dotata di una caldaia ausiliaria di cui curiamo regolarmente la manutenzione. Questa seconda caldaia è molto meno potente di quella principale (e meno dispendiosa!), ma fornisce un minimo di calore alla serra in attesa di un tecnico per la riparazione. Dopo aver rimandato per molte stagioni, ci siamo rassegnati a dotarci di un generatore di emergenza, nell'eventualità di un guasto elettrico. Quest'ultimo rappresenta un grosso investimento e probabilmente non ci servirà mai, ma dobbiamo ammettere che avremmo molto da perdere se dovesse mancare la corrente per diversi giorni. Come diceva mio nonno, a volte bisogna indossare cinta e bretelle...

In base allo stesso ragionamento, l'allarme del nostro termometro è indispensabile per avvertirci anche di un eventuale surriscaldamento della serra durante il giorno. Dimenticare di aprire i laterali quando splende il sole può significare una rapida distruzione delle piantine. E può avvenire in meno di due ore! Un guaio simile potrebbe compromettere l'intera stagione. Di conseguenza, non c'è spazio per gli errori. Un termometro dotato di allarme è assolutamente indispensabile in un semenzaio.

Le annaffiature

Una buona gestione delle annaffiature è determinante per la riuscita delle piantine. Una carenza d'acqua può rapidamente provocare la morte delle piantine, così come un terriccio troppo bagnato crea le condizioni favorevoli alle malattie fungine. Riuscire a capire quando e quanto annaffiare non è così facile e ci sono molti parametri di cui tenere conto:

- L'annaffiatura dev'essere uniforme. I plateaux della stessa dimensione devono ricevere tutti la stessa quantità di acqua per evitare che nessuno si asciughi più in fretta degli altri. È evidente che i vasetti e i plateaux con alveoli più grandi hanno bisogno di più acqua. È importante quindi disporli sui tavoli in modo che siano ordinati in base alle loro dimensioni (i plateaux da 72 da una parte e i plateaux da 128 dall'altra).
- Bisogna annaffiare in base alla disposizione dei plateaux all'interno della serra (per esempio, i plateaux che si trovano ai bordi del tavolo o sul lato sud della serra o vicino alla caldaia si asciugano di solito più velocemente).
- L'annaffiatura dev'essere fatta due volte: la prima bagnando il terriccio per capillarità e la seconda per bagnare gli alveoli in profondità.
- Infine, al momento di annaffiare bisogna considerare la temperatura esterna. Se il tempo è soleggiato, bisogna annaffiare in profondità, così come invece quando è nuvoloso le annaffiature devono essere più leggere o evitate del tutto. Il «marciume del colletto», una malattia devastante, è spesso causato da un terriccio che non si asciuga mai. Le foglie delle piante che sono rimaste bagnate troppo a lungo sono un'altra porta di ingresso per molte malattie fungine.

Saper gestire tutti questi fattori richiede una sensibilità che si sviluppa con un'osservazione attenta e costante del terriccio nei plateaux e dell'aspetto delle piantine. È il motivo per cui nel nostro semenzaio c'è una persona sola che si occupa delle annaffiature. È anche il sistema migliore che abbiamo escogitato per non dimenticarci mai di eseguire questa importante operazione. La persona responsabile potrà anche delegare occasionalmente qualcun altro, ma la responsabilità finale sarà la sua. È un metodo che suggerisco vivamente.

Al momento di aquistare una caldaia per la serra, bisogna evitare di fare troppa economia. La cosa migliore è acquistare un modello nuovo (o rimesso a nuovo) e accertarsi che produca un calore sufficiente a riscaldare rapidamente lo spazio necessario.

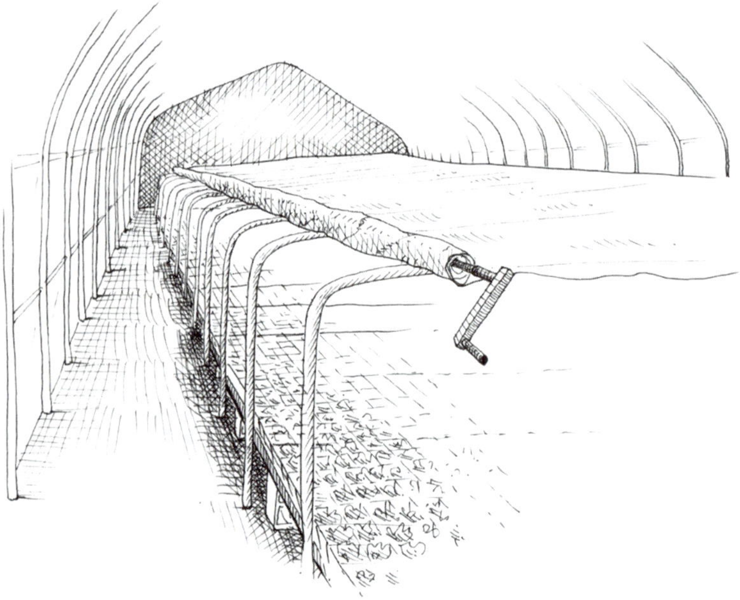

Di notte è una buona idea coprire le piantine con una copertura spessa di tessuto non tessuto o con un telo di polietilene. Per facilitare le operazioni di chiusura e apertura del telo si possono costruire vari supporti. Questo tipo di isolamento termico è una soluzione economica per ridurre i costi di riscaldamento.

Bisogna essere particolarmente delicati nel rinvasare le cucurbitacee, che non sopportano l'interramento del colletto.

Ugualmente importante è evitare di bagnare le piantine con acqua troppo fredda, perché è dannosa per la loro crescita. Per risolvere questo problema, abbiamo una cisterna d'acqua con una grande capacità (1000 litri vanno bene) che serve a stemperare l'acqua che usiamo per annaffiare. Il calore della serra riscalda l'acqua, che altrimenti verrebbe direttamente dal pozzo. Per aumentare questo effetto, abbiamo dipinto la cisterna di nero. Così facendo, limitiamo allo stesso tempo la formazione di alghe nella cisterna. Quest'ultima è collegata a una pompa da piscina dotata di un serbatoio a pressione (autoclave, ndt). In questo modo è possibile annaffiare a lungo senza dover continuamente spegnere e accendere la pompa.

Il rinvaso

Il rinvaso è una tecnica che consiste nel trasferimento delle piantine da un alveolo più piccolo a uno più grande. Questo trapianto permette alle piantine che rimangono per molto tempo nei contenitori alveolati (pomodori, peperoni, cetrioli e melanzane) di beneficiare di uno spazio supplementare per le radici e di un terriccio nuovo e ricco per completare il loro sviluppo.

È un'operazione facile, ma delicata. Le piante da rinvasare sono fragili e potrebbero subire gravi stress se si dovessero danneggiare le radici. Per eseguire questa operazione afferriamo le piantine per il colletto e le rimuoviamo dai contenitori pizzicando le cellette alla base, tirando leggermente. Di solito, se estratte a un buono stadio di sviluppo, le radici occupano abbastanza spazio nell'alveolo perché il terriccio non si sfaldi. Avendo come scopo quello di produrre solo piantine vigorose, non rinvasiamo le piantine deboli o malate, ma le gettiamo nel cumulo di compost insieme al vecchio terriccio.

Il trapianto nell'orto

Il trapianto è un momento eccitante. Dopo essere state tenute al coperto per mesi, le piantine sono pronte a riempire l'orto, che prende allora rapidamente forma. Del resto, questi lavori arrivano nel momento della frenesia primaverile, quando c'è moltissimo da fare, e noi cerchiamo di coordinare tutte le nostre attività nel modo più efficiente possibile.

La prima tappa consiste nel preparare le piantine allo «shock» che le attende. Dal momento che hanno sempre conosciuto un ambiente di crescita ideale e controllato, non sono abituate ai venti, al freddo e alle variazioni di temperatura che caratterizzano l'ambiente esterno. Vanno quindi temprate. Per farlo, una settimana prima del trapianto le spostiamo su tavoli all'esterno vicino al semenzaio. Di notte le copriamo con tessuto non tessuto e in caso di gelo o di freddo intenso le riportiamo di nuovo all'interno della serra. Il principio è di esporle agli elementi, ma gradualmente.

Durante il periodo di acclimatamento, ci dedichiamo alla preparazione dei bancali e controlliamo che tutto sia pronto per accogliere le piantine. Distribuiamo nell'orto gli ammendanti, lavoriamo i bancali con la grelinette quando è necessario e installiamo, per alcune colture, una pacciamatura in plastica e un impianto di irrigazione a goccia. Seguiamo con attenzione le previsioni meteorologiche per pianificare il momento opportuno per il trapianto. Se il tempo è nuvoloso trapiantiamo la mattina e se c'è il sole lo facciamo nel pomeriggio. In ogni caso, evitiamo di trapiantare se fa troppo caldo e/o se le piante sono in fase di eccessiva traspirazione.

Quando i bancali sono pronti, ci assicuriamo di annaffiare bene le piantine destinate al trapianto. Questa fase è molto importante, perché l'umidità del terriccio è necessaria a una buona ripresa delle piante, inoltre il ter-

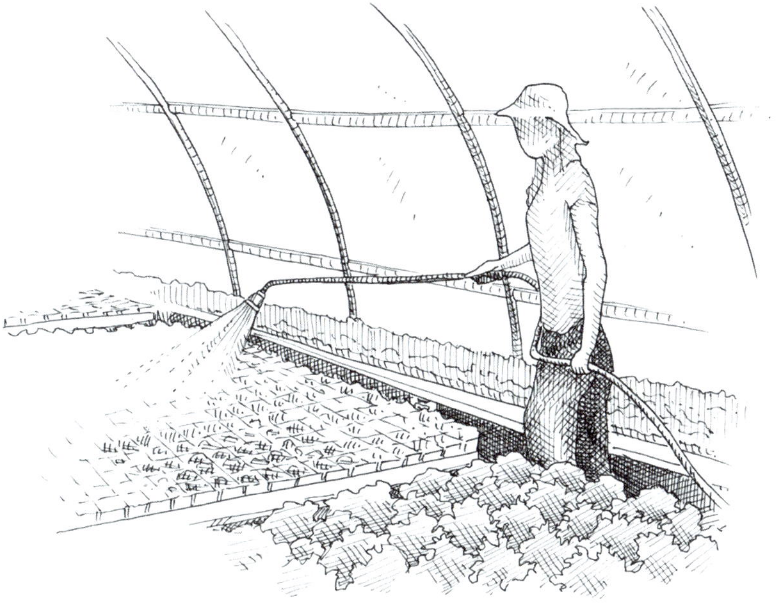

Annaffiare le piantine nel modo giusto è quasi un'arte: bisogna fare attenzione ai dettagli per trovare l'equilibrio tra annaffiare troppo o troppo poco.

Pianificare bene la produzione

Il calendario colturale, che usiamo per pianificare bene la nostra produzione annuale, è in gran parte elaborato tenendo in considerazione il programma delle semine al coperto. Il motivo è il seguente: per produrre piante che «decolleranno» rapidamente dopo essere state trapiantate, occorre evitare di lasciarle troppo a lungo negli alveoli. Visto che ogni ortaggio è caratterizzato da un tempo di crescita ottimale da trascorrere nei contenitori, noi utilizziamo questa informazione per sincronizzare la semina delle piantine con la data desiderata per la messa a dimora.

È fondamentale anche determinare in modo piuttosto preciso la quantità di piantine che si intende produrre. Non serve a niente produrne troppe, perché i costi operativi sono importanti; d'altro canto, però, non bisogna trovarsi a corto di piantine quando è tempo di trapiantare. Nel nostro piano facciamo riferimento a una tabella come quella a pagina 93 per prevedere meglio il numero di plateaux da avviare.

reno dell'orto, più asciutto, tende ad assorbire l'acqua dai panetti di terra. A questo punto, le piantine sono pronte a essere trasportate nell'orto con l'aiuto del carrello per la raccolta.

La disposizione di ciascun ortaggio è predeterminata e segue il disegno dell'orto che abbiamo stabilito nel nostro piano colturale (vedi capitolo 13). Per evitare di portare troppe piante inutilmente e soprattutto per ridurre il rischio di fare confusione, scriviamo un appunto, come quello riportato qui sotto, per indicare le cultivar e il numero di plateaux da portare nell'orto. Anche in questo caso, cerchiamo di essere il più efficienti possibile, perché non abbiamo molto tempo a disposizione. Ogni dettaglio conta!

Il nostro metodo di trapianto è piuttosto semplice. Lavoriamo in coppia (o in tre, a seconda della coltura) e ci posizioniamo fianco a fianco, estraendo le piantine dai contenitori prima di trapiantarle. Le piantiamo in file precedentemente tracciate con il rastrello (la stessa tecnica usata per tracciare le file nelle semine dirette in campo) per rispettare le giuste distanze. La persona più veloce (di solito io!) distanzia anche le piante sulla fila con l'aiuto di un righello di legno.

Quando si mettono a terra le piantine, occorre fare attenzione a due cose. Prima di tutto, bisogna evitare la formazione di sacche d'aria tra il pane di terra e la buca che lo accoglie: trapiantato il pane di terra, bisogna premere leggermente il terreno per fissarlo e ancorare bene la piantina. In secondo luogo, bisogna fare in modo di interrare il pane di terra completamente, perché se uscirà poco dal suolo, si seccherà più in fretta. In poche parole, la superficie del pane di terra dovrà essere allo stesso livello di quella del terreno. Queste sono le istruzioni che impartiamo a tutti quelli che ci danno una mano in questa operazione.

Nei giorni successivi al trapianto ci assicuriamo che la terra rimanga sempre umida. In questa fase le radici delle piante non devono avere carenze d'acqua, altrimenti la coltura rischia di esserne indebolita per tutto il periodo di crescita. Se il meteo annuncia sprazzi di sole, attacchiamo una linea di irrigazione per essere pronti ad annaffiare la parcella. Le colture protette sono particolarmente vulnerabili a un eccesso di calore e non possiamo rischiare: se c'è il sole nei primi giorni dopo il trapianto rimuoviamo il tessuto non tessuto dalle colture. Tutto questo comporta, ancora una volta, molto lavoro, ma in quest'ultima fase ogni precauzione rappresenta un investimento per la riuscita dell'intera operazione.

Parcella 7 Solanacee 16 bancali

Bancale 1 – **Melanzane Nadia**: 5 plateaux

Bancale 2 – **Melanzane Beatrice**: 5 plateaux

Bancale 3 – **Peperoncini Hungarian Hot Wax**: 6 plateaux

Bancale 4 – **Peperoni Ace**: 10 plateaux

Ecc.

TABELLA DEI TRAPIANTI

Ortaggio	Alveoli	Numero di plateaux per bancale*	Numero di giorni nei plateaux	Distanze sul bancale	
Melanzana	vasetti di 10cm^2	85 vasetti	50	1 fila	sulla fila: 45cm
Basilico	128	3	25	3 file	sulla fila: 30cm
Bietola e Cavolo riccio	72	5	30	3 file	sulla fila: 30cm
Barbabietola	128	11	25	3 file	sulla fila: 9cm
Broccolo	72	3	30	2 file	sulla fila: 45cm
Sedano	72	10	60	3 file	sulla fila: 15cm
Sedano rapa	72	5	60	3 file	sulla fila: 30cm
Alchechengi (Physalis)	72	1	40	1 fila	sulla fila: 60cm
Cavolo cinese	72	3	30	2 file	sulla fila: 45cm
Cavolo estivo	72	3	30	2 file	sulla fila: 45cm
Cavolo rapa	72	9	30	3 file	sulla fila: 17cm
Cavolfiore	72	3	30	2 file	sulla fila: 45cm
Cavolo di Bruxelles	72	3	30	2 file	sulla fila: 45cm
Cetriolo	72	1,5	15	1 fila	sulla fila: 45cm
Zucchina	72	1	15	1 fila	sulla fila: 60cm
Spinacio	128	8	21	4 file	sulla fila: 15cm
Finocchio	72	7	30	2 file	sulla fila: 15cm
Lattuga	128	3	30	3 file	sulla fila: 30cm
Mais	128	4	15	2 file	sulla fila: 15cm
Melone	72	2	15	1 fila	sulla fila: 45cm
Cipolla	500**	8	50	3 file	sulla fila: 25cm
Cipollotto	300**	13	15	5 file	sulla fila: 15cm
Prezzemolo	128	8	40	4 file	sulla fila: 15cm
Porro	300**	2	65	3 file	sulla fila: 15cm
Peperone	vasetti di 10cm^2	170 vasetti	60	1 fila	sulla fila: 23cm
Navone	72	7	30	2 file	sulla fila: 15cm
Pomodoro	vasetti di 15cm^2	170 vasetti	60	1 fila	sulla fila: 23cm
Verdure asiatiche	72	4	21	3 file	sulla fila: 30cm

* Il numero di plateaux per bancale è calcolato per bancali di 30m e considera una densità di semina 30% più del necessario. Quest'ultimo punto è importante, perché diminuisce il rischio di cattiva germinazione o di perdita di piantine al momento del trapianto.

** Le liliacee sono seminate a spaglio in plateaux senza alveoli.

Attualmente stiamo provando un nuovo rullo che ci permette di segnare le file contemporaneamente sia in lunghezza che in larghezza. Concepito con ingegno, il rullo può essere regolato rapidamente a distanze differenti (vedi l'appendice sulle attrezzature).

Nel 2014 ho avuto l'occasione di sperimentare una nuova tecnica di trapianto che utilizza degli alveoli di carta piegati come un origami. Il *Paper Pot Transplanter* permette di trapiantare i panetti di terra alla stessa velocità di una trapiantatrice meccanica, ma senza l'impiego di carburanti fossili. Creato in Giappone, questo strumento low-tech è molto promettente per aumentare la produttività di un giardiniere-orticoltore, ma per il momento lo abbiamo dovuto purtroppo scartare, perché la carta utilizzata contiene una colla all'acetone che può essere nociva per la salute. Speriamo che da qui a qualche anno ci siano aziende interessate a questa tecnica per l'agricoltura biologica.

CAPITOLO 8

La semina diretta in campo

Semina abbondante raccolto magro; semina magra raccolto abbondante.

Proverbio francese

L'intero dibattito sulla semina diretta in campo dovrebbe partire dall'affermazione che, in un orto professionale, è molto più vantaggioso trapiantare. Infatti, oltre che ottenere una densità perfetta, il trapianto delle colture permette agli ortaggi di avere un considerevole vantaggio sulle erbe infestanti e ciò aiuta moltissimo a diminuire il carico di lavoro per il diserbo. È anche più facile garantire una germinazione ottimale in un ambiente controllato, come nel caso del semenzaio. Cionostante, alcuni ortaggi non si prestano a essere trapiantati e vanno seminati direttamente in campo.

La semina diretta in campo non presenta solo svantaggi; le piante crescono più velocemente, sono più facili da mantenere e meno costose rispetto alle semine al coperto. Nel presente capitolo parlerò dei diversi attrezzi e delle diverse tecniche di cui ci si può servire per semplificare questa pratica. Per cominciare, bisogna prendere in considerazione almeno due elementi importanti.

Innanzitutto, è necessario essere sicuri di avere un buon tasso di germinabilità per ottenere la produzione intensiva desiderata. La prima cosa da fare è procurarsi sementi di qualità. Di fatto, i semi con una bassa per-

La profondità di semina incide sul tasso di germinabilità e di nascita. Come regola generale, i semi vanno seminati a una profondità corrispondente al loro spessore. Tuttavia, è meglio fidarsi dei consigli del fornitore.

Riutilizzare i semi degli anni precedenti è rischioso

Qualora decidiate comunque di dedicarvi alle semine in campo, dovreste prima di tutto fare un test di germinazione, tenendo alcuni semi su un pezzo di carta umido per circa una settimana, poi in una busta di plastica per impedire che si asciughino. Conservate la busta in un luogo caldo (per esempio, sopra il frigorifero) e assicuratevi che la carta rimanga umida durante l'intero processo. La percentuale dei semi che avrà germinato vi darà una chiara idea di come questi si comporteranno nell'orto. Se avrà germinato solo il 50%, dovreste acquistare semi nuovi.
In secondo luogo, bisogna seminare in base a distanze ottimali precise. Una facile soluzione a questo problema è seminare molto densamente e poi diradare fino a ottenere la densità voluta. Anche se efficace, questa pratica è molto laboriosa (diradare un bancale di carote lungo 30 metri può richiedere più di mezza giornata di lavoro a due persone). Per essere più produttivi, preferiamo invece seminare le nostre colture con precisione ed evitare il più possibile di dover diradare le piantine. Una seminatrice che riesca a posizionare i semi alla distanza desiderata è quindi un attrezzo importante per il successo di orto professionale.

Le seminatrici Earthway e Glaser sono molto diverse, ma complementari. Tuttavia, per lavorare bene, entrambe hanno bisogno di una superficie estremamente pulita (senza pietre, zolle di terra o residui colturali), altrimenti i detriti tendono a impigliarsi nelle ruote, impedendo ai semi di cadere.

centuale di germinabilità non produrranno mai niente di buono. Vi suggerisco perciò di acquistare le vostre sementi da un'azienda riconosciuta. È anche importante conservare adeguatamente i semi nell'intero corso dell'anno; vanno sempre custoditi in un contenitore ermetico e riposti in un luogo fresco e asciutto. Inoltre, per garantire il massimo rendimento, noi evitiamo di usare i semi dell'anno precedente e calcoliamo i nostri bisogni nel modo più preciso possibile prima di fare il nostro ordine annuale.

Il tasso di germinabilità è influenzato anche dalle condizioni climatiche. Dal momento che una germinazione uniforme dipende dall'umidità e dal calore di un terreno, noi cerchiamo di tenere sotto controllo questi parametri nonostante le intemperie. È proprio per questo che un orto professionale deve beneficiare di un sistema di irrigazione affidabile. Per una germinazione ottimale, il terreno va mantenuto sempre umido fino all'emergere delle piantine. Se fa freddo, copriamo i bancali con tessuto non tessuto, una soluzione di grande utilità per conservare il calore del terreno.

La seminatrice a sei file permette di seminare più densamente, caratteristica questa molto utile per una piccola superficie orticola. Noi la utilizziamo per seminare le insalatine miste, lo spinacio baby, le carote e i ravanelli precoci sotto tunnel.

Le seminatrici di precisione

Le seminatrici per ortaggi sono in circolazione già da molto tempo e ne esistono molti modelli diversi. Trovare la o le seminatrici migliori è una vera sfida, perché i semi degli ortaggi hanno forma, grandezza e tasso di germinabilità molto differenti. Ho avuto modo di provare la maggior parte delle seminatrici che sono attualmente disponibili sul mercato e ritengo che tutte hanno caratteristiche interessanti, ma anche difetti. Mettendo da parte la precisione, le caratteristiche che mi interessano di una seminatrice manuale sono la facilità di calibratura (cioè la possibilità di regolare in poco tempo l'attrezzo per differenti forme e dimensioni dei semi), la facilità di utilizzo e il prezzo. In appendice troverete una lista di fornitori presso cui è possibile acquistare queste seminatrici.

La **Earthway**, commercializzata in Europa anche con il nome di Semtout, è una seminatrice a spinta che, grazie all'azione di una cinghia collegata alla ruota anteriore, fa girare un disco che raccoglie e depone a terra i semi conservati in un serbatoio. Questa seminatrice è munita di un vomere apri-solco regolabile, che permette di seminare a diverse profondità. È dotata di 12 dischi, concepiti per seminare semi di dimensioni diverse e a diverse distanze, è leggera ed è facile da regolare (in meno di un minuto è possibile montare un disco e regolare la profondità). Per tutte queste ragioni, la seminatrice Earthway è estremamente semplice da utilizzare. Il serbatoio per i semi si svuota agevolmente ed è presente anche un misuratore per le file, molto pratico. La Earthway dà ottimi risultati con fagiolini, piselli, barbabietole[1] e ravanelli. Però, non è molto efficiente con tutti i semi di piccola taglia, che tendono a incastrarsi nel meccanismo.

La **Glaser** è una seminatrice semplice e ben concepita (proprio come la maggior parte degli strumenti svizzeri) che depone i semi a terra grazie alla rotazione di un asse orizzontale, azionato da due ruote metalliche poste ai lati. Questo asse è provvisto di fori dove

1. Seminare le barbabietole con la Earthway richiede un lungo lavoro di diradamento e questo è il motivo per cui preferiamo trapiantare questo ortaggio.

passano i semi. La seminatrice si regola con una delle tre grandezze dei fori nell'asse (piccola-media-grande) e grazie all'azione di una piccola spazzola che ha la funzione di rimuovere i semi in eccesso. La profondità di semina è regolata dall'operatore, che modifica l'angolo con cui tiene il manico dell'attrezzo. È una seminatrice molto efficiente per i semi piccoli, in particolare quelli di forma rotonda. Quindi è complementare alla seminatrice Earthway.

Una delle particolarità della seminatrice Glazer è che richiede una superficie ben lavorata, in mancanza della quale i detriti tenderanno a bloccarne le ruote. La superficie del suolo deve anche essere ben pressata per evitare che le ruote affondino troppo. Per trarre vantaggio dalla semplicità e dalla precisione di questa seminatrice, bisogna dedicare più tempo alla preparazione dei bancali.

Per lavorare bene con la seminatrice Glaser e ottenere buoni risultati, bisogna imparare a usarla, perché richiede una certa abilità da parte dell'operatore. È meglio quindi familiarizzare con questo attrezzo facendo delle prove su piccole superfici prima di seminare su un'area più grande.

La **Six Row Seeder** è una seminatrice a sei file concepita per seminare intensivamente e progettata perlopiù per la semina di insalatine miste. È la seminatrice manuale più sofisticata che usiamo nell'orto. Il suo meccanismo è simile a quello della Glaser, con la differenza che l'asse è azionato da una puleggia raccordata a due rulli che sostituiscono le ruote. Questi rulli rendono molto più facile la trazione della seminatrice, permettendo anche di compattare la superficie seminata. Questa seminatrice è anche dotata di tre ingranaggi che consentono di regolare la densità. La profondità è normalmente regolata alzando o abbassando il caricatore frontale.

Le sei file della seminatrice sono distanti 5,5 centimetri, quindi non resta spazio per il passaggio di una carriola tra le file e neanche per il diserbo. L'idea dietro questo concetto è che dopo un paio di passaggi (uno di andata e uno di ritorno su un bancale largo 75 centimetri), la seminatrice avrà deposto una quantità di semi tale da permettere alla coltura, una volta matura, di occupare tutto lo spazio del bancale. Questa idea è ottima per intensificare una produzione, ma in compenso richiede una presenza minima delle erbe infestanti, una condizione ideale difficile da ottenere. Nel prossimo paragrafo descriverò le diverse strategie per raggiungere questo obiettivo. Proprio come la Glaser, la Six Row Seeder è particolarmente adatta per i semi di piccola taglia (più piccoli di quelli delle barbabietole) e per un uso ottimale richiede una superficie ben pressata e lavorata.

La preparazione del letto di semina

Il successo di una semina diretta in campo passa per una buona preparazione del terreno. Per aumentare l'efficienza delle seminatrici, il bancale destinato alla semina va ripulito da eventuali detriti e la terra dev'essere livellata e affinata per favorire un contatto migliore tra i semi e il suolo. Inoltre, la superficie del terreno dovrà essere asciutta o la seminatrice tenderà a impantanarsi. Come regola generale, la terra che si incolla alle ruote è un cattivo presagio per la riuscita della semina, quindi sarebbe meglio aspettare che il suolo sia più asciutto.

Prima di seminare, è importante segnare le file in modo da procedere il più simmetricamente possibile. Questa pratica si rivela estremamente utile per le prime sarchiature tra le file, dato che le piantine sono spesso difficili da individuare (le carote allo stato di cotiledoni sono particolarmente facili da distruggere con le prime zappatture).

Una volta completati i passaggi con la seminatrice, passiamo con il dorso del rastrello per coprire i semi con un po' di terra, per evitare che si secchino al sole. Successivamente, montiamo una linea di irrigazione e procediamo con l'annaffiatura. Per ragioni logistiche (le nostre linee di irrigazione possono annaffiare due, quattro o otto bancali

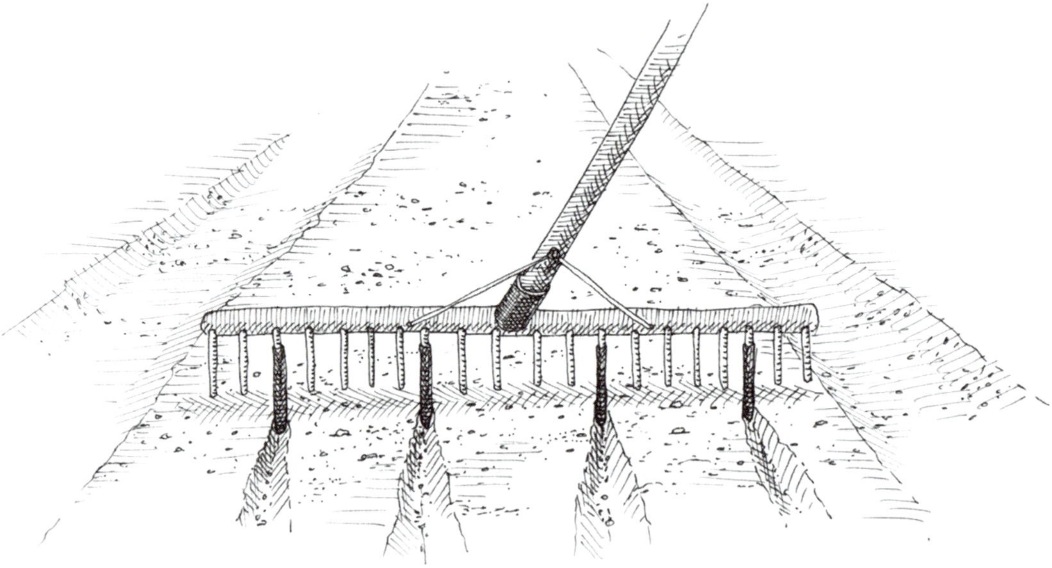

Per facilitare il diserbo con la zappa, cerchiamo di tracciare le file in linee dritte. Per farlo, utilizziamo dei tubetti di plastica fissate ai denti del rastrello che usiamo per preparare i bancali. La distanza tra le file è calcolata in base alla larghezza delle zappe e della spaziatura ottimale per ogni coltura.

Prendere appunti ci è stato particolarmente utile per determinare le distanze ottimali e per scegliere e regolare le seminatrici che utilizziamo. Potete calcolare la densità ottimale per le colture seminate direttamente in campo prendendo nota del peso dei semi piantati e poi la spaziatura che ne risulta. Questa operazione è più facile se le dimensioni dei bancali sono uniformi.

per volta), cerchiamo di effettuare più semine in campo in una volta sola e abbiamo quindi organizzato il nostro calendario colturale e il piano dell'orto in base alle date delle semine dirette.

Prendere appunti

Non c'è nulla di più frustrante di scoprire che una semina non ha la densità desiderata dopo un mese di attesa. Per evitare questo tipo di problemi, vi suggerisco di pesare la busta di semi prima e dopo ogni semina (la differenza equivale al peso totale dei semi piantati) e di confrontare il risultato con un obiettivo di densità ottimale. Se, per una ragione o per un'altra, la densità di semina è troppo scarsa, potrete effettuare un ulteriore passaggio con la seminatrice. Questo semplice controllo permette di individuare facilmente un problema di resa prima ancora che la coltura germini. In generale, è meglio seminare di più che non abbastanza, anche se poi sarà necessario diradare le piante.

ESEMPI DI NOTE PER LA SEMINA DIRETTA

Prendere nota regolarmente è una tecnica raccomandabile per quanto riguarda la semina diretta. Oltre a fornire possibili spiegazioni in caso di fallimento, permette anche di misurare la quantità di semi impiagata. La tabella è un esempio di come prendiamo nota quando seminiamo.

Ravanello: 5 file (15 cm) seminate a 3 cm di distanza tra ogni seme usando il disco *Radish* della seminatrice Earthway, profondità 1 cm (quantità di seme tra 65 e 90 g). Coprire i semi con una rete antinsetto.

N° della parcella	Numero di bancali	Varietà e ditta fornitrice	Data della semina 2013	Quantità di semi	Data di raccolta	Numero di giorni nell'orto	Resa per bancale
2	1	Raxe: William Dam	1 maggio	80 g	2 giugno 9 giugno	50	308 mazzi
2	1	Pink Beauty: Johnny's	8 maggio	70 g	16 giugno 23 giugno	45	285 mazzi
6	1	French Breakfast*: Johnny's	25 maggio	70 g	27 giugno 5 luglio	48	235 mazzi

** French Breakfast seminato in condizioni di pioggia, non un gran che...*

TABELLA PER LA SEMINA DIRETTA

Ortaggio	Distanze		Seminatrice	Regolazioni
Aneto	5 file	seminato a 3 cm	Glazer	Foro grande: profondità 1 cm
Barbabietola	3 file	seminata a 2.5 cm diradata a 5 cm	Earthway	Disco Beet: profondità 1 cm
Carota	5 file	seminata a 3 cm	Glazer	Foro grande: profondità 1 cm
Coriandolo	5 file	seminato a 5 cm	Earthway	Disco Beet: profondità 1 cm
Spinacio baby	6 file	seminato a 5 cm	Six Row	D*(foro) - L (spazzola) - 2.5" (puleggia media)
Fagiolino	2 file	seminato a 10 cm	Earthway	Disco Bean: profondità 3 cm
Rapa	5 file	seminata a 3 cm	Glazer	Foro medio: profondità 1 cm
Insalatine miste	12 file	seminate a 3 cm	Six Row	C*(foro) - L (spazzola) - 2.5" (puleggia media)
Pisello	1 fila	seminato a 1 cm due passaggi	Earthway	Disco Early June: profondità 3 cm
Ravanello	5 file	seminato a 3 cm	Earthway	Disco Radish: profondità 1 cm
Rucola	5 file	seminata a 3 cm	Glazer	Foro grande: profondità 1 cm

* Nel manuale di istruzioni della seminatrice Six Row sono presenti dei codici di calibratura. Le lettere qui indicate si riferiscono a quei codici.

Dal 2013, abbiamo iniziato a usare anche la seminatrice Jang, che ci piace molto. Di fabbricazione coreana, il suo meccanismo permette una migliore selezione delle sementi e una maggiore flessibilità nel regolare le distanze. Anche il piede apri-solco è più robusto e ciò permette di utilizzarla con successo su superfici di terreno meno lavorate. Tuttavia, la regolazione richiede più tempo e il prezzo è molto più elevato rispetto a quello delle altre seminatrici.

REGOLAZIONI PER LA SEMINATRICE JANG

Coltura	Fila	Distanza (cm)	Disco	Anteriore	Posteriore	Paletta*	Feltro**	Profondità (cm)
Aneto	5	3	MJ-12	14	9	3/4		1
Barbabietola								
estiva***	3-4	5	LJ-12	11	11	1/4	-	1
grosso calibro	4	5	G-12	13	10	3/4	-	1
Carota								
taglia 1.8-2.0	4	3	X-24	14	9	1/4	-	1
taglia 1.6-1.8	4	3	Y-24	11	11	1/4	-	1
da conservazione	3	5	Y-24	14	9	1/4	-	1
Coriandolo	5	5	MJ-12	14	9	3/4	-	1
Spinacio	6	5	F-12	14	9	2/4	-	3
Fagiolino	2	8	N-6	14	9	4/4	-	3
Rapa	5	3	X-24	13	11	1/4	-	1
Pastinaca			LJ-12	14	9		-	1
Ravanello	5	3	X-24	13	11	2.5/4	-	1
Ravenello invernale	4	8	F-12	11	11	1/4		1
Rucola	5	3	X-24	14	9	1/4	-	1
Navone			YYJ-12	14	9	1/4	-	1

* 0/4 = completamente aperta. 4/4 = completamente chiusa.

** Un feltro permette di bloccare i semi contro il disco. Per semi di una certa grandezza, si cosiglia di rimuoverlo.

*** In primavera, seminate a 2,5 centimetri e usate un ingranaggio 14-9.

CAPITOLO 9

Il controllo delle erbe infestanti

Sono fin troppi gli agricoltori che considerano la sarchiatura come un mezzo di lotta contro le erbe infestanti, e per questo iniziano a sarchiare troppo tardi. La sarchiatura va intesa invece come un mezzo di prevenzione. In altre parole: invece di diserbare, coltivate... Le erbe infestanti sono una sfida sia per le colture sia per l'agricoltore.

Eliot Coleman, *The New Organic Grower*, 1989

Nel ciclo di una stagione di produzione orticola, la fine dei lavori di impianto delle varie colture corrisponde all'inizio di un'altro impegno a lungo termine: il controllo delle erbe infestanti. Chiunque abbia coltivato un orto sa bene come gli ortaggi possano rapidamente scomparire sotto una giungla di malerbe. Com'è possibile allora mantenere «pulito» un orto di mezzo ettaro o più? È possibile farlo in modo efficiente solo con l'aiuto di attrezzi manuali?

Prima di tutto, è importante sapere che le infestanti entrano in competizione con gli ortaggi per l'acqua, le sostanze nutritive e lo spazio di crescita. Perciò, è sbagliato pensare, come suggeriscono talvolta certe filosofie di orticoltura «naturale», che è possibile far crescere ortaggi favolosi lasciando che le erbe infestanti coabitino con le colture. Non è neanche realistico immaginare sistemi di coltivazione che non richiedono alcun tipo di diserbo. I cosiddetti erbicidi biologici non possono far parte di un sistema ecologico per la produzione di ortaggi, perché sono dannosi alla vita del suolo. In agricoltura biologica, la lotta alle erbe infestanti richiede costanza, attrezzi adatti e tecniche avanzate.

A *Les Jardins de la Grelinette*, la nostra strategia di lotta alle infestanti è piuttosto semplice: cerchiamo di prevenirne la diffusione e, soprattutto, di diserbare in maniera efficiente.

Abbiamo adottato distanze strette tra le colture non solo per massimizzare le raccolte, ma anche per ridurre questa invasione. Le piante, crescendo, formano una copertura vegetale che fa ombra alle erbe infestanti, contrastandone lo sviluppo. Facciamo uso anche di un compost che non contiene semi di malerbe e adoperiamo attrezzi che non invertono gli strati del terreno. Inoltre, trapiantando il più possibile le colture, contribuiamo a tenere le infestanti a distanza. Ma tutte queste misure preventive non garantiscono un controllo sufficiente: siamo ugualmente costretti a far fronte alla germinazione di erbe infestanti che minacciano di soffocare le nostre coltivazioni.

La strategia che usiamo per tenere sotto controllo l'inerbimento è quindi di sarchiare le aiuole il più regolarmente possibile e di non permettere mai alle infestanti di andare a seme. È più facile a dirsi che a farsi, ma per farlo, ci sforziamo di essere efficienti in tutte le altre operazioni in modo da avere poi a disposizione il tempo necessario. Abbiamo anche adottato diverse tecniche, di cui parlerò più avanti, che ci aiutano a raggiungere i nostri obiettivi.

Mantenere pulite tutte queste parcelle di terreno non è facile, soprattutto all'inizio dell'estate, quando si comincia a raccogliere e il tempo disponibile per i lavori nell'orto di-

Lasciare che le infestanti vadano a seme non fa che aggravare il problema l'anno successivo. La galinsoga, una pianta difficile da estirpare una volta insediata nell'orto, produce circa 10.000 semi per pianta! Rimandando anche una sola volta, ci si ritroverà invasi per molte stagioni.

minuisce nella stessa misura in cui aumenta la pressione delle erbe infestanti. Ma ne vale la pena. Con il tempo, il vostro impegno darà i suoi frutti. Le erbe infestanti continueranno sempre a invadere il vostro orto, ma forse con molto meno vigore. Diserbare costantemente è l'unico modo per ridimensionare la «banca dei semi» presente nel suolo.

Usare la zappa

La strategia migliore per diserbare l'orto in maniera efficace è di attaccare le erbe infestanti prima che si insedino e quando basta un semplice rimescolamento del terreno per distruggerle con facilità. Su una piccola superficie orticola, l'attrezzo per eccellenza per svolgere questa operazione è la zappa.

Esistono molti tipi di zappe e ci sono nomi diversi per fare riferimento ad attrezzi simili. Le zappe che preferiamo usare nel nostro orto sono quelle a manico lungo dotate di una lama regolabile a doppio taglio. Sono attrezzi di fabbricazione svizzera, che si maneggiano con precisione e che permettono di sarchiare le colture tenendo la schiena sempre dritta (cosa che, alla lunga, evita gli indolenzimenti e l'usura del corpo). Utilizziamo delle zappe

Evitate di rivoltare il terreno quando potete

Ogni centimetro quadrato del vostro orto contiene semi di erbe infestanti. Ma solo quelli che si trovano nei primi 5 centimetri dalla superficie ricevono luce a sufficienza per innescare la germinazione. Passando con la fresa o scavando il terreno, porterete così in superficie i semi sepolti sotto la terra. Se non potete fare a meno di invertire gli strati di terreno, preparatevi ad affrontare un'invasione di erbe infestanti il mese seguente!

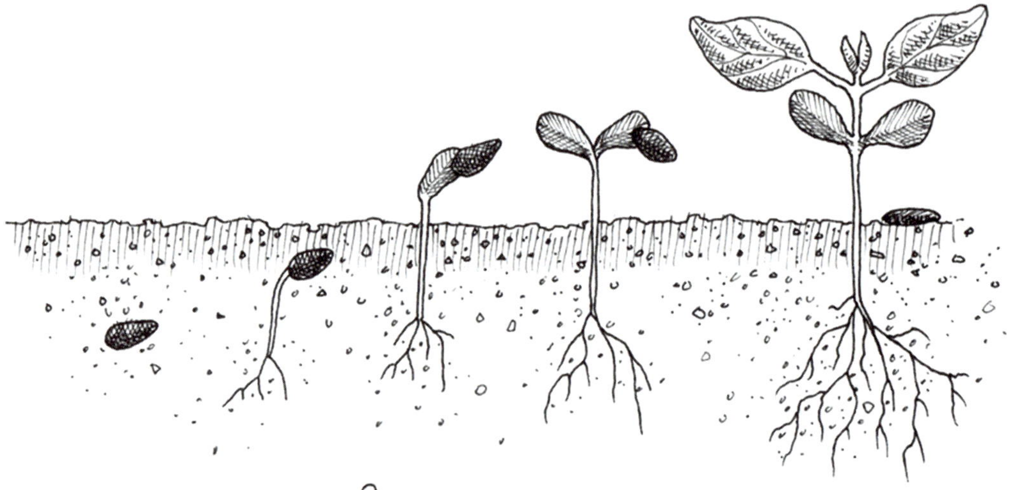

Per diserbare in maniera efficace, bisogna attaccare le infestanti quando sono ancora allo stadio di filo bianco o di cotiledoni. Quando possiedono già più di due foglie, le loro radici sono già ben ancorate al terreno e spesso occorre sradicarle a mano una a una per liberarsene.

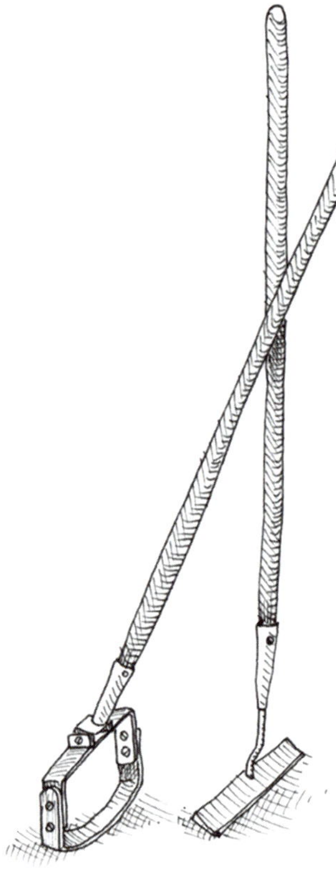

Oltre alle zappe a lama regolabile, utilizziamo anche una zappa «collineare» (collinear hoe), elaborata da Eliot Coleman, sempre di fabbricazione svizzera. Questo tipo di zappa è utile per sarchiare colture già mature, dal momento che la lama può arrivare ai piedi delle piante senza danneggiarne l'apparato fogliare.

da 85 millimetri per le coltivazioni a quattro o cinque file per bancale e altre da 125 millimetri per sarchiare le colture disposte su due o tre file. Utilizziamo anche una zappa su ruota dotata di una lama da 300 millimetri per sarchiare le coltivazioni che hanno solo una fila e per diserbare i viali.

Idealmente, le parcelle da curare dovrebbero essere sarchiate ogni 10 o 15 giorni, soprattutto nei mesi di giugno e di luglio, quando le malerbe sono persistenti e in forte competizione con le colture. Ma bisogna anche tenere conto del meteo e attendere un tempo asciutto e soleggiato, perché le infestanti che vengono sarchiate hanno la tendenza a radicare di nuovo in un terreno umido. Una zappatura effettuata in condizioni sfavorevoli va spesso ripetuta pochi giorni dopo. Bisogna anche sapere che quando si sarchiano infestanti tenaci o altre che hanno già superato lo stadio di cotiledoni, è importante lavorare con una zappa a lama tagliente, in modo da recidere bene le radici delle piante da estirpare. Oltre ad affilare le lame ogni settimana con l'aiuto di una mola elettrica, il migliore strumento che abbiamo trovato per mantenere le nostre zappe sempre ben affilate è una cote in pietra che portiamo sempre con noi nell'orto.

Molte persone non riescono a concepire che l'impiego di un attrezzo manuale per diserbare una superficie su scala commerciale sia una soluzione efficiente e produttiva. Eppure, è proprio così. Con una buona zappa e un po' di pratica, un giardiniere-orticoltore può diventare estremamente abile a passare tra le colture senza danneggiarle e a diserbare velocemente le aiuole senza doversi chinare quasi mai. La versatilità offerta dalla sarchiatura manuale è, in larga misura, ciò che rende fattibile la spaziatura serrata delle piante e l'intensificazione della nostra produzione. Gli attrezzi si adattano alle nostre pratiche invece che definirle.

Oltre che per eliminare le erbe infestanti, sarchiare con la zappa rappresenta un momento speciale per entrare in contatto con il terreno e con le coltivazioni. Questa mansione offre l'opportunità di monitorare le aiuole e affina il senso di osservazione. Con il passare del tempo, questa attività mi ha permesso di osservare gli ortaggi a ogni stadio del loro sviluppo e di imparare molte cose sulla biologia delle piante. Ritengo che lavorare con la zappa non ha nulla di antiquato, è semplicemente un buon modo di curare un orto professionale. Vorrei aggiungere che non ho mai invidiato gli orticoltori che sarchiano le loro colture meccanicamente e non ho mai cercato un modo migliore di procedere.

Lavorare con la zappa permette di diserbare le coltivazioni mantenendo una buona postura. Rompendo la crosta superficiale, la sarchiatura permette anche di aerare il suolo e di stimolare la crescita delle piante.

I teli da pacciamatura (vedi pag. 120) possono indebolire le erbe infestanti proprio come fa un pascolo breve in una rotazione orticola convenzionale, ma con il vantaggio di poter essere installati in un attimo. La loro azione rapida e immediata si adatta perfettamente alla natura intensiva di un orto professionale.

Il diserbo per occultazione

Uno dei maggiori ostacoli per tenere pulite tutte le nostre aiuole è che sono numerose. Nella nostra azienda, le 10 parcelle messe a coltura rappresentano poco meno di un ettaro e, se ci dovessimo mettere a diserbare l'orto tutte le settimane, non credo che riu-

I teli da pacciamatura fanno germinare velocemente le erbe infestanti, che vengono poi distrutte dall'assenza di luce. Questa tecnica di diserbo è chiamata «occultazione» ed è ampiamente diffusa tra i produttori biologici in Europa.

sciremmo a farcela. Ecco perché i teli neri da pacciamatura trattati contro i raggi UV sono estremamente utili: non solo permettono di soffocare le erbe infestanti e di preparare i bancali per l'impianto, ma possono anche essere sfruttati per coprire le aiuole inutilizzate al fine di impedire la proliferazione di piante indesiderabili. Abbiamo inoltre osservato che coprire il suolo con un telo opaco (i teli che usiamo sono neri) riduce la pressione delle infestanti sulla coltura che segue. La spiegazione è semplice: le infestanti germinano rapidamente nelle condizioni di umidità e di calore generate dal telo e poi muoiono per l'assenza di luce. Questa tecnica di diserbo, chiamata «occultazione», è ampiamente diffusa tra i produttori biologici in Europa.

Nel nostro orto, utilizziamo teli neri con uno spessore di 6 millimetri, che si usano per gli insilati, da più di 10 anni. Posso affermare senza alcuna esitazione che sono stati in parte responsabili del successo della nostra impresa. È una soluzione passiva ed efficace che permette di tenere il terreno sotto controllo. L'unico difetto che abbiamo trovato, a parte il fatto che sono un prodotto dell'industria petrolchimica, è che sono pesanti da spostare. Perciò abbiamo deciso di acquistarne un po' ogni anno, con lo scopo di averne a disposizione uno per ogni parcella, cosa che ci risparmierà la fatica di spostarli. A parte questo disagio minore, i vantaggi che offrono superano di gran lunga i difetti.

La falsa semina

La falsa semina consiste essenzialmente nel preparare i letti di semina alcune settimane prima della data della semina effettiva, con lo scopo di far germinare i semi delle erbe infestanti che si trovano nei primi 5 centimetri del suolo. Questi ultimi vengono poi distrutti con una sarchiatura superficiale prima di impiantare la coltura principale. Il risultato di una falsa semina è impressionante e più di una volta abbiamo notato la differenza con i bancali che non hanno potuto beneficiare di questa tecnica.

Affinché questa pratica sia efficace, alcuni elementi vanno presi in considerazione. Innanzitutto, è importante dare ai semi il tempo di germinare. Noi prepariamo i bancali 10-15 giorni in anticipo e li copriamo con del tessuto non tessuto. È altrettanto importante che la distruzione delle malerbe che stanno emergendo non riporti in superficie semi che non hanno ancora germinato. Un rapido passaggio superficiale con l'erpice rotante è efficace, ma anche la zappa su ruota va bene. Si può anche usare una pirodiserbatrice per evitare di smuovere il terreno e assicurare che i semi delle infestanti non possano germinare.

Dal momento che si tratta di una pratica semplice che porta a risultati concreti, cerchiamo di fare più false semine possibili nell'orto, soprattutto prima delle semine dirette in campo. In pratica, ciò comporta annotare sul calendario colturale che la preparazione dei bancali va fatta due settimane prima della data di semina. Questo non è sempre possibile, soprattutto in primavera, quando gran parte delle colture devono essere piantate nello stesso tempo, ma ci riusciamo in larga misura grazie a questa semplice pianificazione.

Uno dei ortaggi per cui la falsa semina è d'obbligo sono le insalatine miste. Questa è un coltivazione che, per la densità a cui miriamo, non lascia alcuno spazio per il diserbo. Il motivo per cui seminiamo ogni due settimane è proprio per aver il tempo necessario di effettuare una falsa semina. Dedichiamo la stessa cura ai bancali dove effettuiamo la falsa semina che a quelli dove coltiviamo le insalatine miste, assicurandoci che la germinazione sia ottimale. Irrighiamo la falsa semina quanto basta e spesso la copriamo con tessuto non tessuto per fornire più calore. Considerando quanto sia vantaggioso poter raccogliere delle insalate miste prive di erbacce, riuscire a far crescere un letto di erbe infestanti diviene quasi altrettanto appagante che riuscire a far crescere bene la coltura principale.

L'impiego di teli trasparenti e di coperture di tessuto non tessuto per far germinare le erbe infestanti nel corso di una falsa semina porta a risultati impressionanti, persino «terrificanti» quando ci si rende conto della quantità di semi dormienti presenti nell'orto.

Il pirodiserbo

Il pirodiserbo è una tecnica che consiste nell'eliminare le erbe infestanti bruciandole con una fiamma. Diciamo bruciare, ma il termine non è esatto. Le infestanti non vengono carbonizzate, ma piuttosto vengono distrutte da un shock termico che danneggia le cellule della pianta e ne provoca la morte. Per far sì che ciò accada, dovranno essere presenti due condizioni. Affinché un solo secondo di esposizione distrugga le piante, le fiamme del cannello devono essere a contatto con il suolo e le erbe infestanti devono essere ancora piuttosto piccole (dallo stadio di cotiledoni a quello della prima foglia vera). Inoltre, è importante che il pirodiserbo ven-

La solarizzazione del terreno

In estate, potete sfruttare il sole per la lotta alle infestanti, coprendo per sei settimane il terreno con un telo di plastica trasparente. È una strategia efficace per esaurire le riserve di semi, per contrastare le piante avventizie nei tunnel o prima delle semine precoci primaverili, quando non si può ricorrere alle false semine. Ma la solarizzazione non è priva di inconvenienti. Oltre a dover sacrificare spazio nell'orto, dovete mettere in conto la distruzione dei microrganismi e dei batteri del suolo. In ogni caso, questa strategia è talmente efficace che potrebbe essere utile in particolari circostanze.

Riuscire a bruciare bene le erbe infestanti dipende in gran parte dalla qualità della pirodiserbatrice. Quella che usiamo per il nostro orto consente di utilizzare più fiamme e maggiore intensità. È larga 75 centimetri ed è dotata di cinque cannelli e di un cassone che protegge i bruciatori dal vento. Queste caratteristiche assicurano l'uniformità della fiamma e permettono di usare l'attrezzo anche nelle giornate ventose.

ga effettuato su una superficie il più piana possibile, perché le irregolarità del terreno possono deviare il calore della pirodiserbatrice e ridurne l'efficacia.

In orticoltura biologica, il pirodiserbo è impiegato come integrazione alla tecnica della falsa semina, perché l'incenerimento delle erbe infestanti sostituisce favorevolmente il lavoro di un erpice, evitando ogni tipo di rimescolamento del terreno e, quindi, ogni possibile risalita di semi dormienti verso la superficie. Ma è utile anche per bruciare le erbe infestanti in «pre-emergenza» dopo una semina diretta in campo. Questo approccio è simile a quello della falsa semina: i bancali vengono preparati due settimane in anticipo per garantire un certo vantaggio alle piante avventizie, ma, invece di seminare dopo averle distrutte, la coltura principale viene seminata a metà strada.

Appena prima che le piantine degli ortaggi emergano del terreno, si passa la pirodiserbatrice sul bancale, eliminando di colpo tutte le infestanti che hanno avuto il tempo di insediarsi.

L'incenerimento in «pre-emergenza» è un sistema molto efficace per bloccare le infestanti in quelle colture che germinano lentamente, come le carote, le barbabietole e le pastinache, ma si tratta di un'arma a doppio taglio che va usata con cautela.

Se si aspetta troppo a eseguire il pirodiserbo, può capitare che le piantine degli ortaggi emergano senza che le infestanti siano state bruciate. L'effetto benefico di questa tecnica è allora completamente invertito e la coltura sarà totalmente invasa dalle erbe infestanti. Se ciò dovesse accedere, bisognerà passare molte ore a diserbare a mano o, più probabilmente, ripetere le semine, che saranno in ritardo di qualche settimana.

Per evitare di «andare alla cieca», insieme alla coltura destinata al pirodiserbo seminiamo sempre una piccola manciata di semi di ortaggi che germinano più rapidamente: semi di ravanello per segnalare l'emergenza delle barbiabietole e semi di barbabietole per segnalare l'emergenza delle carote. Quando queste piante indicatrici germinano, è il momento giusto per procedere con il pirodiserbo in tutta tranquillità.

Aggiungiamo anche una nota al nostro calendario di produzione per ricordarci di verificare lo stato delle piantine cinque giorni dopo la semina diretta in campo.

È meglio bruciare prima piuttosto che troppo tardi.

La pacciamatura

Coprire la superficie dell'orto è un altro valido sistema per contrastare le erbe infestanti. Tuttavia, va fatta un'osservazione sulle pacciamature vegetali, spesso consigliate nei manuali di orticultura. Anche se riconosco i vantaggi biologici di utilizzare coperture del terreno come paglia, foglie, trucioli di legno o cartone, in base alla mia esperienza non mi sento di raccomandarle. Sembra che le erbe infestanti riescano sempre a farsi strada attraverso le pacciamature vegetali, obbligando poi l'orticoltore a diserbare a mano senza la possibilità di usare le zappe. Attirano anche molte lumache. Su scala commerciale, il loro costo unito al tempo necessario per spargere queste pacciamature e per sbarazzarsene dopo una coltivazione costituisce, dal mio punto di vista, un problema. Secondo me, l'unica pacciamatura vegetale che non presenta tutti questi inconvenienti è quella che proviene dallo sfalcio dell'erba. Infatti, è un tipo di pacciamatura che possiamo produrre sul posto (tagliamo l'erba ogni due settimane) e la sua consistenza fine la rende facilmente digeribile per gli organismi del suolo, permette le lavorazioni con la zappa e ne facilita l'interramento. Applicandola con uno spessore di 1 centimetro, abbiamo ottenuto ottimi risultati con questo tipo di pacciamatura, ma non al punto di usarla in maniera sistematica nella

Le pacciamature in plastica riducono la lotta alle infestanti a uno o due passaggi di diserbo manuale. Per le coltivazioni che rimangono a lungo nell'orto, esse costituiscono un investimento molto vantaggioso.

Pacciamare con la paglia

La paglia è un materiale problematico, perché la maggior parte dei produttori di cereali fanno uso di diserbanti per tenere sotto controllo le erbe infestanti presenti nei loro campi. Residui di erbicidi potrebbero quindi finire nel vostro orto. Sfortunatamente, oltre a essere difficilmente reperibili in molte regioni, le balle di paglia prodotte biologicamente contengono spesso semi di erbe infestanti, cosa che può rappresentare un grande problema. Quelle che utilizziamo per coprire l'aglio durante l'inverno sono di segale autunnale di primo taglio. Questa paglia è raccolta all'inizio dell'estate, quando poche erbe infestanti hanno raggiunto il momento della fioritura; è più facile quindi che sia «pulita» e priva di erbicidi, anche se coltivata in maniera convenzionale.

La zappa su ruota è un'invenzione formidabile. Questo attrezzo, che permette di sarchiare una grande superficie senza troppa fatica, ha il pregio di essere durevole e silenzioso, al contrario del motocoltivatore che usiamo anche per sarchiare i viali dell'orto.

lotta alle erbe infestanti.

Abbiamo sempre considerato più efficaci le pacciamature in plastica. Utilizziamo materiali biodegradabili e teli geotessili per pacciamare i bancali con le colture che rimangono più a lungo nell'orto, come pomodori, peperoni, zucchine e meloni. Queste coperture opache ci permettono di soffocare le erbe infestanti, ma creano anche un ambiente ideale per questi ortaggi, che necessitano di condizioni calde e umide. Entrambi questi prodotti hannno pregi e difetti.

I teli geotessili sono riutilizzabili e durevoli. I nostri hanno sei anni e mostrano solo minimi segni di usura. Vengono venduti a rotoli e la loro larghezza ci permette di coprire sia i bancali che i viali. Utilizziamo teli larghi 5 metri, sui quali abbiamo realizzato dei fori in base alle piante che abbiamo scelto di coltivare, cioè melanzane e meloni. Abbiamo realizzato i fori con l'aiuto di una sagoma in compensato e di un piccolo bruciatore a propano (per un migliore risultato, usiamo una bocchetta a punta fine). Realizzare più di 100 fori in questa maniera è un compito sgradevole (che ci ha praticamente fatto abbandonare questo approccio), ma una volta terminato il lavoro, i teli possono essere usati per molti anni. Se il telo geotessile si strappa, i bordi vanno bruciati per evitare che si sfilaccino. Accertatevi di acquistare un telo geotessile di qualità industriale, perché lo spessore e la robustezza ne determineranno la durata.

I teli da pacciamatura biodegradabili che usiamo sono molto più economici e polivalenti, perché possono essere facilmente forati agli intervalli che vogliamo. Sono composti di amido di mais, compostabili e biodegradabili al 100%. A fine stagione, li incorporiamo nel terreno senza alcuna preoccupazione, dal momento che non lasciano residui tossici. Vengono venduti in rotoli lunghi 150 metri e larghi 90 centimetri, quanto basta per interrare i bordi e coprire i nostri bancali che misurano 75 centimetri. Benché siano più fragili, noi li preferiamo a teli da pacciamatura convenzionali che, una volta terminata la coltivazione, finiscono nella pattumiera. In appendice troverete una lista di ditte fornitrici.

Un approccio preventivo

Troppi agricoltori considerano gli attrezzi meccanici come la soluzione ai loro problemi di gestione delle infestanti. Un gran numero di produttori biologici che conosco è alla costante ricerca di nuovi attrezzi: zappatrici, erpici strigliatori, erpici rotanti, attrezzi informatizzati, persino robotizzati (davvero!). A prima vista, si potrebbe pensare che l'ideale sarebbe possedere ognuno di questi attrezzi per poter lavorare in maniera efficiente, indipendentemente dai limiti posti dal terreno. Le fiere agricole sono piene di agricoltori che sperano di mettere le mani su queste nuove tecnologie.

Ma il giardiniere-orticoltore non può ancora accedere a questo tipo di attrezzi (non che io sappia). Forse questo è un bene, perché ci

Attualmente, stiamo provando a usare una zappatrice elettrica per velocizzare il diserbo tra i filari delle colture. Venduta negli Stati Uniti con il nome di «Tillie», questo strumento potrebbe aprire le porte a tutta una nuova gamma di attrezzi low-tech.

costringe a trovare altre soluzioni per la lotta alle infestanti.

Nel presente capitolo, ho descritto varie tecniche utilizzate per proteggere l'orto dalle invasioni delle piante indesiderate: optare per un impianto intensivo, effettuare i trapianti, evitare di invertire gli strati del suolo, impedire alle erbe infestanti di andare a seme, evitare di introdurre semi di malerbe attraverso il letame o le pacciamature vegetali ed esaurire la «banca dei semi» delle infestanti. Queste sono tutte soluzioni che non costano quasi nulla. Tuttavia, esse richiedono una buona pianificazione e attenzione nelle diverse fasi di creazione del sistema colturale. Sono pienamente convinto che è proprio là che un giardiniere-orticoltore dovrà mettere tutto il suo impegno per tenere le infestanti fuori dal suo orto. È anche importante capire la differenza tra diserbare e coltivare e poi riuscire a mettere in pratica questa conoscenza teorica.

Un giorno, ho assistito a una conferenza sull'agricoltura biologica nel corso della quale è stato chiesto a un agricoltore, con più di 20 anni di esperienza, di identificare le cinque erbe infestanti più problematiche nella sua azienda. Ne ha nominate due, poi si è fermato, gettando la sala in un silenzio imbarazzante. Dopo un momento, ha finito per ammettere di non conoscere i nomi delle altre erbe per il semplice motivo che non le ha mai lasciate crescere così a lungo da poterle riconoscere. Non c'era da aggiungere altro!

CAPITOLO 10

Gli insetti nocivi e le malattie

Gli insetti nocivi non esistono: non appena sorge il problema delle malattie delle piante o dei danni provocati dagli insetti, si comincia subito a parlare dei metodi di lotta. Ma noi dovremmo cominciare con l'esaminare se le malattie delle piante o questi danni dovuti agli insetti esistano davvero all'origine.

Masanobu Fukuoka, The Natural Way of Farming. The Theory and Practice of Green Philosophy, 1985

In orticoltura, ogni discussione seria sulla protezione delle piante dovrebbe riconoscere che l'impiego di prodotti chimici concepiti per eliminare gli organismi (animali, vegetali, funghi) nocivi alle colture è una catastrofe per l'ecologia e la salute degli esseri umani. L'uso di questi prodotti continua a essere incoraggiato nonostante le prove schiaccianti della loro pericolosità e ciò dimostra bene come non possiamo contare sull'agricoltura industriale per nutrirci. È un tema fondamentale, ma preferisco lasciare che siano altri a prendersi cura di affrontarlo. Sappiamo che in agricoltura biologica questi prodotti non sono ammessi, anche se certi «bio-pesticidi» invece lo sono. Ma questi ultimi sono veramente ecologici?

Inoltre, si sente o si legge spesso che un approccio biologico (rispetto a uno chimico) in agricoltura permette di diminuire gli attacchi parassitari; che una particolare attenzione alla biologia, alla struttura fisica e all'equilibrio minerale di un terreno permette di far crescere ortaggi in salute, naturalmente resistenti alle malattie e ai parassiti. Bisogna quindi concludere che la presenza di insetti nocivi e di malattie non è altro che il risultato di cattive pratiche all'interno del proprio orto?

Non ho alcuna certezza in merito a questi grandi interrogativi. Per contro, so che certi insetti nocivi e certe malattie sopraggiungono ogni stagione nel nostro orto e che, se non si adotta alcuna misura preventiva, questi problemi provocano gravi danni. La coltivazione della zucchina, per esempio, non ha alcuna possibilità di sopravvivere al coleottero striato del cetriolo (*Acalymma Vittatum*)[1] se non viene protetta. Inoltre, è errato credere che i clienti accetteranno ravanelli con i buchi o pomodori con macchie nere con la scusa che sono «bio». Perciò, il successo di un orto professionale richiede una buona gestione degli insetti e delle malattie.

Molti libri che trattano di soluzioni biologiche al problema dei parassiti descrivono i vantaggi della biodiversità (vedi bibliografia). La presenza di piante, insetti, uccelli e anche anfibi sullo stesso terreno riduce infatti l'impatto degli organismi nocivi sulle coltivazioni. Il modo migliore di ottenere tale biodiversità è di offrire un habitat appropriato alle specie viventi che si desidera accogliere. Così, quando si realizza un frangivento o uno stagno si possono includere arbusti o altre piante apprezzate dagli uccelli insettivori. L'allestimento di aiuole fiorite all'interno e ai bordi dell'orto può essere pensato in modo da attirare gli insetti predatori. Muri di pietra, boschetti e altri piccoli ripari possono essere utili a molti insetti benefici per le coltivazioni. Quando si progetta un orto professionale, questo genere di idee merita di essere studiato a fondo.

Nella nostra azienda agricola, ci siamo impegnati molto in questo senso; abbiamo delle arnie per attirare un maggior numero di insetti impollinatori e un giardino acqua-

1. In ingl. Striped cucumber beetle, onnipresente in Nordamerica e Messico.

Per impedire agli insetti di infestare una coltivazione la copertura degli ortaggi con una rete protettiva costituisce una strategia efficace ed ecologica. Contrariamente al tessuto non tessuto, le reti antinsetto sono molto più resistenti e durature e non hanno alcun effetto termico, quindi vanno bene anche per le colture estive.

tico che ospita rane, insetti e uccelli di ogni tipo. Grazie a questo specchio d'acqua e alla presenza di un bosco ai bordi dell'orto prosperano i rospi, che di notte fanno la ronda tra le aiuole per mangiare le nottue. Abbiamo costruito molti nidi artificiali che attirano i merli blu e gli scriccioli, due specie di uccelli insettivori che cacciano a terra.

Dato che ci siamo insediati su un vecchio pascolo e che siamo circondati da monocolture, abbiamo dovuto fare molta strada. Ciononostante, aggiungendo ogni anno varie piccole nicchie ecologiche adatte a molte specie, il nostro terreno oggi è un luogo che accoglie una grande varietà di specie animali e vegetali. Le coccinelle, le mantidi religiose e le crisope sono insetti predatori formidabili, che troviamo regolarmente nel nostro orto. Sostanzialmente, ci bastava sfruttare i servizi offerti dalla natura!

Ma è difficile misurare il risultato dei nostri sforzi e spesso abbiamo dovuto adottare al-

La lotta ecologica ai parassiti

La lotta ecologica non si limita all'uso di bio-pesticidi che possono impedire, in modo più o meno efficace, la diffusione di una malattia o di un insetto. Essa richiede una previsione e una pianificazione prima dell'inizio della stagione. È necessario identificare quali sono i parassiti che vivono in una determinata regione e conoscere i tipi di interventi naturali appropriati per evitare l'aggravarsi del problema. Preparare uno schema come quello che figura a pagina 132 rappresenta un buon inizio, ma è altrettanto importante annotare i differenti metodi di intervento. Per esempio, se sapete che la mosca della carota compare di solito in agosto, ricordate di annotare nel vostro calendario di produzione che bisogna installare le reti in questo momento della stagione.

Controlliamo regolarmente se sono presenti cimici tra i filari di peperone. «Colpiamo» le piante per far cadere le ninfe delle cimici su un foglio di plastica bianco, che ci aiuta a identificarle correttamente. Interveniamo con un insetticida naturale solamente se notiamo la loro presenza in più punti sul filare.

tre misure per evitare perdite nelle colture. Con il passare del tempo (e con i danni che abbiamo subìto), abbiamo imparato a prevenire la comparsa di molte malattie degli ortaggi attraverso interventi mirati nei momenti opportuni. Siamo arrivati anche a conoscere in maniera approfondita la maggior parte dei parassiti e abbiamo trovato una soluzione specifica per ciascuno di loro. In generale, preferiamo adottare misure di controllo fisiche (le reti antinsetto, la rimozione a mano dei parassiti, le trappole ai feromoni, le trappole cromotropiche, ecc.) e usiamo gli insetticidi naturali come ultima opzione. Queste particolari pratiche sono descritte in dettaglio nelle note colturali che si trovano in appendice, ma diciamo che, nell'insieme, l'efficacia delle nostre strategie deriva in gran parte da una rapida diagnosi dei problemi. È questa la chiave per una buona gestione degli insetti nocivi e delle malattie all'interno dell'orto.

Riconoscere parassiti e malattie

La quasi totalità dei «rimedi» per la protezione biologica delle piante è efficace se usata a livello preventivo, cioè se agisce su una determinata situazione prima che i problemi diventino troppo seri. I prodotti fungicidi ammessi in agricoltura biologica consentono, per esempio, di proteggere le foglie nuove di una pianta su cui si è insediato un fungo, ma non di sopprimerlo. Quanto agli insetticidi naturali, essi agiscono meglio quando vengono utilizzati in alcune fasi precise della vita di un parassita. Lo Spinosad, per esempio, è efficace contro la tigna del porro, ma solamente quando le larve di questo insetto scendono dalla pianta. Quando si tratta di fungicidi e/o di insetticidi, il momento di intervento è cruciale, perchè da esso dipende il successo dell'operazione. È quindi importante effettuare una buona diagnosi dei parassiti e delle malattie che si trovano tra le colture. Ecco a cosa serve il monitoraggio, che implica un'osservazione quotidiana delle coltivazioni e dell'evolversi dei rischi.

Nella nostra azienda, abbiamo preso l'abitudine di fare il giro delle aiuole prima di iniziare ogni giornata di lavoro. Tenendo conto della vicinanze di tutte le nostre parcelle, questa piccola passeggiata non richiede troppo tempo. Ci permette di individuare eventuali anomalie sugli ortaggi e di constatare quali cure sono più urgenti. Ma prima occorre sapere cosa cercare... Per aiutarci in questo compito, abbiamo fatto ricorso a un servizio di allerta fitosanitario che ci informa per e-mail sulle malattie e sugli insetti da tenere sotto controllo. Si tratta di un servizio gratuito, offerto dalla regione e basato sull'esperienza di ricercatori e controllori professionisti. Considerata la quantità di ortaggi che coltiviamo, questo servizio mi sembra indispensabile. Possediamo anche diversi manuali che trattano dei principali nemici delle colture, dei loro cicli di vita e delle varie tecniche di individuazione. Sono opere di riferimento che teniamo sempre a portata di mano. Alcune letture consigliate si trovano nella bibliografia.

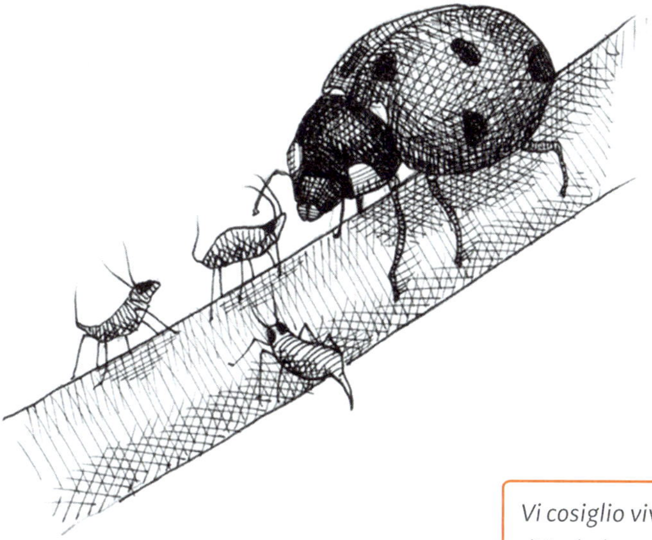

Introduciamo regolarmente organismi utili nelle nostre serre per sbarazzarci degli insetti nocivi. Finora, siamo riusciti a tenere sotto controllo la popolazione dei tisanotteri introducendo dei predatori e, all'occorrenza, un acaro. Acquistiamo anche delle coccinelle, se gli afidi diventano un problema.

Vi cosiglio vivamente di includere nelle vostre mansioni quotidiane un giro di controllo nell'orto. In questo modo, potrete scorgere i segni dei danni attribuibili agli insetti parassiti o alle malattie, valutando allo stesso tempo i lavori di manutenzione da fare nelle aiuole. Il complemento ideale di questa pratica quotidiana è di stilare una lista delle cose da fare ogni giorno. Per tenere il terreno sotto controllo è una buona idea cominciare stabilendo un piano d'azione quotidiano.

La prevenzione

Un tempo piovoso e l'assenza di sole per molte settimane consecutive portano spesso malattie nell'orto. Le solanacee e le cucurbitacee sono particolarmente sensibili all'arrivo di agenti patogeni nocivi, ma anche altri ortaggi come le cipolle, le fave e le insalate possono essere colpiti quando le condizioni climatiche sono sfavorevoli per un tempo troppo prolungato. A seconda del tipo di infezione, queste malattie provocano disfunzioni nelle piante che portano progressivamente alla perdita di una coltivazione. Quando compare una malattia, noi cerchiamo prima di tutto di determinare l'agente patogeno. Nella maggior parte dei casi, il fogliame della coltura presenterà dei sintomi (macchie, appassimento, scottature, ingiallimento, necrosi, ecc.) che potranno essere identificati con l'aiuto di un manuale. Tutto ciò non è sempre facile, perché possono essere presenti diverse malattie allo stesso tempo sullo stesso fogliame e alcuni sintomi possono essere confusi con disordini fisiologici (carenze, stress idrico, ecc.). In questo caso, l'allerta fitosanitaria è particolarmente utile per aiutarci a fare una diagnosi precisa, perché, diversamente dai libri, tiene conto delle condizioni climatiche in corso. Le malattie degli ortaggi possono essere di natura virale, batterica o fungina. Ecco cosa bisogna sapere principalmente al riguardo:

Le **malattie virali** sono di gran lunga le meno comuni e, fino a oggi, non le abbiamo mai avute nel nostro orto (tocchiamo ferro!). Questo tipo di malattie si propaga soprattutto attraverso le sementi, per questo è importante acquistare semi di buona qualità. I bulbilli di aglio sono particolarmente a rischio, così come le piantine commerciali di pomodoro coltivate in serra. Questa è, tra le altre cose, una delle ragioni che ci spingono a produrre da noi le nostre piantine.

In caso di **malattia batterica** è necessario agire in fretta, perché la virulenza a volte è davvero sorprendente. Questo tipo di malattia di solito compare quando il tempo è piovoso e quando le piante colpite si trovano generalmente raggruppate, perché il batterio si propaga per contatto. Per questo bisogna liberarsene estirpando dal terreno le piante malate e facendo attenzione che queste ultime non entrino in contatto con altre piante. Le gettiamo poi nel bidone della spazzatura e, dopo questa operazione, cambiamo anche i vestiti. Uno dei sintomi più comuni di una malattia batterica è la comparsa di un marciume che genera rapidamente l'appassimento della coltura. L'appassimento batterico che affligge le nostre coltivazioni di cucurbitacee è probabilmente l'unica malattia batterica che osserviamo nell'orto ogni anno.

Le **malattie fungine** sono le più comuni. Per prevenirle, la prima precauzione da prendere è di fare attenzione a non provocare lesioni alle piante al momento del diserbo, dell'installazione dei tutori o della raccolta, perché i funghi hanno bisogno di un punto di ingresso per poi manifestarsi. Quando arriva il momento di tagliare, è veramente importante lavorare in giornate di sole, perché se l'acqua entra in contatto con un taglio o una ferita aperta allora crea le condizioni ideali per la comparsa di malattie come la peronospera.

Quando però si manifesta una malattia fungina, effettuiamo un trattamento a settimana di rame e zolfo, in alternanza. Questi trattamenti non sono curativi, ma, se fatti in tempo, permettono alle piante di continuare a crescere. Questi rimedi sono efficaci, ma siamo anche consapevoli che presentano dei lati negativi: il rame può accumularsi nel terreno ed essere nocivo all'attività biologica, così come lo zolfo ha effetti nefasti su tutti gli insetti dell'orto. Preferiamo quindi ricorrere ai fungicidi biologici, che introducono batteri per contrastare certi funghi patogeni. Cerchiamo anche di inoculare i bancali degli ortaggi più vulnerabili con dei microbi benefici che proteggeranno le piante dagli agenti patogeni presenti nel suolo. Al contrario dei fungicidi minerali, questi due metodi rafforzano la vita del suolo piuttosto che danneggiarla.

Con l'esperienza, abbiamo imparato ad analizzare meglio i cataloghi di sementi per scegliere le cultivar più resistenti alle malattie che abbiamo osservato nel nostro orto. Queste sementi sono spesso più costose, ma generalmente prevengono il problema alla fonte. Nelle serre e nei tunnel, la scelta delle varietà di pomodori e cetrioli resistenti a virus e a malattie è particolarmente importante, considerando le condizioni ambientali umide e la mancanza di rotazione delle specie.

Il ricorso ai «bio-insetticidi»

Nel nostro orto, l'uso di un insetticida rappresenta l'ultima risorsa contro il problema degli insetti. Abbiamo un rapporto di amore-odio con questo tipo di prodotti, perché sappiamo che non sono innnocui, ma che, allo stesso tempo, ci consentono di far crescere certe colture. Come dico spesso, l'obiettivo di un giardiniere-orticoltore è tendere verso il proprio ideale, ma non di metterlo in pratica a qualunque costo. Nel nostro caso, l'uso dei «bio-insetticidi», è contemplato solo in caso di bisogno.

Il termine «bio» unito a quello di insetticida indica che si tratta di prodotti di origine naturale (e non derivati dall'industria chimica), biodegradabili e che non inquinano il suolo con residui tossici. Essi si distinguono in persistenti (cioè che agiscono per alcuni giorni), selettivi (attaccano un ospite specifico) o a largo spettro (agiscono su più tipologie di insetti). In tutti i casi, sono tossici e non bisogna fare l'errore di credere che un insetticida non sia nocivo perchè è ammesso in agricoltura biologica. Prodotti come il piretro o lo spinosad sono sostanze molto forti, che bisogna manipolare con attenzione. Ciò è molto importante soprattutto quando si preparano le miscele con i concentrati. Bisogna anche tenere sempre a mente che le multinazionali che producono e promuovono i pesticidi sintetici, così dannosi per la salute e per l'ambiente, sono le stesse che producono i «bio-insetticidi». Quindi, facciamo bene a non fidarci quando ci viene detto che la loro innocuità è stata «testata». Il rotenone, che è stato comunemente impiegato fino a poco tempo fa come bio-insetticida, rappresenta un buon esempio. Il suo impiego era permesso in agricoltura biologica, ma ora è stato finalmente vietato dopo che è stata

Da molto tempo, utilizziamo lo stesso spruzzatore a pompa per tutti i nostri trattamenti fogliari. Dal momento che abbiamo cura di lavarlo dopo ogni utilizzo, funziona ancora molto bene a tutt'oggi. È anche molto importante scegliere un modello di buona qualità se si desidera che duri a lungo.

trovata una relazione tra l'utilizzo regolare di questo prodotto da parte degli agricoltori e il morbo di Parkinson. Questo caso ci deve ricordare che bisogna usare queste sostanze con la massima prudenza, indossare abiti di sicurezza (guanti, occhiali, ecc.), assicurarsi di calcolare bene le dosi d'impiego e rispettare i periodi di carenza tra le applicazioni.

A questo punto, è importante precisare che noi facciamo ricorso a questi formulati non con lo scopo di eliminare i parassiti, ma di tenerne sotto controllo la popolazione per ridurre i danni che essa causa alle nostre colture. Qui di seguito è riportata una tabella degli interventi che privilegiamo per far fronte ad alcuni parassiti presenti nel nostro orto. Questi riferimenti vanno usati a titolo indicativo, perché devono sempre essere aggiornati col passare del tempo. C'è da notare che esistono anche altri tipi di parassiti, con i quali non abbiamo avuto a che fare oppure che ci causano danni troppo minimi per giustificare un intervento.

SOLUZIONI CONTRO GLI INSETTI NOCIVI

	Raccolta manuale	Rete antinsetto*	BTK**	Caolino	Orto-fosfato	Piretro	Rotenone	Sapone insetticida	Spinosad
Altica		P				O			O
Cecidomia del cavolo		P							
Cavolaia			P						O
Maggiolino striato del cetriolo	O	P				O			
Dorifora	O	P							O
Limacce	O				P				
Mosca della carota		P							
Mosca del cavolo		P							
Afidi						O		P	
Cimici		P				O			O
Tigna del porro	P		O						O
Tisanotteri						P		O	
Nottua	P		O						

P = soluzione privilegiata

O = opzionale (ugualmente efficace)

*La scelta della grandezza delle maglie della rete deve tenere conto della grandezza dell'insetto

** *Bacillus Thuringiensis* var. *Kurstaki*

CAPITOLO 11

Estendere la stagione

L'intelligenza degli orticoltori si è concentrata in particolar modo sui mezzi per forzare la natura a produrre, durante l'inverno, nelle nebbie gelate, ciò che, normalmente, essa produce solo nelle belle giornate di primavera e d'estate, ed è in questo che la scienza degli orticoltori di Parigi è divenuta veramente formidabile.

Manuel pratique de la culture maraîchère de Paris, 1845

Nel Québec, la stagione di crescita è breve e ciò lascia poco tempo a molte colture orticole per raggiungere il loro pieno potenziale. Il lavoro di un giardiniere-orticoltore è quindi trovare delle soluzioni che permettano di modificare le condizioni di crescita nel proprio orto, al fine di proteggere le proprie coltivazioni dal gelo e dal freddo.

Quando si tratta di estendere la stagione di coltivazione, occorre precisare che non sto parlando qui della produzione in serra, dove le colture vengono sempre riscaldate, ma piuttosto di tecniche e tecnologie semplici ed economiche che permettono di «forzare» le colture e di proteggerle dalle intemperie.

Questa idea non è nuova, ma di solito implica l'uso di serre riscaldate. Il basso costo del carburante negli ultimi 50 anni sembra averci fatto dimenticare i vantaggi di un approccio di tipo «low-tech».

Nel nord-est degli Stati Uniti e in altre regioni dove la domanda per i prodotti locali è molto forte, molti piccoli orticoltori si stanno sforzando oggi di trovare soluzioni a basso consumo di energia per effettuare le loro raccolte in anticipo e per prolungare la stagione fino all'inverno.

È eccitante seguire lo sviluppo di queste innovazioni, documentate sempre meglio. Il capofila di questo movimento è Eliot Coleman, le cui idee e tecniche dimostrano come estendere i limiti dei cicli stagionali, coniugando la biologia delle piante con sistemi di protezione semplici.

Come ho potuto constatare con i miei stessi occhi in più di un'occasione, vi posso assicurare che molte colture si possono raccogliere tutto l'anno grazie a sistemi semplici, anche quando il clima invernale assomiglia a quello del Québec. Per tutti quelli che sono interessati a queste idee, esiste una vasta letteratura sull'argomento.

Per quanto ci riguarda, abbiamo momentaneamente scartato l'idea di continuare la produzione anche durante tutti i mesi invernali. Come ho già accennato, non sono state ragioni tecniche a frenare il nostro ardore, ma piuttosto il fatto che questi mesi offrono del tempo libero che possiamo sfruttare e che apprezziamo molto. Detto ciò, noi forziamo sempre le nostre colture, soprattutto in primavera.

Con il tempo, siamo giunti alla conclusione che l'entusiasmo della gente per gli ortaggi raggiunge l'apice all'inizio dell'estate e il nostro obiettivo è quindi di massimizzare le raccolte di giugno.

Mettendo da parte la nostra serra di pomodori, che non esitiamo a riscaldare, i metodi che utilizziamo sono tutti passivi. In ogni caso, non solo le raccolte sono più precoci, ma la qualità e la resa delle colture è migliore.

Credo che sia proprio questo il motivo principale per adottare queste tecniche.

Nel XIX secolo, gli orticoltori francesi utilizzavano campane e letti caldi per accelerare la loro produzione orticola durante la stagione fredda. Oggi, questi metodi sono stati sostituiti da tecniche moderne come l'uso del tessuto non tessuto e di pellicole plastiche in polietilene.

Si possono rendere i mini-tunnel più resistenti alla neve sostituendo il PVC con dei tubi di metallo galvanizzato piegati con l'ausilio di un piega tubi. Questi archetti sono più costosi da realizzare, ma sono abbastanza robusti da resistere a carichi pesanti. Coperti con un telo di polietilene, questi mini-tunnel offrono praticamente gli stessi vantaggi di una serra-tunnel, ma a una frazione del prezzo.

Le coperture e i mini tunnel

Le coperture di tessuto non tessuto sono, a mio avviso, una delle più grandi innovazioni tecnologiche dell'industria orticola. Questi teli (definizione usata da molte persone nel settore agricolo) sono costituiti da fibre di polimeri non tessute, un materiale che permette all'acqua e all'aria di penetrare, ma che agisce allo stesso tempo come barriera fisica contro il vento e gli insetti nocivi. Quando coprono le colture, i teli di tessuto non tessuto aumentano la temperatura del suolo e aiutano a conservare l'umidità. Così facendo, procurano qualche grado in più di protezione contro il gelo. La loro installazione, subito dopo una semina in pieno campo o un trapianto, permette di accelerare la germinazione e/o di proteggere le piantine dalle intemperie, come la pioggia battente, i venti forti o la grandine. In breve, questi teli permettono di ricreare ovunque nell'orto un microclima paragonabile a quello di un tunnel.

Esistono in commercio coperture di vari spessori (espressi in grammi per metro quadrato). I teli più spessi avranno una capacità termica migliore, ma lasceranno passare meno luce. Il materiale va quindi scelto in base alle situazioni. Nel nostro orto, utilizziamo, sia in primavera che in autunno, delle coperture in tessuto non tessuto di 17 o 19 grammi/metro quadrato, che rappresentano un buon compromesso tra la durata (se maneggiate con cura, si conservano per più di una stagione) e l'infiltrazione della luce (una riduzione di circa il 15%). Usiamo an-

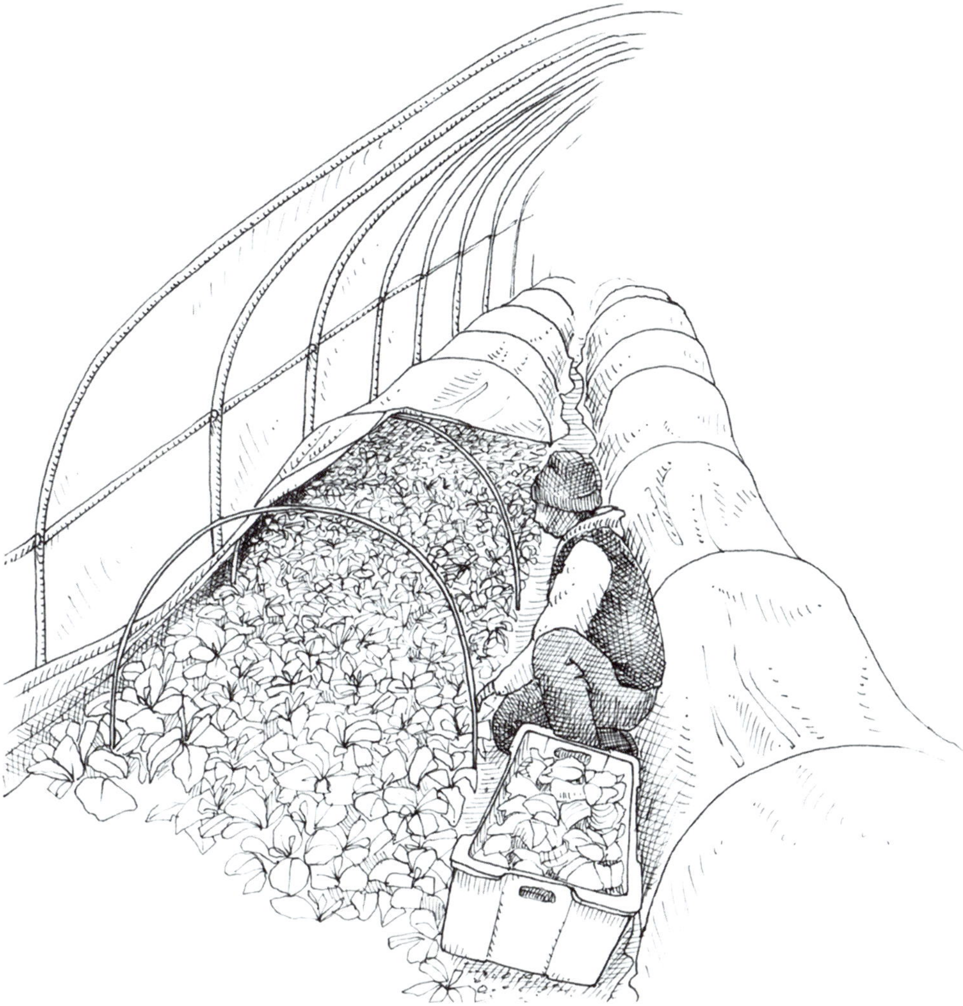

Per tre inverni consecutivi, abbiamo fatto crescere gli spinaci in una serra-tunnel non riscaldata, coprendoli con una copertura di tessuto non tessuto durante la notte. Lo spiancio è molto resistente al freddo e, venduto come spinacino da insalata, rappresenta probabilmente la coltura invernale per eccellenza.

che dei teli con uno spessore doppio come isolante termico per coprire le coltivazioni nelle notti di gelo.

In primavera, le coperture in tessuto non tessuto ricoprono la totalità della nostra produzione. Per le semine dirette in campo, le disponiamo direttamente a terra, lasciando un piccolo spazio che permette al fogliame delle colture di crescervi sotto. Per le colture trapiantate che sono più fragili, sosteniamo i teli con degli archetti realizzati in filo di acciaio galvanizzato di calibro n°9 (4 mm di spessore, N.d.T.). Tagliamo il filo a una lunghezza di 150 centimetri, per formare dei semicerchi che coprono i nostri bancali da 75 centimetri, lasciando uno spazio interno sufficiente per la maggior parte delle colture. Li inseriamo a terra separati tra loro a una distanza di circa 80 centimetri.

Per i broccoli, le zucchine e le altre colture che formano una grande massa vegetale, utilizziamo archetti più grandi, ricavati da condutture elettriche in PVC con un diametro di 16 millimetri e lunghe 2,45 metri. Distanziamo gli archetti a 1,5 metri oppure, quando più bancali adiacenti sono coperti dallo stesso telo, li scaglioniamo ogni 3 metri. Per fissare bene gli archetti, li infiliamo nel terreno fino a circa 25 centimetri di profondità in una buca realizzata con l'aiuto di un paletto.

Infine, utilizziamo altri archetti per quelli che chiamiamo mini-tunnel. Questi ultimi sono particolarmente utili nei periodi in cui ci possono essere accumuli di neve. Sono realizzati con condutture di metallo galvanizzato acquistate in ferramenta e piegate con un piega tubi. Questi archetti sono più costosi da realizzare, ma abbastanza robusti per resistere a carichi pesanti. All'inizio della primavera o verso la fine dell'autunno, ricopriamo i mini-tunnel con un telo di polietilene trasparente. In questo modo, otteniamo praticamente gli stessi vantaggi di una serra-tunnel, ma a una frazione del prezzo.

Per ancorare bene le coperture, copriamo i lati con la terra o utilizziamo dei sacchi pieni di sassi posti ai piedi degli archetti. Questi sacchi, affinché si conservino a lungo, devono essere trattati contro i raggi UV, un investimento che vale la pena fare. Quando si installano le coperture, è importante fare attenzione a stenderle bene per impedire al vento forte di spingere il telo sulle colture.

Purtroppo, in primavera, sul nostro terreno ventoso, l'ancoraggio delle coperture rischia di disfarsi in continuazione. L'unica soluzione che abbiamo trovato a questo problema è di perlustrare regolarmente le aiuole per verificare lo stato degli ancoraggi.

Quando le coperture di tessuto non tessuto non ci servono più, le riponiamo in sacchi di grano, che etichettiamo in base alla larghezza e allo stato di usura.

A fine stagione, una delle nostre ultime mansioni è di cercare di riparare i teli danneggiati usando un nastro adesivo trattato contro i raggi UV, concepito specificamente per questa funzione. La maggior parte delle nostre coperture dura all'incirca tre anni.

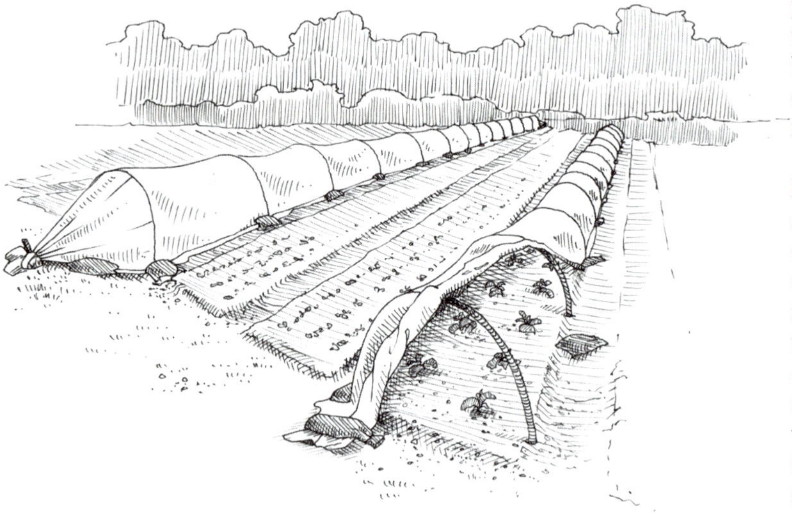

Le coperture di tessuto non tessuto sono leggere, facili da installare e poco costose. Nella nostra azienda, il successo di molte colture è direttamente legato al loro utilizzo.

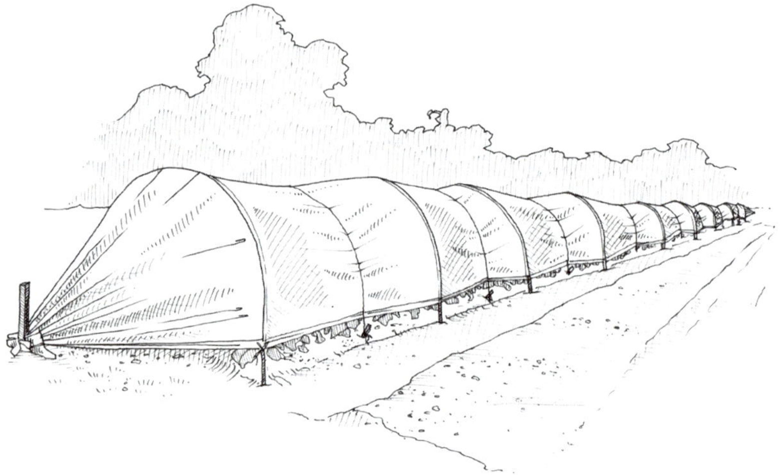

I caterpillar tunnels costano una frazione del prezzo di una serra-tunnel permanente. Forniscono riparo e calore alle colture, oltre a offrire un ambiente ben aerato.

I caterpillar tunnels

I caterpillar tunnels costituiscono un'altra opzione molto interessante per estendere la stagione di coltivazione. Questi «tunnel-bruco» (caterpillar, in inglese) sono semplici ed economici che hanno anche il vantaggio di essere mobili. Dal momento che queste strutture si montano e si smontano facilmente, possono essere trasportate in ogni punto dell'orto e in ogni momento dell'anno. Noi li usiamo per forzare le semine dirette di carote e barbabietole, poi li spostiamo per coprire le solanacee, che hanno sempre bisogno di calore supplementare anche in estate.

Per costruire un caterpillar tunnel si possono usare tecniche e materiali diversi. I sistemi più semplici richiedono solamente dei tubi di PVC, delle barre d'acciaio usate per il cemento armato e della corda. Abbiamo realizzato i nostri con tubi di PVC di 4 millimetri di spessore e 6,1 metri di lunghezza (due pezzi ben incollati). Gli archi sono distanziati ogni 3,5 metri e vengono fissati al terreno inserendoli su aste di acciaio lunghe 61 centimetri, piantate per metà nel terreno. Per rinforzare la struttura, un cavo di raccordo passa per il vertice di ogni arco ed è fissato a un palo saldamente piantato a entrambe le estremità del tunnel. Il telo di polietilene che ricopre la struttura è fermato a terra interrando uno dei lati e utilizzando sacchi pieni di sassi dall'altro lato. Delle corde ancorate al suolo e fatte passare da un lato all'altro tra ciascun arco vanno poi a fissare il telo di polietilene per resistere ai venti forti, conferendo così al tunnel un aspetto simile a quello di un bruco. Per ventilare, apriamo il tunnel arrotolando il telo di plastica e mantenedolo in posizione con ganci fissati alla struttura ad archi alterni.

Nel 2005, abbiamo speso circa 400$ di materiale, escluso il telo di polietilene usato, per realizzare un tunnel che copriva uno spazio di 3,65 metri x 30 metri. Se si considera che il tunnel copre così due bancali e che viene spostato tre volte nel corso dell'anno, tutto ciò corrisponde a un investimento di circa

Dal momento che i caterpillar tunnels sono mobili, possiamo mantenere i nostri ortaggi al riparo (con tutti i vantaggi che ciò comporta) senza compromettere la rotazione delle colture.

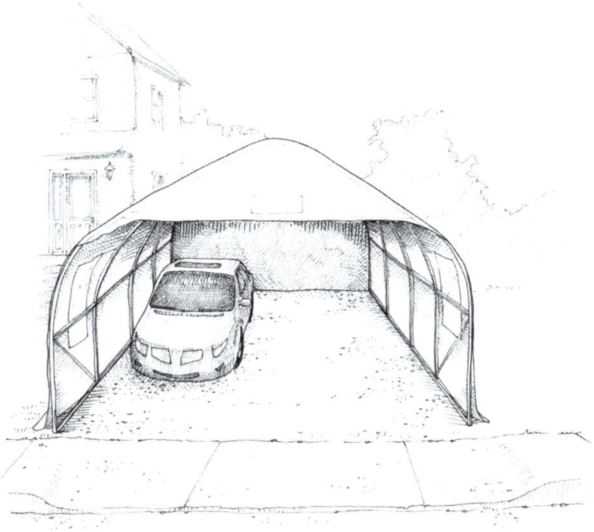

In tutto il Québec si trovano in vendita anche dei ricoveri per auto, che possono essere acquistati sul mercato dell'usato e collegati insieme per formare un tunnel semplice.

I nostri due tunnel oggi vengono utilizzati principalmente per la produzione di peperoni, cetrioli e primizie, ma per molti anni vi abbiamo fatto crescere anche pomodori da serra, ottenendo ottimi risultati.

3,65$ al metro quadrato, per coprire in totale sei bancali: alla fine è un ottimo affare. L'unico svantaggio dei caterpillar tunnels è che la loro struttura non è molto alta, rendendo il lavoro in posizione eretta più difficoltoso. In più, bisogna sempre abbassarsi per entrare e per uscire.

I tunnel permanenti

Un tunnel (hoop house, in inglese) è una struttura permanente realizzata con archi di acciaio semicircolari, imbullonati e coperti con un telo di polietilene. Diversamente da una serra, i tunnel sono strutture piuttosto basse, semplici e per la maggior parte del tempo non riscaldate. I tunnel di cui parlo sono diversi anche dalle grandi serre-tunnel usate nell'orticoltura su grandi superfici.

Generalmente, sono larghi 5 o 6 metri e l'altezza al vertice non supera i 3 metri. Un tunnel può avere qualsiasi lunghezza e si può allungare aggiungendo nuove sezioni, una caratteristica particolarmente interessante quando si sta avviando l'attività.

Uno dei grandi vantaggi di un tunnel è che si tratta di una copertura che può essere utilizzata tutto l'anno.[1] Questa copertura può essere sfruttata per coltivazioni preco-

1. Nelle regioni dove le nevicate sono abbondanti, bisognerà installare una trave per sostenere ogni arco del tunnel.

Telo doppio o singolo?

Un doppio telo di polietilene riempito di aria grazie a un soffiatore, aggiunge un fattore di isolamento termico considerevole a una struttura serricola.
Ciononostante, questo tipo di allestimento riduce anche il passaggio della luce all'interno della copertura. La scelta tra queste due opzioni non è così facile e dipenderà dall'uso che si farà del tunnel.
Se si intende riscaldare il tunnel, bisogna sicuramente prevedere un telo doppio, ma, nel caso contrario, è preferibile installare un telo solo di polietilene e di isolare le piante in base alle necessità, utilizzando coperture di tessuto non tessuto.

ci e tardive, prima e dopo una coltura estiva che ha bisogno di maggiore calore. Seminati al momento giusto, gli ortaggi resistenti al freddo, come gli spinaci e altre verdure asiatiche, possono essere raccolti nonostante il gelo e prolungare così la produzione per molte settimane.

Esistono vari modelli di tunnel e sono venduti anche dalla maggior parte delle ditte specializzate nelle serre. Dato che spesso il costo di una struttura nuova è elevato (pare che il prezzo del metallo aumenti ogni anno), molti piccoli agricoltori decidono di costruire da sé i loro tunnel, piegando tubi di acciaio con un piegatubi.

A mio avviso, invece, la migliore strategia per ridurre il costo di questo investimento è di cercare una struttura usata. Anche se bisogna smontarla e organizzare un trasporto adeguato, il gioco vale la candela.

Ma in ogni caso, l'acquisto di un tunnel è uno dei migliori investimenti che si possano fare. Gli ortaggi prodotti all'interno di queste coperture permettono di recuperare i costi in poche stagioni, se non già nella prima.

I tunnel sono installazioni fisse; è quindi importante pianificare bene la loro ubicazione. Bisogna prestare particolare attenzione anche al drenaggio del terreno al di sotto del tunnel, altrimenti i bancali rischiano di restare umidi troppo a lungo in primavera.

Mettendo da parte il livellamento del terreno, che richiede lavori pesanti all'interno dell'orto, installare un sistema di drenaggio agricolo intorno al perimetro della struttura è la soluzione migliore a questo problema.

I nostri tunnel sono dotati di aperture laterali (roll-up) e di grandi porte a entrambe le estremità e questo è sufficiente per una buona ventilazione.

CAPITOLO 12

Raccolta e immagazzinamento

Non serve solo saper produrre, bisogna anche saper raccogliere, al fine di non compromettere, volgendo al termine, ciò che è costato molto lavoro, molte spese e molte cure... La diligenza con cui si eseguirà questa operazione é dunque di grande importanza.

L'abate François-Xavier Jean, *Les champs. Manuel d'agriculture conçu par les professeurs de l'École supérieure d'agriculture de Saint-Anne-de-la-Pocatière*, 1947

Ora che sono state prese tutte le misure necessarie per far crescere gli ortaggi, è tempo di raccogliere i «frutti» del proprio lavoro... Scherzi a parte, la raccolta rappresenta senza dubbio un momento saliente, perché tutti gli sforzi intrapresi e la cura dei dettagli si trasformano in un risultato tangibile, in un prodotto finale. Per me, niente equivale all'orgoglio per una coltura ben riuscita. Detto ciò, la raccolta è una parte del mestiere che richiede una certa competenza, perché direttamente da essa dipende la freschezza e la conservabilità degli ortaggi. Per garantire la qualità di una produzione, dall'orto fino alla tavola, occorre tener conto di alcuni princìpi di base al momento della raccolta.

Prima di tutto, è importante raccogliere gli ortaggi a un buon punto della loro crescita, quando arrivano a maturazione. Se raccolti troppo presto, gli ortaggi avranno molto meno sapore. Se raccolti troppo tardi, si conserveranno meno a lungo. Per molte colture è facile capirlo senza alcuna conseguenza importante, ma per altre il momento giusto per la raccolta fa un'enorme differenza. Giudicare il grado di maturazione di un melone, per esempio, non è affatto facile, ma influirà enormemente sul sapore. Per ciascun ortaggio, ci sono segni che rivelano il loro stadio di maturazione e bisogna imparare a riconoscerli. Dal momento questi segni sono specifici per ogni coltura, tratterò questo argomento nella sezione dedicata alle note colturali in appendice. Ad ogni modo, il momento giusto per raccogliere un particolare ortaggio non sempre coincide con le esigenze di mercato ed ecco perché una cella frigorifera è indispensabile. Con una cella frigorifera ortaggi come broccoli, zucchine e cetrioli, per nominarne solo alcuni, possono essere raccolti nel momento ideale e immagazzinati qualche giorno prima di essere venduti.

L'altro aspetto importante da ricordare è che, una volta raccolti, gli ortaggi continuano a «vivere» e che, se la loro respirazione non viene rapidamente interrotta con il freddo, perderanno non solo la freschezza, ma anche gran parte del loro valore nutritizionale. Bisogna quindi raccogliere prima che il calore del giorno si diffonda, cioè il più presto possibile la mattina, e raffreddare rapidamente gli ortaggi raccolti nell'orto con acqua fredda e/o con l'aria fredda della cella frigorifera.

Nella nostra azienda, non conserviamo mai gli ortaggi per troppo tempo, perché la raccolta si fa sempre il giorno prima di una consegna. Il nostro magazzino è un ambiente fresco che mantiene una temperatura di circa 15°C, adatta a molti ortaggi. Per quelli che vanno refrigerati, regoliamo la cella a una temperatura di 2 o 4°C.

In linea di massima, la procedura di raccolta è più o meno la stessa per tutte le colture e si divide in tre fasi: raccolta nell'orto, immagazzinamento temporaneo e lavaggio e, infine, la conservazione nella cella frigorifera. Alcuni ortaggi richiedono, tuttavia, maggiori attenzioni.

Pre-raffreddare gli ortaggi raccolti quando arrivano dall'orto e in attesa del loro turno di lavaggio è molto importante. Nel nostro magazzino, che è ben isolato, la temperatura si mantiene sempre sui 15°C, una temperatura più che buona. Gli ortaggi raccolti si possono tenere al fresco anche coprendoli con una coperta di lana ben inumidita.

GLI ORTAGGI A FOGLIA E LE LATTUGHE sono sempre i primi a essere raccolti e sono portati subito al magazzino. Le cassette vengono poi bagnate con acqua fredda per mantenere fresche le verdure prima del lavaggio, che viene fatto più tardi nella giornata. In fase di lavaggio, le foglie danneggiate vengono rimosse. Successivamente, gli ortaggi vengono messi a bagno in acqua fredda per alcuni secondi, poi fatti scolare, prima di riporli delicatamente in un contenitore pulito all'interno della cella frigorifera.

GLI ORTAGGI A RADICE VENDUTI A MAZZI vengono selezionati e disposti a mazzi direttamente nell'orto oppure, se fa caldo, portati sciolti al magazzino per essere lavorati al fresco. Quando si preparano i mazzi, le foglie e le radici danneggiate vengono rimosse e i mucchi vengono calibrati per essere uguali tra un mazzo all'altro. Si conta il numero di mazzi desiderato, calcolando in anticipo il numero di elastici necessario (per esempio, 40 elastici per 40 mazzi). In attesa del loro turno di lavaggio, le cassette vengono bagnate con acqua fredda per assicurare che il fogliame mantenga un bell'aspetto. In fase di lavaggio, le radici vengono ripulite dalla terra con il getto d'acqua di una pistola da giardino. I mazzi vengono infine disposti sfalsati all'interno di contenitori, facendo attenzione a non riempirli troppo, e messi in cella frigorifera.

I BROCCOLI E I CAVOLFIORI si mantengono più a lungo se sono subito messi al fresco una volta raccolti. Appena arrivano al magazzino, vengono messi a bagno in acqua fredda, fatti sgocciolare e immediatamente riposti nella cella frigorifera. Dal momento che la raccolta dei broccoli e dei cavolfiori si effettua quando giungono a maturazione (e non quando è giorno di raccolta), è importante indicare la data di raccolta su ogni contenitore, così da essere certi di usare prioritariamente le prime raccolte al momento della consegna.

I FAGIOLI E I PISELLI non hanno bisogno di essere puliti, ma, se raccolti nel mezzo della giornata, è meglio bagnarli con acqua fredda prima di metterli in cella frigorifera. In questo caso, occorre accertarsi che il contenitore lasci drenare bene l'acqua per evitare problemi di ruggine, soprattutto sui fagiolini.

I CETRIOLI saranno più croccanti se raffreddati velocemente subito dopo essere stati

Al momento della raccolta, cerchiamo di portare a ogni viaggio al magazzino più ortaggi possibile. Abbiamo aggiunto un parasole rimovibile sul carrello per la raccolta per far sì che gli ortaggi rimangano all'ombra. Portiamo con noi anche una coperta di lana umida per tenere i prodotti al fresco.

Per raccogliere in modo efficiente, è necessario munirsi di un buon coltello, bene affilato, in modo da effettuare dei tagli netti, è ancheimportante calcolare correttamente il numero di cassette necessarie per la raccolta. È fondamentale ricorrere a un carrello di raccolta per trasportare le cassette all'area di lavaggio.

raccolti. Una volta tolti dai tunnel, vengono immediatamente messi a bagno in acqua fredda, fatti sgocciolare e messi in cella frigorifera in un contenitore che riporta la data di raccolta.

I POMODORI possono essere raccolti in qualsiasi momento della giornata, ma poiché la loro conservabilità dipende in gran parte dal fatto che non riportino danni, vanno sempre raccolti con molta cura. Per evitare di maneggiarli due volte, i pomodori vengono raccolti e immagazzinati con le stesse cassette, lasciate poi a temperatura ambiente in magazzino.

LE INSALATINE MISTE vengono spesso raccolte in un giorno diverso da quello delle raccolte importanti, in maniera tale da fare tutto nelle prime ore della giornata (è un'operazione a volte molto lunga...). Dopo essere state raccolte, queste piccole verdure vengono immerse in acqua fredda e mescolate delicatamente per amalgamare foglie di colori e dimensioni differenti. Mentre sono a bagno, viene fatta una selezione per rimuovere le foglie danneggiate, le erbe infestanti e gli insetti. Le insalatine miste vengono poi asciugate (altrimenti rischiano di marcire) in una centrifuga elettrica, poi delicatamente confezionate in buste di plastica chiuse e riposte in cella frigorifera.

I MELONI, come i pomodori, possono essere raccolti in qualsiasi momento della giornata. Di solito non vengono refrigerati, ma piuttosto lasciati a maturare a temperatura ambiente nel magazzino. Se, accidentalmente, sono raccolti un po' troppo maturi, saranno allora messi in cella frigorifera, anche se così facendo perderanno un po' di sapore.

IL BASILICO si può raccogliere in qualsiasi momento della giornata, ma non va mai raccolto bagnato né conservato in buste chiuse, perché l'umidità fa annerire le foglie. Il basilico viene riposto in cella frigorifera all'interno di un contenitore semiaperto per evitare la formazione di condensa.

LE ZUCCHINE vengono raccolte ogni due o tre giorni, quando il frutto è ancora piccolo. Non vengono lavate, ma solo riposte in cella frigorifera all'interno di contenitori che ne indicano la data di raccolta.

LE CIPOLLE si possono raccogliere a qualsiasi ora del giorno, di solito quando la maggior parte delle raccolte è stata già fatta. Vengono riunite a mazzi direttamente nel campo e poi ripulite dalla terra con una pistola da giardino, prima di essere messe in cella frigorifera.

L'efficienza nella raccolta

Verso la metà degli anni '40, l'abate François-Xavier de La Pocatière usava il termine «diligenza» per spiegare che al momento della raccolta è necessario procedere con rapidità ed efficienza. Aveva ragione, perché le raccolte sono spesso molto lunghe e se ci si mette troppo tempo a rimuovere certi ortaggi dalle aiuole, ce ne saranno altri che appassiranno prima di essere raccolti. Anche se è sempre possibile farli riprendere in acqua molto fredda, una parte della loro qualità va perduta. La rapidità è fondamentale durante la raccolta, più che in ogni altro momento.

A parte il vantaggio di avere un aiuto in più nell'orto, il modo migliore per velocizzare la raccolta è di essere efficienti voi stessi nelle vostre tecniche di raccolta. Dal momento che la maggior parte delle raccolte non è altro che una ripetizione di piccoli gesti, bisogna soffermarsi a studiare l'ergonomia dei propri movimenti, analizzarli e capire come portare a termine lo stesso compito eliminando i movimenti superflui. Questo esercizio richiede molta pratica e un certo sforzo nel percepire il proprio corpo, ma la giusta tecnica, una volta trovata, vi permetterà di risparmiare centinaia di ore di lavoro inutile.

Un altro elemento importante: le sequenze di lavoro vanno organizzate in modo da limitare al massimo la manipolazione degli ortaggi. Diminuire il viavai tra l'orto e il magazzino è particolarmente vantaggioso e riflettendo semplicemente su questo punto vi sarà possibile trovare facili soluzioni. Alcuni esempi sono: preparare sempre cassette a sufficienza e dotare il carrello per la raccolta di una scatola di elastici, di un parasole e/o di una coperta umida per coprire le cassette e prolungare così il tempo utile per la raccolta. Ciò che bisogna ricordare è che questi piccoli dettagli, nel contesto di una buona pianificazione, fanno un'enorme differenza in termini di tempo risparmiato. Spiego sempre ai tirocinanti che lavorano da noi che l'efficienza è spesso riconducibile a uno stato d'animo; per ottenerla, bisogna sforzarsi di ricercarla.

La manodopera

La raccolta è senza dubbio il momento dell'anno in cui, in questo mestiere, la manodopera esterna è sempre benvenuta. In un orto professionale questo tipo di aiuto è spesso fornito da persone di passaggio (per esempio, soci-clienti desiderosi di dare una mano oppure viaggiatori che lavorano in cambio di vitto e alloggio per qualche settimana) o anche da operai stagionali impiegati a tempo determinato. Per più di dieci anni, abbiamo accolto wwoofers e visitatori e, benché amiamo la loro presenza, posso assicurarvi senza alcuna esitazione che, anche se è necessario spendere dei soldi, una manodopera dotata di esperienza e preparata nella raccolta è molto più vantaggiosa. Ciò non significa che un aiuto amatoriale non sia utile, ma è importante prendere alcune misure.

Innanzitutto, se una persona non ha esperienza non bisogna commettere l'errore (al rischio di perdere tempo e anche il raccolto!) di dare per scontato che capisca ciò che per noi è ovvio. Ho visto persone raccogliere i porri tagliandoli alla base o, ancora, raccogliere i piselli strappando la pianta. Ho mol-

L'attrezzatura per la raccolta può davvero velocizzare il lavoro. Visitare altre aziende agricole è un'ottima maniera di migliorare le proprie conoscenze in materia, ma fate anche ricorso alla vostra creatività! Molti attrezzi che utilizziamo in azienda sono stati realizzati su misura in base ai nostri bisogni specifici.

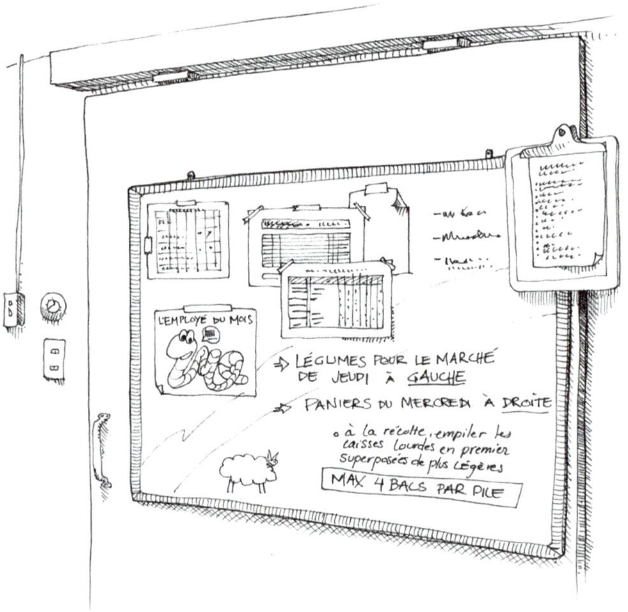

Un sistema semplice per far sì che la raccolta si svolga con ordine è di stilare un elenco di ortaggi per priorità di raccolta.

te storie assurde da raccontare, ma ciò che abbiamo appreso dalla pratica è che bisogna evitare di lasciare queste persone da sole e che è meglio lavorare sempre al loro fianco. Stando sempre con loro, impareranno molte cose (è questo il motivo per cui accogliamo stagisti nella nostra azienda), ma quando bisogna spiegargli tutto e seguirli ogni singolo istante, questo tipo di manodopera è spesso più problematica che utile.

La situazione è diversa se l'aiuto nella raccolta proviene da un operaio fisso o, perlomeno, da una persona spesso presente. A quel punto noi investiamo del tempo per formarla adeguatamente affinché divenga autonoma. Le cose allora vanno avanti con un buon ritmo e si possono raccogliere più ortaggi allo stesso tempo. Ma occorre sempre spendere del tempo per andare a controllare regolarmente se il lavoro è stato svolto nella maniera corretta. Le dimensioni dei mazzi da cogliere, che spesso tende a variare man mano che la raccolta procede, è un esempio di problema frequente che bisogna correggere per evitare di dover rifare tutto daccapo e ricominciare. Per guidare nel modo migliore i nostri aiutanti, abbiamo affisso su una bacheca, situata nell'area di lavorazione, istruzioni chiare (in grandi caratteri). Ancora una volta, questa è una soluzione semplice che ci permette di migliorare enormemente l'efficienza delle nostre raccolte.

La cella frigorifera

Come ho già detto, disporre di una cella frigorifera è una risorsa inestimabile per un giardiniere-orticoltore. La cella frigorifera serve a tre cose: refrigerare con aria forzata gli ortaggi raccolti nell'orto, consentire il loro immagazzinamento per un arco di tempo più lungo e fare in modo che gli ortaggi abbiano assorbito sufficiente freddo per rimanere freschi durante il trasporto, malgrado l'ambiente caldo del furgone, fino alla consegna. Per raggiungere questi obiettivi, la scelta e le dimensioni della cella frigorifera sono molto importanti.

Per quanto riguarda l'acquisto di una cella frigorifera, i due consigli migliori che posso dare sono di investire in un compressore nuovo ancora sotto garanzia (i frigoristi si fanno pagare circa 100$ l'ora...) e di acquistare una cella frigorifera più grande del previsto, direi circa il doppio della superficie che si reputa necessaria per i propri bisogni del momento. Potrebbe sembrare controproducente raffreddare inutilmente uno spazio che non verrà riempito, ma, con un simile investimento, non si commetterà l'errore di sottostimare i vostri bisogni futuri e l'aumento della produzione negli anni a venire. In più, sovradimensionare la cella frigorifera porta con sé alcuni innegabili vantaggi.

Prima di tutto, una cella ampia e un compressore potente consentono di ridurre gli sbalzi di temperatura provocati dalla frequente apertura delle porte durante la raccolta. Una cella che mantiene sempre una buona temperatura è il modo migliore per portare gli ortaggi immagazzinati alla loro temperatura di conservazione ottimale.

In secondo luogo, anche la circolazione dell'aria, che è in gran parte responsabile del raffreddamento dei prodotti, è migliorata quando lo spazio non è riempito al massimo. Riguardo a ciò, all'interno della cella è bene prevedere una distanza di circa 10 centimetri tra una pila di cassette e l'altra.

Infine, vorrei aggiungere anche che è più facile gestire l'inventario quando si ha più spazio in cella frigo. Alcuni prodotti possono essere conservati in una parte della cella dove il carrello può muoversi più agevolmente, quando bisogna trasportare le cassette. Per esempio, a *Les Jardins de la Grelinette* la cella frigorifera misura 2,5 metri x 5 metri e ha iniziato a essere occasionalmente piena soltanto al nostro quinto anno di produzione.

Per quanto riguarda l'organizzazione di una cella frigo, occorre dire una cosa sulla scelta dei contenitori per l'immagazzinamento degli ortaggi. Quando si tratta di questo tipo di attrezzature bisogna fare un acquisto ponderato. Infatti, sul mercato sono disponibili molti modelli differenti di contenitori. Secondo me, un contenitore da stoccaggio ideale dovrebbe possedere le seguenti caratteristiche:

- Avere la giusta grandezza, non troppo piccolo e soprattutto non troppo grande, in modo da non essere troppo pesante da spostare una volta riempito di ortaggi. Potrebbe essere utile avere contenitori di tre grandezze diverse per adattarsi agli ortaggi-foglia, agli ortaggi-radice e agli ortaggi-frutto.
- Avere la possibilità di essere chiuso per poter conservare l'umidità degli ortaggi ed evitare che si secchino nella cella frigorifera.
- Avere la possibilità di essere impilato per l'immagazzinamento grazie a un meccanismo di assemblaggio che sia sufficientemente robusto da sopportare carichi pesanti, quando i contenitori sono sovrapposti, per più stagioni di uso intensivo.
- Essere facile da lavare e forato sul fondo per consentire lo scolo dell'acqua di lavaggio.

Grazie alla nostra cella frigorifera possiamo raccogliere il giorno prima della consegna. Questo ci risparmia parecchio stress e soprattutto di doverci svegliare all'alba nei giorni di raccolta. Con una cella frigorifera, tuttavia, è necessaria una certa organizziazione logistica.

Per quanto ci riguarda, non abbiamo mai trovato contenitori ideali. Abbiamo provato diversi modelli, spesso acquistati usati, e li abbiamo modificati, ma ciascuno di essi sembra possedere delle qualità peculiari che invece dovrebbero essere riunite in un solo modello. Quindi, la ricerca del contenitore perfetto continua... Quando non ne abbiamo più a disposizione, al momento delle raccolte importanti o quando ci sono molti ortaggi in magazzino, facciamo uso anche di cassette per la raccolta prive di coperchio, ma che, una volta impilate, limitano considerevolmente la perdita di umidità.

CAPITOLO 13

Pianificare la produzione

Se avessi a disposizione sei ore per abbattere un albero, spenderei le prime quattro ore ad affilare la mia ascia.

Citazione attribuita ad Abraham Lincoln

Organizzazione = successo. Questo vecchio adagio è vero soprattutto quando arriva il momento di pianificare la propria produzione. Tuttavia, questo compito si rivela particolarmente difficile quando si ha poca o nessuna esperienza in orticoltura diversificata. Questa è la ragione per cui ho scelto di trattare questo argomento solamente alla fine di questo manuale, anche se la pianificazione costituisce in realtà la prima fase del nostro lavoro.

Pianificare la produzione è cruciale per la realizzazione di un orto professionale redditizio e attribuisco a questo lavoro gran parte del nostro successo.

Ma non è facile capire quali ortaggi coltivare, in che quantità e quando avviare le semine, soprattutto quando si tratta di farlo con precisione. Per fare ciò, bisogna innanzitutto comprendere a fondo le diverse fasi della pianificazione. Questo potrebbe disorientare all'inizio, ma se si tiene duro, si arriva a capire che il processo segue una logica piuttosto semplice.

Successivamente, basta seguire fin dall'inizio questo procedimento con rigore. La fase di pianificazione può rivelarsi estenuante, ma tutti gli sforzi intrapresi ne valgono la pena. Tutto quello che è minuziosamente progettato per l'anno a venire favorisce il buon svolgimento delle operazioni nel corso della stagione.

Ecco perché cerchiamo di organizzare più aspetti possibili della nostra produzione durante l'inverno, quando abbiamo più tempo a disposizione.

Fissare gli obiettivi di produzione

Questo lavoro comincia dopo essere stati in vacanza lontano dall'orto e dalla fattoria, quando siamo riposati e abbiamo a disposizione molti giorni liberi per poterci concentrare su questo compito. La prima fase consiste nell'elaborare il nostro budget annuale. Fissare i nostri obiettivi finanziari è la nostra priorità assoluta, perché coltiviamo innanzitutto per sopperire ai bisogni della nostra famiglia e vogliamo essere sicuri che la nostra produzione orticola produca il reddito sperato, o perlomeno una minima entrata. I nostri obiettivi finanziari devono poi tradursi in obiettivi di vendita, i quali, a loro volta, servono a determinare la relativa produzione. Per quanto questo modo di pensare possa sembrare scontato, numerosi agricoltori fanno un ragionamento inverso, cioè stabiliscono all'inizio la loro capacità produttiva sperando di poterne ricavare poi il massimo del profitto. Sconsiglio fortemente agli agricoltori principianti di procedere seguendo questo metodo. Mio padre diceva sempre: «Un obiettivo senza un piano è solo un sogno». Proprio come per ogni altro impiego, è importante definire quanto ci si aspetta di guadagnare.

Quando si lavora con la CSA[1], gli obiettivi di produzione si esprimono in termini di numero di cassette, valore di queste ultime e durata delle consegne. A titolo di esempio, produrre 60 cassette a settimana a 23$ a cassetta per un periodo di 18 settimane consecutive genera un'entrata di circa 25.000$. Il

1. La produzione destinata alla vendita nei mercati cittadini può essere calcolata nella stessa maniera in cui si calcola la produzione per le cassette della CSA.

numero di cassette dipende da fattori quali la superficie coltivabile a disposizione, la manodopera e soprattutto la propria esperienza in orticoltura diversificata. È a questo punto che si stabilisce l'ampiezza che si intende dare al proprio progetto di orto professionale.

La fase successiva consiste nel decidere quali e quanti ortaggi si dovranno coltivare per raggiungere i propri obiettivi di produzione. È il lavoro più difficile e va compiuto in due tempi: in primo luogo, occorre definire la composizione approssimativa delle cassette per la CSA per l'intera stagione e, in secondo luogo, bisogna calcolare la superficie necessaria e le date di impianto per ogni ortaggio scelto. Le tabelle presenti in questo capitolo possono essere utili a tale scopo.

La terza fase consiste nel dividere tutte le semine per categoria, per assicurarsi che ci sia sufficiente spazio nell'orto. A questo punto, si elabora un calendario di produzione e si realizza un piano dell'orto. Queste due operazioni permetteranno in seguito di sfruttare un sistema di produzione complesso, ma in maniera semplice.

Infine, l'ultima fase della pianificazione annuale consiste nel tenerla sempre sotto controllo, prendendo note e appunti nel corso della stagione di produzione. In questo modo si può anche tenere traccia di ciò che è andato male o di ciò che si sarebbe potuto fare meglio. Questi appunti avranno un'importanza considerevole quando si dovrà pianificare la stagione successiva.

Questo non è un metodo universale e molti orticoltori diversificati seguono altri procedimenti. Detto ciò, questo modello è comprovato e relativamente facile da seguire. Ecco, a titolo di esempio, come mettiamo in atto le diverse fasi della pianificazione.

Determinare la produzione

A *Les Jardins de la Grelinette*, riforniamo 120 famiglie attraverso la CSA per 21 settimane e teniamo un banco in due mercati contadini per 20 settimane. Dato che è difficile determinare in anticipo le vendite che effettueremo al mercato (dipende infatti dalle condizioni meteorologiche, dai clienti, ecc.), consideriamo che questo segmento di clientela equivale a ulteriori 100 famiglie rifornite attraverso la CSA. Ammetto che questa cifra è un po' fuorviante, perché non è detto che i clienti del mercato accettino necessariamente gli stessi ortaggi che includiamo nelle cassette per la CSA, ma la domanda è sufficientemente simile da permetterci di considerarli più o meno alla stessa stregua. Questa è anche la maniera più semplice di procedere.

In totale, quindi, puntiamo a produrre l'equivalente di 220 cassette ogni settimana, per un valore a cassetta di circa 26$ di prodotti freschi. Questa entrata, stimata in 117.260$ (220 cassette a 26$ per 20,5 settimane), è sufficiente a coprire i nostri bisogni finanziari e ci permette di continuare a godere dello stile di vita che abbiamo scelto.

Cosa produrre?

Per rappresentare meglio la nostra produzione, abbiamo creato una tabella che comprende 21 "caselle" vuote, corrispondenti alle 21 settimane di consegna e che dobbiamo riempire con ortaggi differenti. La scelta degli ortaggi tiene conto di parametri oggettivi, come la stagionalità, ma anche delle nostre preferenze. Una volta scelti gli ortaggi, pianifichiamo in maniera precisa la composizione solamente delle prime tre e delle ultime quattro cassette della stagione. Procediamo in questo modo perché le date delle semine sono particolarmente importanti da rispettare per le consegne che avranno luogo a inizio e a fine stagione.

Per le settimane che vanno dalla 4ª alla 17ma, non calcoliamo in maniera altrettanto precisa il contenuto delle cassette. Elaboriamo invece un piano approssimativo degli ortaggi che verranno coltivati in successione. Quando la stagione è al culmine e numerosi ortaggi giungono a maturazione nello stesso tempo, riempiamo le cassette con alcuni ortaggi che si conservano (sulla pianta, a terra o in cella frigorifera) e altri che devono essere raccolti e venduti immediatamente (per esempio, piselli, fagiolini e pomodori). Calcoliamo ciò che ci serve in maniera diversa, a seconda del tipo di ortaggio.

Per gli ortaggi che vengono raccolti una sola volta (radici, lattuga, broccoli, sedano rapa), stabiliamo il numero di volte in cui vogliamo includerli nelle cassette (per esempio, otto volte le carote e cinque volte le barbabietole) e questo ci darà un idea del numero di semine che dovremo includere nel nostro piano di produzione. Per quanto riguarda gli ortaggi che vengono raccolti più di una volta (pomodori, cetrioli, zucchine, ecc.), lo scopo è di coltivare abbastanza piante da riuscire a raccogliere 220 unità a settimana. Per le zucchine, per esempio, ciò vuol dire che bisogna avere in ogni momento 110 piante in produzione, dal momento che ogni pianta produce all'incirca due frutti a settimana.

Ecco dunque come potrebbe presentarsi un piano annuale di cassette:

CASSETTA 1 (13 giugno): spinaci (3$), ravanelli (2$), cetrioli (4$), zucchine (4$), cavolo rapa (2$), fiori d'aglio (2,50$), cavolo riccio (2,50$), rucola (4$), coriandolo (2$). Valore totale: 26$.

CASSETTA 2 (20 giugno): lattughe (2$), rape (2,50$), barbabietole (2,50$), cetrioli (4$), zucchine (4$), cipollotti freschi (2$), broccoli (3$), senape (2$), pak choi (2,50$), aneto (2$). Valore totale: 26,50$.

CASSETTA 3 (27 giugno): lattughe (2$), spinaci (3$), ravanelli (2$), cetriolo (4$), zucchine (4$), cavolo riccio (2,50$), fiori d'aglio (2,50$), cavolo rapa (2$), basilico (2$), piselli mangiatutto (3$). Valore totale: 27$.

CASSETTA DA 4 (4 luglio) A 17 (3 ottobre): lattughe e, in base alla disponibilità, carote, rape, barbabietole, cetrioli, pomodori, zucchine, piselli mangiatutto, fagiolini, broccoli, cavolfiori, aglio, cipolle, bietola a coste rossa, basilico, melanzane, peperoni, pomodori ciliegini, porri, meloni, alkekengi, peperoncini, erbe aromatiche, sedano.

CASSETTA 18 (10 ottobre): lattughe (2$), carote (2,50$), rape (2,50$), cetrioli (4$), pomodori (4$), aglio (2$), porri (3$), rucola (2$), peperoni (3$), coriandolo (2$). Valore totale: 27$.

CASSETTA 19 (17 ottobre): spinaci (3$), barbabietole (2,50$), ravanelli invernali (2,50$), cetrioli (4$), cavolo riccio (2,50$), cavolfiori (3$), sedano rapa (2$), cipolle (3$), broccoli (3$), prezzemolo (2$). Valore totale: 27,50$.

CASSETTA 20 (24 ottobre): spinaci (3$), carote (2,50$), rape (2,50$), aglio (4$), cavolo cinese (4$), cavolo rapa (2$), porri (3$), rucola (2$), patate (3$), timo (2$). Valore totale: 28$.

CASSETTA 21 (1 novembre): spinaci (3$), carote (5$), cavolo riccio (2,50$), cipolle (3,50$), ravanelli invernali (2,50$), sedano rapa (2$), zucche invernali (4$), prezzemolo (2$), patate (3$). Valore totale: 27,50$.

Quanto e quando produrre?

Una volta che abbiamo deciso cosa produrre, occorre stabilire quanto e quando produrre. Per farlo, calcoliamo per ogni ortaggio il numero di bancali necessari per la produzione di 220 unità a settimana e anche quando vanno effettuate le semine affinché la raccolta possa avere luogo nelle date desiderate. Per semplificare questa operazione, utilizziamo una tabella per il calcolo della produzione, come quella a pagina 153,[2] e registriamo scrupolosamente i dati di produzione di ciascuna varietà di ortaggio in una lista simile a quella riportata più avanti.

Alla fine di questa operazione, riuniamo in gruppi le semine dello stesso ortaggio e questo ci permette di sapere quanti bancali dovremo seminare e anche le diverse cultivar che li occuperanno. Grazie a queste informazioni possiamo effettuare gli ordini delle sementi.

2.Non bisogna dimenticare che stiamo adottando una disposizione intensiva e che questa genera una resa maggiore rispetto a quella riportata in altre tabelle, basate su sistemi di produzione diversi.

Composizione delle cassette a Les Jardins de la Grelinette

La scelta degli ortaggi che includiamo maggiormente nelle nostre cassette segue strettamente la domanda dei clienti. Con il passare del tempo, abbiamo capito che i nostri soci preferiscono ricevere certi ortaggi con cadenza regolare e altri in maniera più occasionale.
Regolarmente: pomodori, lattuga, erbe aromatiche, cetrioli, carote, zucchine, peperoni, cipolle.
Secondariamente: aglio, barbabietole, rape, ravanelli, piselli mangia-tutto, fagiolini, broccoli, cavolfiori, patate, melanzane, verdure asiatiche, rucola, spinaci, basilico, meloni, pomodori ciliegini, bietola a coste e cavolo riccio.
Occasionalmente: finocchi, peperoncini, alkekengi, cicoria, cavolo rapa, sedano rapa, sedano, ravanelli invernali, fiori d'aglio, mais dolce, cavolini di Bruxelles.
La composizione delle nostre cassette segue anche alcuni principi che mirano a rendere la nostra offerta più varia e apprezzata possibile:

- Proponiamo da 8 a 12 ortaggi diversi in ogni cassetta, in ogni momento della stagione.
- Forniamo una lattuga o degli spinaci in ogni cassetta a inizio e a fine stagione.
- Includiamo una verdura a foglia a settimana (a volte due o tre a inizio stagione) con lo scopo di non offrire gli stessi ortaggi due volte di seguito.
- Cerchiamo di fornire due ortaggi-radice per cassetta e carote il più spesso possibile.
- Ci sforziamo di produrre ortaggi-frutto il prima possibile al fine di aggiungere valore alle cassette presto nel corso della stagione.
- Includiamo erbe aromatiche in ogni cassetta.

Beninteso, il contenuto delle cassette non accontenterà mai all'unanimità tutti i nostri soci, ma noi restiamo sempre aperti e disponibili per cercare di soddisfare le loro richieste. Detto ciò, bisogna evitare di lasciarsi troppo influenzare dalle preferenze di ciascuno. Bisogna anche fare attenzione, in primo anno, a non produrre troppo. Secondo me, a un giardiniere-orticoltore alle prime armi conviene limitare la sua produzione, nel corso delle prime stagioni, a una ventina di ortaggi e cercare di padroneggiare prima di tutto la produzione di ortaggi «regolari», che sono i più facili da coltivare. Abbiamo sempre acquistato patate, zucche invernali e, occasionalmente, angurie per completare le nostre cassette. I nostri clienti lo sanno e non se ne sono mai lamentati.

Elaborare un calendario colturale

Dopo aver stabilito il numero di bancali e le date di semina per l'insieme della produzione, bisogna riassumere tutti i dati per tracciare una linea da seguire che sia facile da comprendere e da mettere in atto. È quello che facciamo con l'aiuto di un calendario annuale, che dev'essere grande abbastanza da potervi annotare tutte le informazioni. Per ciascun ortaggio scriviamo tutte le date, usando la seguente legenda: R = raccolta, S = semina al coperto, SD = semina diretta in campo e T = trapianto.

In questa fase, dedichiamo del tempo anche a rendere sistematiche le altre pratiche colturali al fine di includerle nel nostro calendario. Per ogni trapianto o per ogni semina diretta, annotiamo anche la data in cui sarà necessario preparare i bancali, facendo attenzione a includere anche il tempo necessario per effettuare una falsa-semina (generalmente due settimane prima). Annotiamo anche gli interventi fitosanitari che non dobbiamo dimenticare, così come tutto ciò che rischia di sfuggirci di mente una volta immersi nel vivo dell'azione. Per esempio, se i broccoli vanno concimati con boro e molibdeno 10 giorni prima del trapianto, lo appuntiamo sul calendario. Se i pomodori vanno concimati ogni mese, prendiamo nota anche di questo, e così via.

Un tale calendario, se ben fatto, permette di non lasciare nulla al caso. Ci rivela, con un colpo d'occhio, l'insieme delle mansioni da svolgere nel corso della settimana. Nel corso dell'intera stagione è questo calendario che ci ricorda cosa fare e quando. Con il rischio di ripetermi, questo strumento è veramente essenziale per il successo della nostra stagione di produzione.

Realizzare un piano dell'orto

L'ultima fase per completare il nostro calendario colturale consiste nel realizzare un piano dell'orto per stabilire in anticipo la disposizione esatta delle semine. Ricordiamo che il nostro orto è suddiviso in 10 parcelle delle stesse dimensioni, organizzate in famiglie o gruppi di ortaggi (vedi il capitolo 6 sulla concimazione) sottoposti a un piano di avvicendamento predefinito. Quando ho descritto il sistema che abbiamo seguito per definire il nostro piano di rotazione, ho anche precisato che quest'ultimo avrebbe potuto essere un po' limitante. Ora che abbiamo scelto gli ortaggi che vogliamo coltivare e la quantità necessaria, ci dobbiamo anche assicurare di avere spazio a sufficienza nell'orto, sempre nei limiti imposti dal nostro piano di avvicendamento.

Il nostro piano dell'orto raffigura quindi ciascuno dei 16 bancali permanenti all'interno di ognuna delle 10 parcelle, riunite per famiglia di ortaggi. In seguito, il lavoro da fare consiste nel trovare il luogo migliore per ciascuna semina, tenendo conto della famiglia botanica, ma anche raggruppando gli ortaggi in base a certe caratteristiche che renderanno più facile la gestione delle coltivazioni. Per esempio, mettiamo insieme le semine da effettuare nello stesso giorno, quelle che vanno poi coperte con tessuto non tessuto, quelle seminate in campo aperto o annaffiate con gli irrigatori (questi ultimi coprono fino

DATE E NUMERO DELLE SEMINE

R = raccolta, **S** = semina al coperto, **SD** = semina diretta in campo e **T** = trapianto

Spinacio	**R**: 16 giugno	**S**: 22 aprile	**T**: 9 maggio	2 bancali (Tye)
Ravanello	**R**: 16 giugno	**SD**: 10 maggio		1 bancale (Raxe)
Cavolo-rapa	**R**: 16 giugno	**S**: 6 aprile	**T**: 3 maggio	1 bancale (Koridor)
Zucchina	**R**: 16 giugno	**S**: 26 aprile	**T**: 16 maggio	4 bancali (2 - Plato, 1 - Zephyr)
Melanzana	**R**: agosto	**S**: 7 aprile	**T**: 1 giugno	4 bancali (2 - Beatrice, 1 - Nadia)
Spinacio	**R**: 20 ottobre	**S**: 1 agosto	**T**: 25 agosto	2 bancali (2 - Space)
Ecc.				

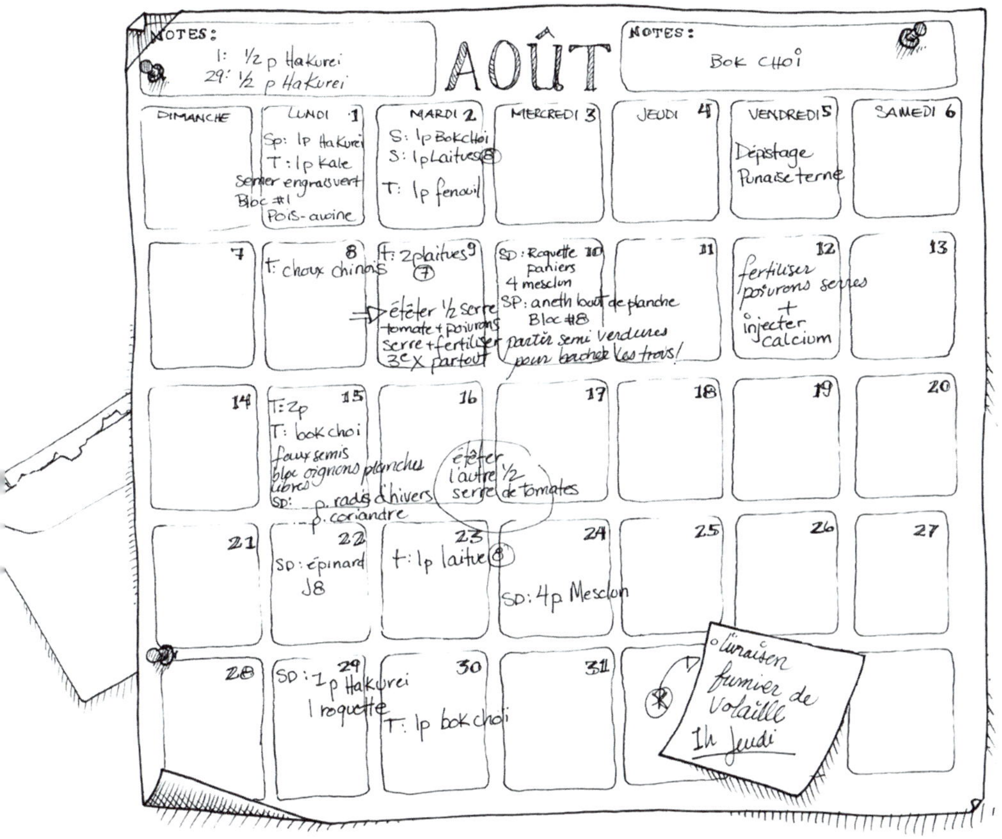

Il calendario di produzione è uno strumento indispensabile per eseguire tutte le operazioni di impianto e di manutenzione che la nostra produzione intensiva richiede. Nonostante esistano diversi modi di organizzare le date di semina (fogli di calcolo, software, ecc.), noi preferiamo avere la chiarezza visiva che ci dà un calendario cartaceo.

a quattro bancali). Vogliamo mettere insieme anche quegli ortaggi che giungono a maturazione nello stesso momento, in modo tale che le coltivazioni successive possano essere avviate seguendo lo stesso processo.

Dal momento che abbiamo intenzione di effettuare il maggior numero possibile di rotazioni su ogni bancale, cerchiamo di capire per quanto tempo ogni coltura occuperà il bancale, dalla semina o trapianto fino a raccolta conclusa. Per ogni semina inclusa nel piano, annotiamo quindi la data di impianto e la data della prima raccolta, alla quale aggiungiamo 14 giorni per essere sicuri che la coltivazione sia arrivata a termine; poi tracciamo una linea che indica che il bancale è di nuovo libero per un'altra semina o per una coltura protetta. Una bozza di uno dei nostri piani dell'orto si trova in appendice, a titolo di esempio.

Prevedere la disposizione di ogni semina è un lavoro che fa sorgere numerosi dubbi ed errori. È impegnativo, ma indispensabile quando si opera su una piccola superficie coltivabile. Anche se questa operazione aggiunge ulteriori complicazioni alla nostra pianificazione annuale, è importante portarla avanti, perché ci consente di utilizzare la nostra piccola superficie coltivata in maniera ottimale. Il più delle volte, ci dedichiamo a questo compito quando fuori nevica e non ci sono lavori veramente urgenti che ci premono. Così, in estate, siamo ben contenti di non doverci più porre questo tipo di domande e di lavorare in un orto sempre pieno.

L'importanza di prendere appunti

Come ho già accennato, una volta elaborato il nostro calendario colturale, cerchiamo di seguirlo senza porci troppe domande. Ecco perché è così importante essere concentrati quando ci si dedica a questo compito. Detto ciò, quasi sicuramente ci accorgeremo di aver commesso qualche errore nel corso della stagione: un calcolo sbagliato dei giorni che una coltura trascorre in campo, un'avvicendamento colturale troppo distanziato, un numero di bancali insufficiente rispetto alla domanda, ecc.

Per evitare di ripetere questi errori, abbiamo adottato un sistema semplice di prendere appunti, perché sappiamo per esperienza che ciò che accade a giugno ci sarà passato di mente a gennaio... Registriamo le nostre osservazioni in un quaderno ad anelli diviso in sezioni, che corrispondono a ciascuna delle nostre coltivazioni. In questo modo, per ogni cultivar, appuntiamo la data in cui è stata avviata la semina, quando è stata piantata e raccolta, oltre che la resa. Scriviamo anche il numero di bancali che abbiamo seminato e questo ci permette eventualmente di regolare il tiro l'anno seguente. Riserviamo anche uno spazio, in fondo al foglio, per annotare ogni altra informazione utile. Le pagine del nostro quaderno assomigliano alla tabella qui di seguito.

ESEMPIO DI FOGLIO DI APPUNTI

Melanzane: 1 fila di piante distanziate a 45 cm. Concimazione: 5 carriole di compost e 6 litri di pollina

Data e cuiltivar	Contenitori e quantità	Data e luogo di trapianto	Data della prima raccolta	Resa per bancale di 30 m
7 aprile: 3 bancali di Béatrice	225 vasetti da 10 cm	30 maggio nell'orto	5-17 luglio	
7 aprile: 1 bancale di Nadia	75 vasetti da 10 cm	30 maggio nell'orto	5-25 luglio	

Intervento il 5 luglio: piretro per ridurre la popolazione di cimici
Intervento il 30 agosto: piretro per ridurre la popolazione di cimici
N.B.: Béatrice fornisce una buona resa tutta l'estate, nonostante le cimici

Il nostro "sistema " di appunti è estremamente semplice e richiede poco tempo. Funziona meglio quando le informazioni sono annotate regolarmente. In poche parole, sono piccoli dettagli che fanno una grande differenza.

CALCOLO DELLA PRODUZIONE

Ortaggio	Tempo di crescita*	Resa/bancale di 30 m*	Note
Aglio	ND	600 unità	
Melanzana	100	65 unità/settimana	Calcolare 1 frutto/pianta/settimana quando la produzione è ben avviata
Basilico	60	150 unità/settimana	Calcolare 1 mazzo (12g)/pianta ogni 2 settimane a produzione avviata
Bietola a coste e cavolo riccio	60	150 unità/settimana	Calcolare 1 mazzo ogni 2 piante ogni 2 settimane
Barbabietole a mazzi	60	160 mazzi	
Broccoli	75	120 teste	
Carote a mazzi	55	180 mazzi	
Sedano rapa	140	300 unità	
Alkekengi	110	ND	Due bancali coprono i nostri bisogni annuali
Cavolo estivo	80	150 unità	
Cavolfiore	75	130 teste	Prevedere molti più giorni nell'orto per alcune cultivar
Cavolo rapa	60	420 unità	Prevedere molti più giorni nell'orto per alcune cultivar
Cetriolo in serra	50	115 unità/settimana	Calcolare 1.75 frutto/pianta/settimana
Zucca estiva	50	100 unità/settimana	Calcolare 2 frutti/pianta/settimana
Zucchina	50	100 unità/settimana	Calcolare 2 frutti/pianta/settimana
Spinacio sfuso	40	35 kg	Calcolare 16 kg alla prima raccolta e 18 kg tra la seconda e la terza
Finocchio	80	400 unità	
Fagiolino	55	30 kg/settimana	Calcolare 60 kg di resa totale su 2 settimane di buona produzione
Lattuga	50	250 unità	
Melone	80	100 unità o meno	Calcolare 1.25 frutto/pianta
Rape a mazzi	40	200 mazzi	
Cipolla	120	182 kg	
Cipollotto	75	350 unità	
Porro estivo	120	175 unità	Venduto a mazzi da 3 o 4 pezzi
Piselli mangiatutto	55	12 kg o meno/ settimana	Calcolare 35 kg di resa totale distribuita su 3 settimane di buona produzione
Peperone	120	120 unità/settimana	Calcolare 1 frutto/pianta/settimana quando la produzione è ben avviata
Ravanello	30	300 mazzi	
Rucola	35	200 mazzi	
Pomodoro	120	70 kg/settimana	Calcolare 3 frutti/pianta/settimana quando la produzione è ben avviata
Verdure asiatiche	60	300 unità	

* Il tempo di crescita indica il numero di giorni che intercorre dalla semina alla prima raccolta. Questa espressione fa riferimento all'inglese days to maturity, che si trova in molti cataloghi di sementi. Non equivale ai "giorni nell'orto" (di cui parlo nelle note colturali in appendice), perché il tempo di crescita include anche i giorni trascorsi nei contenitori alveolati. Per le piantine trapiantate presto in primavera o tardi in autunno, questo valore va regolato, tenendo conto che gli ortaggi crescono più lentamente.

** Le rese settimanali sono approssimative e si basano sulle nostre distanze intensive su un bancale largo 75 centimetri e lungo 30 metri. Se avete bancali di misure diverse, adattate i valori.

Conclusioni

La politica agricola: un ritorno al futuro
Proprio come una moltitudine di persone nel mondo, anche noi vogliamo condurre una buona vita – una vita semplice, equilibrata e soddisfacente. Come loro, il nostro scopo è di contribuire a rendere il pianeta un luogo dove valga la pena vivere per le future generazioni di esseri umani e anche per le molte altre forme di vita che abitano la Madre Terra, i suoi continenti e suoi oceani.

Scott e Helen Nearing, *The Good Life: Sixty Years of Self-Sufficient Living*, 1970

È con immensa gioia che cito Scott e Helen Nearing in conclusione di *Coltivare bio con successo*. Il loro libro, *The Good Life*, è uno dei miei racconti preferiti ed è anche la stessa storia di molti nord-americani che, nel corso degli ultimi 40 anni, sono fuggiti dalle città e dalle periferie per tornare alla terra. Proprio come me, queste persone cercavano di dare un senso più profondo alla loro vita professionale e di ristabilire un legame con la natura nella loro quotidianità. Il messaggio di autosufficienza e di semplicità dei Nearing ha ispirato più di una generazione di «pionieri», tanto che oggi è possibile essere ecologisti, agricoltori e indipendenti allo stesso tempo...

Scrivendo *Coltivare bio con successo*, ho accennato al tipo di vita che questo mestiere mi procura, ma non vorrei commettere lo sbaglio di presentarlo come ideale o idilliaco. Il mestiere dell'agricoltore è difficile e ha scoraggiato più di una persona. Allo stesso tempo, sono convinto che il contesto attuale sia molto diverso rispetto a quello che valeva, anche solo 20 anni fa, per tutti coloro che cercavano di stabilirsi in campagna e di vivere basandosi su una produzione a misura d'uomo. Oggi, molti più cittadini sono solidali e desiderosi di contribuire a un'agricoltura ecologica e locale e credo che il numero di queste persone continuerà a crescere man mano che prenderemo coscienza degli effetti nefasti dell'industria agroalimentare sulla nostra salute e sul nostro ambiente. Non c'è mai stato un momento migliore di questo per dedicarsi all'agricoltura biologica. Ciò è tanto più vero dal momento che esistono, oggi, finanziamenti statali interessanti per stimolare la rinascita dell'agricoltura.

Il governo del Québec dovrà, un giorno o l'altro, rimodernare la politica agricola che ha condotto i contadini nel vicolo cieco in cui attualmente si trovano. Purtroppo, per il momento, il governo del Québec continua a promuovere le aziende a vocazione agro-industriale e la conquista dei mercati. Non è stata presa alcuna misura per porre fine alle monocolture e prevenire l'inquinamento delle campagne, esposte a prodotti tossici e agli OGM. Pare quindi che non ci sia ancora, a breve termine, una volontà politica di portare il Québec verso un'agricoltura sostenibile e in grado di offrire prodotti realmente validi dal punto di vista nutrizionale.

Parlo di politica agricola perché credo che molte persone vi ripongano le proprie speranze. Penso che questa volta le trasformazioni sperate non partiranno dalla politica, cioè «dall'alto». I governi, ora più che mai, si lasciano trascinare passivamente dai cambiamenti sociali e perciò è necessario rivolgersi altrove per sperare in un cambiamento.

La buona notizia è che l'industria agroalimentare fa sempre più fatica a convincere i giovani a imbarcarsi in progetti di «fattorie-fabbriche», acquistate per milioni di dollari... di debiti. Nel frattempo, sempre più persone fanno agricoltura con successo, adottando pratiche biologiche messe in atto in piccole aziende agricole. Negli anni a venire, ci sarà un'intera generazione di giovani istruiti, politicizzati e motivati che si stabiliranno in campagna e metteranno su famiglia all'interno di comunità rurali dove si darà valore alla convivialità. Dappertutto negli Stati Uniti e in Francia (e sicuramente in molti altri paesi dove l'agricoltura ha assunto un'importanza sociale) questo «esodo urbano» è già in corso. Nel Québec, i workshop di agricoltura sono sempre più affollati, come se un'intera generazione volesse ritornare alla terra. Saranno forse questi futuri agricoltori alternativi, ispirati dal successo di altri piccoli produttori biologici, a far pendere la bilancia verso il cambiamento che si spera di attuare.

Nel momento in cui quest'onda di artigiani della nuova agricoltura si infrangerà, molto probabilmente assisteremo alla fine dell'era del petrolio a basso costo. Questa nuova realtà costringerà inevitabilmente la società a ripensare il suo rapporto con l'agroalimentare e il concetto stesso di «supermercati». Non vedo come potremo continuare a importare a basso costo prodotti che provengono da ogni angolo del pianeta. Con l'aumento del prezzo dei concimi chimici e del carburante che fa muovere le possenti macchine agricole, gli agricoltori convenzionali non avranno forse altra scelta che adottare pratiche alternative di agricoltura biologica. Forse saremo ancora vivi per assistere a quello che chiamo un «ritorno al futuro»: il mestiere dell'agricoltore ritroverà la sua gloria passata e le fattorie familiari saranno nuovamente valorizzate e prospere. Non è folle credere che questa evoluzione sia possibile e imminente.

Ad ogni modo, possiamo fin da subito celebrare il fatto che un'agricoltura diversa viene già praticata oggi e, cosa più importante, che è fiorente. Infatti, ci sono sempre più organizzazioni e comitati cittadini che lottano per riportare la produzione ecologica del cibo al centro della società. Le persone impegnate in questa lotta meritano il mio più grande rispetto e spero che saranno sempre più numerose. Beninteso, bisogna che una parte di queste persone decida non solo di mettere le mani in pasta, ma di metterle anche nella terra. Nell'attuale contesto, ciò costituisce un atto politico di per sé.

Per quanto mi riguarda, sono felice di coltivare per tutti quelli che ritengono che il mio lavoro risponda a un bisogno fondamentale e spero di essere riuscito a dare il mio contributo a questo movimento, condividendo le mie conoscenze. Con ciò, non mi resta che incoraggiarvi a continuare i vostri rispettivi percorsi e augurarvi un grande successo con i vostri orti.

Alla prossima!

Jean-Martin Fortier

APPENDICE 1

Note di coltivazione sui diversi ortaggi

Questo manuale ha illustrato finora le nostre pratiche orticole da un punto di vista generale. Questo è essenziale per comprendere il sistema colturale che abbiamo messo a punto e il modello che propongo nel suo insieme. Ma la coltivazione diversificata di ortaggi implica anche una conoscenza particolare di ciascuna coltura. Ogni ortaggio ha le sue caratteristiche e richiede cure specifiche. Ecco quindi delle note colturali che descrivono i metodi adottati per coltivare gli ortaggi che preferiamo a *Les Jardins de la Grelinette*.

Simboli

COLTURA RESISTENTE AL FREDDO

COLTURA CHE SI SEMINA DIRETTAMENTE IN CAMPO

COLTURA CHE VIENE TRAPIANTATA

COLTURA MOLTO REDDITIZIA

COLTURA FACILE

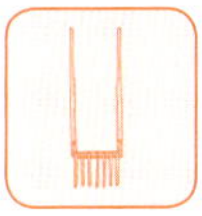
COLTURA CHE TRAE VANTAGGIO DALLA LAVORAZIONE CON LA GRELINETTE

Aglio (liliacee)

L'aglio è un ortaggio da conservazione ideale per un orto professionale. È richiesto, redditizio e si adatta molto bene a un clima freddo come quello del Québec. I negozi di alimentari vendono principalmente aglio importato dalla Cina e ciò rappresenta un'ottima occasione per fare affari, perché molte persone sono pronte a spendere di più per un aglio prodotto a livello locale, più saporito e di qualità migliore rispetto a quello venduto nei supermercati. Detto ciò, la coltivazione dell'aglio non è semplice. Pertanto, è imperativo seguire le giuste procedure di impianto, di raccolta e di immagazzinamento.

A *Les Jardins de la Grelinette* coltiviamo aglio dal collo duro, perché ha un sapore migliore e si conserva meglio dell'aglio dal collo morbido. Si semina prima dell'inizio dell'inverno per essere raccolto l'estate successiva, giusto in tempo per i nostri mercati principali di agosto e settembre. L'aglio è un ortaggio che produciamo in grandi quantità nel nostro orto, perché, oltre alle vendite stagionali, la maggior parte dei nostri clienti e soci lo comprano a fine stagione per le loro scorte invernali. Gli abbiamo quindi riservato una parcella intera nel piano di avvicendamento. Coltivare più di un migliaio di piante d'aglio non è un'impresa facile. È necessario avere un alto livello di organizzazione.

Ogni anno, invitiamo i nostri soci della CSA e i nostri parenti a una «festa della semina» per aiutarci in questa operazione. Prima di procedere, i bulbi vengono divisi e vengono selezionati solo gli spicchi sani e di grosso calibro. Prepariamo i bancali aggiungendo com-

Nota

- Le densità raccomandate si riferiscono a bancali larghi 75 centimetri.
- Per avere un'idea delle dosi dei concimi ammendanti, il lettore può fare riferimento al piano di concimazione riportato a pagina 70.
- Le date delle semine non sono fisse e variano da un anno all'altro; sono qui riportate come riferimento per l'elaborazione di un primo calendario di coltivazione. Occorre anche sottolineare che il nostro terreno gode di uno dei climi più caldi del Québec e che, di conseguenza, le date delle nostre semine primaverili sono molto anticipate.
- Le date delle semine e i trapianti indicati, così come il ricorso ai letti caldi e a serre riscaldate, si basano sul clima del Quebec, dove l'ultima gelata avviene attorno la metà di maggio e la stagione si conclude a metà novembre. Rispettando il contesto climatico e colturale italiano, conviene adattare le date di prima e ultima semina relativamente all'ultima gelata della propria zona climatica. Una valutazione climatica riguarda il ricorso a serre e a tunnel. Tra nord e sud Italia le date si possono anticipare o ritardare tra i 10 e i 30 giorni.
- Riguardo alle varietà, si consiglia fare riferimento a varie fonti di sementi per trovare le cultivar più adatte al proprio clima e alle necessità di produzione. Nel libro sono stati aggiunti suggerimenti di cultivar italiane selezionate dai cataloghi di Sativa e Bioseme.

post, eseguendo un passaggio con la grelinette e lavorando il terreno a una profondità di circa 5 centimetri per smuoverlo e facilitare il lavoro. Quando si pianta, raccomandiamo di interrare gli spicchi a 3 centimetri di profondità, sempre rivolti verso l'alto. Gli spicchi vengono piantati rispettando una distanza che tracciamo in precedenza. In seguito, ricopriamo i bancali con 10-15 centimetri di paglia. Questa pacciamatura impedisce al suolo di gelare troppo velocemente e consente agli spicchi di radicare bene prima dell'inverno.

All'inizio della primavera, quando le piantine di aglio iniziano a spuntare, rimuoviamo una parte della paglia per permettere al terreno di riscaldarsi più facilmente. Questo ci permette anche di evitare problemi di malattie causate da un eccesso di umidità. In un suolo argilloso o invaso da malerbe, sarebbe invece preferibile rimuovere completamente la pacciamatura per poter effettuare zappature frequenti. L'aglio è una coltura che convive male con le erbe infestanti e che bisogna mantenere pulita. Questo è uno dei fattori che favoriscono la produzione di bulbi di grandi dimensioni.

Quando arriva metà giugno, la pianta d'aglio sviluppa uno stimma floreale (comunemente chiamato fiore d'aglio) che noi rimuoviamo per far sì che il bulbo della pianta riceva sufficiente energia per continuare a ingrossarsi. Raccogliamo questi fiori due o tre volte a settimana durante le prime settimane di giugno e li vendiamo nei primi mercati, diversificando così la nostra offerta in un momento della stagione in cui i prodotti sono meno numerosi. Qualche settimana più tardi, cominciamo a raccogliere l'aglio fresco (o semi-asciutto) che vendiamo al pezzo con tutto il fusto. Infine, a partire da metà luglio, iniziamo la raccolta vera e propria della nostra produzione.

Determinare il momento migliore per raccogliere l'aglio non è semplice. Se raccolti troppo presto, i bulbi avranno meno strati di membrana e verranno più facilmente danneggiati con la manipolazione e l'immagazzinamento. Se raccolti troppo tardi, i bulbi rischiano di dividersi. Noi iniziamo a raccogliere quando circa il 30% del fogliame inizia a morire, cosa che indica che la pianta sta riducendo la quantità di nutrimento e acqua che invia alle foglie. È possibile riconoscere questo stadio di sviluppo quando sulla pianta restano solamente cinque o sei foglie belle e il resto del fogliame è giallo e secco. A questo punto si arriva alla fase cruciale della raccolta e dell'essiccamento delle piante. Il modo in cui vengono eseguite queste operazioni influisce enormemente sul tempo di conservazione.

Dopo aver provato diverse tecniche, il procedimento che abbiamo adottato per ottimizzare l'essiccamento è di pulire i bulbi in campo, immediatamente dopo la raccolta. Estirpiamo l'aglio dal terreno e rimuoviamo la prima foglia (che viene via più facilmente quando non è ancora secco) per liberare il bulbo dalla terra e renderlo abbastanza pulito. L'aglio viene allora sparso su un telo geotessile nero e lasciato qualche ora ad asciugare al sole. Verso la fine della giornata, prima di riporre l'aglio in magazzino, tagliamo le radici dei bulbi per evitare che assorbano umidità e rendano più difficile l'essiccamento. Poi disponiamo i bulbi parallelamente sui tavoli per la semina sovrapposti e ben ventilati con l'aiuto di molti ventilatori. Procedendo in questa maniera, dopo tre settimane l'aglio diventa completamente secco. Quindi tagliamo il fusto a 1 centimetro dal colletto e mettiamo i bulbi in sacchetti di rete. In condizioni di stoccaggio ottimali, un bulbo d'aglio chiuso, ben essiccato e con una buona membrana dovrebbe conservarsi per sei o otto mesi, se non di più.

Per quando riguarda i problemi fitosanitari, a parte la tignola del porro, che causa danni minori a partire dalla sua prima puntura, un aglio ben concimato non dovrebbe essere sensibile a nessun altro parassita degno di nota. Il problema principale per l'aglio è costituito dalle malattie fungine e dai virus, che sono all'origine del marciume dei bulbi. Quando ciò accade, esistono tre spiegazioni possibili: il suolo era troppo umido nel momento della maturazione dei bulbi (pacciamatura troppo spessa, cattivo drenaggio), l'essiccamento dopo la raccolta è stato eseguito male oppure c'è stata un'infezione virale a causa di sementi malate. Quest'ultima causa è la più frequente ed è per questo che bisogna sempre essere sicuri di piantare spicchi sani, privi di qualsiasi malattia. Se appare del marciume su una parte del raccolto, è meglio non rischiare e bisogna rinnovare la propria fornitura di sementi, anche se è costosa. In questo caso, suggerisco vivamente di cercare la migliore qualità di aglio proveniente da un'azienda specializzata in questa coltivazione e di ispezionare sempre le sementi prima dell'acquisto. Proprio per questo è meglio evitare le consegne postali, a meno che il fornitore non sia disposto a spedirvi un campione rappresentativo delle sementi.

DISTANZA INTENSIVA: 3 file (25 cm) – distanziati a 5 cm sulla fila

VARIETÀ PREFERITE: Music (il più bello e il più saporito)

IN ITALIA: Garcia (bianco, grosso), Gardos (rosso, medio)

CONCIMAZIONE: Forte consumatore

GIORNI IN CAMPO: 75-90 giorni a partire da maggio

NUMERO DI SEMINE: 1 (10 ottobre)

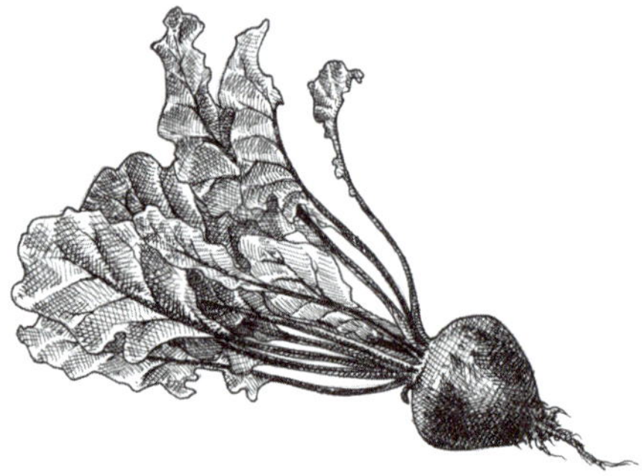

Barbabietola *(chenopodiacee)*

La barbabietola da orto è un altro «classico» che i nostri clienti e soci dicono di aver riscoperto. Il fatto che sia stata di solito venduta in conserva probabilmente ha danneggiato la sua reputazione, ma oggi è tornata di moda. E tanto meglio così, perché oltre a essere deliziosa, è anche un ortaggio poco esigente e semplice da far crescere.

Una delle particolarità della barbabietola è che il seme è costituito da tre o quattro granelli attaccati insieme. Seminata direttamente in campo, è una delle colture che dobbiamo diradare alla densità desiderata.

Esistono alcune varietà ibride con un solo granello per evitare questo problema, ma la scelta varietale di queste barbabietole è piuttosto ristretta. Ecco perché preferiamo avviare questa coltivazione all'interno di plateaux da 128 alveoli, in modo da poter in seguito trapiantare le giovani piante alla giusta distanza. Vale sicuramente la pena fare questo sforzo, perché ci garantisce di ricavare una produzione di bellissime barbabietole grandi e rotonde per i nostri primi mercati.

La barbabietola ha il pregio di essere una delle poche colture che non richiede alcun intervento fitosanitario da parte nostra. La scabbia comune (Streptomyces scabies) è una malattia batterica frequente, soprattutto se si includono patate nella rotazione, ma dal momento che non le coltiviamo, è un problema che affrontiamo raramente. Nel corso della stagione può capitare che la cercospora, un fungo che ricopre il fogliame di macchie nere e marroni e poi di fori, infetti una parte della produzione, ma questo non sembra infastidire i nostri clienti, che sono perlopiù interessati alla radice.

La barbabietola è un ortaggio che si adatta bene alle variazioni di temperatura e ciò rende possibile la sua coltivazione durante tutta la stagione. Questa coltura è anche molto flessibile per quanto riguarda la raccolta, perché conserva un buon sapore per molto tempo anche a terra, ma noi preferiamo raccogliere le barbabietole quando hanno 5 o 6 centimetri di diametro, perché è ciò che chiedono i consumatori.

Quando componiamo i mazzi, rimuoviamo le foglie morte e nel mazzo mettiamo insieme 3 o 5 barbabietole della stessa grandezza (per una cottura uniforme). Quando ci rima-

ne un eccesso di mazzi invenduti, tagliamo le foglie e immagazziniamo le radici, che eventualmente rivendiamo per un prezzo più basso ai clienti interessati a fare delle conserve.
DISTANZA INTENSIVA: 3 file (20 cm) – distanziate a 5 cm sulla fila
VARIETÀ PREFERITE: Early Wonder (semina precoce), Moneta (semina diretta in campo), Red Ace (si conserva bene a terra), Touchstone Gold (dorata), Chioggia (veramente bella)
IN ITALIA: Gesche SG (disponibile presso Sativa Sementi, alto rendimento, lunga conservazione), Golden (polpa gialla), Chioggia
CONCIMAZIONE: Debole consumatore
GIORNI IN CAMPO: 50-60 giorni, incluse due o tre settimane di raccolta
NUMERO DI SEMINE: 6 (28 marzo, 18 aprile, 20 aprile, 10 maggio, 6 giugno, 30 giugno) avviate in contenitori alveolati

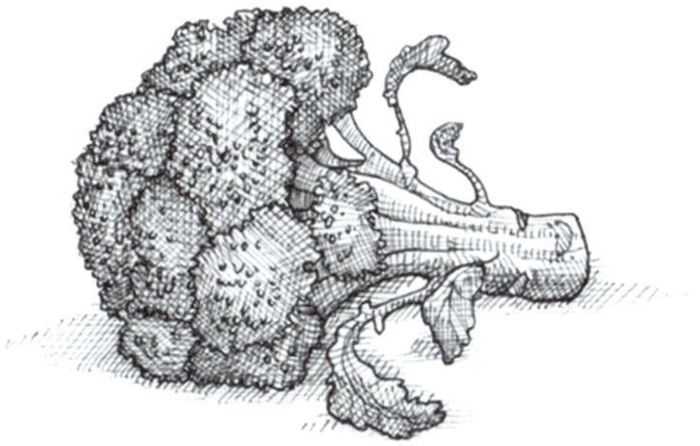

Broccolo (crucifere)

Il broccolo è un ortaggio richiesto e piacevole da poter coltivare, ma che pone alcune sfide. Innanzitutto, è un forte consumatore di azoto e di potassio, che bisogna apportare in maggiori quantità rispetto ad altri ortaggi. Nella nostra rotazione, oltra a essere concimato come forte consumatore, il broccolo viene coltivato sulle parcelle precedute da un sovescio di leguminose. La combinazione di queste due pratiche funziona, perché le teste che otteniamo sono sempre grandi e di un bel verde intenso. Il broccolo è un ortaggio che cresce meglio con il freddo, ma noi cerchiamo di produrlo durante l'intero corso della stagione per soddisfare la domanda. Effettuiamo due semine consecutive in primavera, poi un'altra in estate e un'altra ancora in autunno.

La semina estiva è la più difficile da portare avanti, perché la coltura va a fiore precocemente quando fa caldo, ma alcune varietà più resistenti alla fioritura ci danno risultati soddisfacenti.

Per essere portata a termine, la coltivazione del broccolo richiede diversi interventi sistematici. Prima di tutto, bisogna frequentemente rifornire la coltura di boro e molibdeno, due oligoelementi di cui la maggior parte dei suoli del nord-est dell'America sono spesso carenti. Una carenza di molibdeno può essere segnalata da foglie fragili che al tatto si frantumano come fossero polistirolo, così come una carenza di boro è segnalata da un fogliame con nervature in rilievo.

In entrambi i casi, una o due spruzzature fogliari di boro e/o di molibdeno durante lo sviluppo delle piante regolano queste carenze minerali e permettono alla colture di avere una crescita ottimale. A queste applicazioni aggiungiamo a volte un'altra di BTK (Bacillus Thuringiensis var. Kurstaki), che è necessaria se sulla coltura sono presenti cavolaie. Questo intervento è previsto 15 giorni dopo il trapianto e 10 giorni prima che i broccoli arrivino a maturazione.

Sfortunatamente, di recente un nuovo terribile insetto è comparso su questa coltivazione: la cecidomia del cavolfiore. Questo insetto disturba la crescita del broccolo e basta averne anche solo pochi individui nell'orto per rendere un raccolto invendibile.

Abbiamo avuto a che fare con questo parassita nel corso di una sola stagione, ma i danni erano talmente seri da costringerci ad agire. L'unica soluzione consiste nel proteggere la coltura con una rete anti-insetto sostenuta da archetti. Quest'ultima è ugualmente efficace contro la mosca del cavolo, le altiche e la pieride. Quindi, alla fine, si può dire che questo male ha portato a un bene.

Il successo di questa coltivazione dipende in larga misura dal momento della raccolta, perché le teste dei broccoli maturano molto in fretta (le abbiamo già viste raddoppiare nell'arco di 24 ore!). Per raccogliere questo ortaggio nel momento giusto, cioè quando è ben sviluppato, carnoso e fitto, è necessario osservare l'orto con occhio attento e di raccogliere subito prima che i singoli piccoli boccioli del cespo inizino a fiorire.

A questo stadio, le teste dei broccoli hanno generalmente un diametro che va dai 10 ai 20 centimetri. Se notate che i grappoli di fiori cominciano a ingiallire o che i fiori iniziano a separarsi o ad aprirsi, dovete immediatamente tagliare la testa, perché la pianta è pronta a montare a seme.

Per estendere il periodo di raccolta, si può stimolare la ricrescita tagliando la testa piuttosto in alto sul fusto al momento della raccolta: la base della pianta produrrà allora getti laterali che daranno molti altri broccoli più piccoli. Ci capita spesso di arrivare a realizzare mazzetti di questi piccoli fiori e di venderli allo stesso prezzo delle singole teste principali.

Una volta raccolti, i broccoli vanno subito refrigerati, dal momento che perdono velocemente la freschezza. Se conservati in cella frigorifera a temperature basse (circa 2°C), restano croccanti per più di una settimana.

DISTANZA INTENSIVA: 2 file (35 cm) – distanziati a 45 cm sulla fila

VARIETÀ PREFERITE: Packman (primaverile, molto precoce), Gypsie (estivo), Windsor (autunnale)

IN ITALIA: Calabrese Precoce e Calabrese Tardivo (trapiantare le due varietà nello stesso momento per una raccolta continua)

CONCIMAZIONE: Forte consumatore

GIORNI IN CAMPO: 65 giorni dopo il trapianto

NUMERO DI SEMINE: 4 (17 aprile, 24 aprile, 28 maggio, 25 giugno)

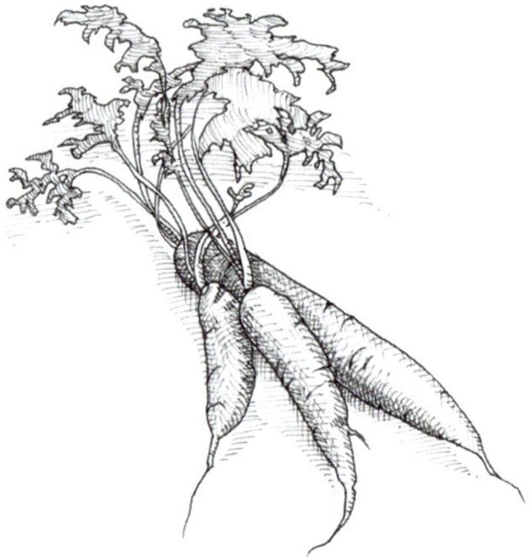

Carota (ombrellifere)

Assaggiando una carota che proviene da un orto biologico, la maggior parte delle persone nota immediatamente la differenza di sapore con quelle coltivate a livello industriale. La carota quindi è un ottimo esempio per convincere la gente dei benefici dell'agricoltura biologica. La carota è anche un ortaggio di cui vale la pena curare la presentazione al mercato: venderla a mazzi con tutte le foglie permette di ottenere un prezzo più alto e di moltiplicare le vendite, anche se in cella frigorifera si conserva meglio senza le foglie. Anche il tipo di carota incide molto sulle vendite ed ecco perché noi coltiviamo soprattutto la Nantese, che è, a mio avviso, la più succosa e la più dolce di tutte.

Considerata la sua popolarità e la sua resistenza al freddo, la carota è un buon ortaggio da «forzare» per una fornitura precoce e tardiva nella stagione. In primavera, seminiamo le carote precocemente nei nostri tunnel per poterle vendere già a partire dai primi mercati. Utilizziamo il Six Row Seeder per seminare a una densità di 12 file per ogni bancale. Usiamo semi conciati per produrre carotine precoci, che vendiamo come se fossero cornetti caldi. La nostra seconda semina precoce è fatta direttamente in campo, ma al riparo sotto un caterpillar-tunnel e una copertura di tessuto non tessuto. A questo stadio, cerchiamo di produrre carote più grandi e aumentiamo la distanza a 5 file per bancale. In base alle nostre osservazioni, le carote hanno bisogno di circa 3,5 cm^2 per raggiungere i 15-17 centimetri di lunghezza, che è la grandezza a cui miriamo.

L'ultima semina che effettuiamo è pensata in modo da essere raccolta in campo fino alle nostre ultime cassette, in ottobre. Proteggiamo la carote dal gelo con una copertura di tessuto non tessuto, o con un telo doppio in caso di forti gelate. Le carote si mantengono bene nel terreno finché la temperatura non scende al di sotto dei -7°C. Le notti fredde rendono le nostre carote ancora più dolci e i nostri soci ne vanno matti.

La carota cresce bene in un suolo aerato e sciolto e un passaggio profondo con la grelinette è indispensabile. Anche l'aggiunta di compost ogni due anni sembra essere gradita a questa pianta, che non è particolarmente esigente. La carota non ama grandi quantità di concime ricco di azoto o il letame fresco. Infatti, reagisce a questo tipo di concimazione sviluppando radici pelose. Ciononostante, noi forniamo un nutrimento aggiuntivo per una buona formazione del fogliame nel momento delle semine primaverili, in un suolo ancora freddo.

La maggiore difficoltà di questa coltivazione consiste nell'impianto e nel diserbo. Dal momento che la carota richiede molto tempo per germinare (generalmente tra gli 8 e i 15 giorni), mantenere il suolo costantemente umido è molto importante, affinché quest'ultimo non diventi troppo duro e/o non si asciughi quando emergono le fragili piantine. Per questo, installiamo un sistema di micro-irrigatori, che utilizziamo se necessario, e stendiamo spesso una copertura di tessuto non tessuto sul terreno per stimolare la germinazione. Considerando quanto vale un bancale di carote, è una semina che non vogliamo assolutamente rovinare! Per quanto riguarda il diserbo, la migliore soluzione che abbiamo trovato per limitare l'inerbimento (e per evitare di trascorrere ore incalcolabili a diserbare in ginocchio) è il pirodiserbo in pre-emergenza (vedi capitolo 9). Quindi, vale davvero la pena investire in una pirodiserbatrice, anche se verrà usata solo per coltivare le carote.

In materia di fitoprotezione, la coltivazione della carota non è priva di problemi. Due insetti parassiti, la mosca della carota e il tonchio[1] della carota, sono responsabili delle cicatrici brunastre che si possono trovare su alcune carote. A causarci maggiori problemi è la mosca della carota, ma riusciamo a contrastarla efficacemente grazie alle reti antinsetto che mettiamo sulla coltivazione a partire dalla metà di agosto, quando hanno inizio gli attacchi. Per quanto riguarda il tonchio della carota, i danni che causa sono piuttosto minimi e le carote colpite da questo insetto vengono semplicemente messe da parte e vendute ai soci come carote da succo. Quando le piogge sono frequenti possono comparire anche altre malattie che colpiscono le foglie. Il più delle volte, queste malattie si manifestano solamente quando le carote sono a un stadio molto avanzato, e non possiamo fare altro se non tagliare di più le foglie nel mazzo.

Dal momento che le carote sviluppano simultaneamente il sapore e la colorazione, si possono raccogliere proprio quando sembrano più belle. Al momento della raccolta, si allenta il terreno con una forca e le carote vengono tirate fuori dall'orto e in seguito portate al magazzino, in modo da poterle legare in mazzi stando al fresco. È possibile anche facilitare la raccolta irrigando poco prima di rimuovere le carote dal terreno. La raccolta non va fatta troppo tardi (soprattutto per le carote estive), perché perdono sapore e cambia la consistenza. Quelle raccolte troppo tardi iniziano a creparsi.

Come regola generale, facciamo mazzi da 8 o 12 carote.

Le carote biforcute o troppo brutte (anche a causa del nostro suolo sassoso) vengono messe da parte insieme a quelle destinate alla

1. *Listronotus oregonensis*, coleottero diffuso in Nord America.

spremitura. Conserviamo le carote invendute nella cella frigorifera, dopo aver tagliato le foglie, e le regaliamo ai nostri soci della CSA all'ultima consegna. Le carote così immagazzinate si conservano fino a sei mesi.

DISTANZA INTENSIVA: 5 file (15 cm) – distanziate a 3 cm sulla fila

VARIETÀ PREFERITE: Nelson (precoce), Yaya (estiva), Bolero (autunnale), Purple Haze (viola), Napoli (ultima semina)

IN ITALIA: Mezza lunga Nantese (primaverile), Dolciva (ideale come primizia estiva), Rodelika (ottima conservazione, ultima semina)

CONCIMAZIONE: Debole consumatore

GIORNI IN CAMPO: +/- 85 giorni, incluse due o tre settimane di raccolta

NUMERO DI SEMINE: 8 (10 aprile, 25 aprile, 4 maggio, 25 maggio, 8 giugno, 23 giugno, 5 luglio, 25 luglio)

Cavolfiore (crucifere)

La coltivazione del cavolfiore è simile in gran parte a quella del broccolo e si può fare riferimento a essa per quanto riguarda i bisogni nutritivi, le strategie da adottare in materia di fitoprotezione e i consigli per la raccolta. Tuttavia, il cavolfiore presenta alcuni aspetti particolari, che costituiscono un ulteriore problema da affrontare. Questa coltura richiede molte cure e potrebbe risultare difficile le prime volte.

Il cavolfiore cresce bene con il freddo, ma si adatta meno bene alla variazioni climatiche rispetto al broccolo. Tollera solamente le deboli gelate e ha bisogno di una temperatura che si avvicina ai 15°C. Ogni stress provoca la fioritura precoce del cuore, che diventa subito piccolo e coriaceo. Si dice allora che il cavolfiore «si abbottona» e, se ciò accade prima che la pianta giunga a maturazione, il raccolto è più o meno perduto. Portare a termine la coltivazione del cavolfiore dipende dalle temperature stagionali e ottimi raccolti non sono mai garantiti.

Per essere sicuri di coltivarlo in condizioni climatiche ottimali, pianifichiamo solo due semine di cavolfiore nel nostro orto: una prima semina, molto precoce in primavera, che ricopriamo con del tessuto non tessuto per tutta una buona parte del suo sviluppo, e una seconda in tarda estate, in modo che i cuori raggiungano la piena maturazione prima dei grandi freddi. In entrambi i casi, la coltura è sempre coperta con una rete anti-insetto per salvaguardarla dalla cecidomia del cavolo.

Per riuscire a produrre un bel cavolfiore bianco, che è ciò che i clienti si aspettano, bisogna proteggere il cuore dal sole e dalla pioggia (per ridurre il rischio di marciumi) e fare in modo che rimanga privo di luce fino alla raccolta. Per farlo, occorre coprire la testa del cavolfiore con le foglie laterali della pianta nel momento in cui inizia a formarsi, ossia circa 5 o 10 giorni prima della raccolta. Si possono unire insime le foglie con un elastico o semplicemente romperle in modo che possano coprire il cuore. Noi preferiamo quest'ultima tecnica, che permette di verificare più rapidamente quando l'ortaggio è pronto per essere raccolto. Come per il broccolo, bisogna aspettare che il cuore del cavolfiore sia ben chiuso e compatto, per raccoglierlo al culmine della maturazione. Ciò accade subito prima della fioritura, quando le teste misurano 15 o 20 centimetri di diametro. Se le teste sono troppo piccole, ma hanno già iniziato a fiorire, non cresceranno ulte-

riormente e dovranno essere raccolte immediatamente. Una volta raccolto, il cavolfiore va rinfrescato velocemente e immagazzinato in cella frigorifera prima della vendita.
DISTANZA INTENSIVA: 2 file (35 cm) – distanziati a 45 cm sulla fila
VARIETÀ PREFERITE: Minuteman (primaverile), Bishop (autunnale)
IN ITALIA: Toscano precoce, Goodman (precoce), Tabiro (medio-tardivo), Romanesco Natalino (broccolo romanesco)
CONCIMAZIONE: Forte consumatore
GIORNI IN CAMPO: +/- 80 giorni dopo il trapianto
NUMERO DI SEMINE: 2 (24 aprile, 15 giugno)

Cavolo rapa (crucifere)

Il cavolo rapa è un ortaggio piuttosto sconosciuto e per la sua strana forma suscita molto interesse ed è oggetto di dibattito al nostro banco al mercato. Ma oltre ad essere interessante, il cavolo rapa è anche delizioso e nutriente.

Per incoraggiarne l'acquisto al mercato lo facciamo degustare come crudità.

Anche la coltivazione di questo ortaggio è interessante. Cresce rapidamente, tollera il freddo e si può raccogliere già solo dopo poche settimane dal trapianto.

Noi effettuiamo solo una semina a primavera e un'altra in autunno, perché un tempo caldo e asciutto può avere effetti negativi sul bulbo, che tende allora a diventare duro e piccante come i ravanelli.

Proteggiamo le nostre prime semine con una copertura di tessuto non tessuto fino a quando le temperature raggiungono i 23°C di giorno.

Il tessuto non tessuto lo protegge anche dalle altiche, che in primavera possono costituire un problema.

Dal momento che è sensibile agli attacchi della cecidomia del cavolfiore, facciamo crescere la nostra seconda semina sotto una rete antinsetto. Collochiamo l'aiuola accanto a una di broccoli o di cavolfiori in modo da potere utilizzare la stessa rete di protezione.

In genere, la raccolta va fatta quando il tubercolo misura 6 o 8 centimetri di diametro. Vendiamo il cavolo rapa lasciando una parte del fogliame (che è commestibile) in mazzi composti da tre unità.

Rimuovendo le foglie, è possibile conservarlo per molti mesi, immagazzinandolo all'interno di scatole chiuse nella cella frigorifera.
DISTANZA INTENSIVA: 3 file (25 cm) – distanziati a 20 cm sulla fila
VARIETÀ PREFERITE: Korridor (standard), Kolibri (viola), Kossak (autunnale, grande e migliore dopo una gelata)
IN ITALIA: Lanro (bianco), Azur Star (viola, precoce), Dyna (screziato viola chiaro, autunnale, ideale per la conservazione)
CONCIMAZIONE: Debole consumatore
GIORNI IN CAMPO: +/- 40 giorni dopo il trapianto
NUMERO DI SEMINE: 2 (10 aprile, 1 luglio)

Cavolo riccio e bietola a coste

(crucifere e chenopodiacee)

Anche se il cavolo riccio e la bietola a coste (che chiamiamo semplicemente «bietola») appartengono a famiglie botaniche differenti, noi li coltiviamo essenzialmente nello stesso modo e mi prendo qui la libertà di parlarne insieme. Queste sono le principali verdure a foglia che coltiviamo, oltre agli spinaci e alle verdure asiatiche, per diversificare l'offerta nelle nostre cassette. Il cavolo riccio è la più popolare tra le due, molto apprezzato, se non addirittura emblematico, soprattutto tra i sostenitori dell'alimentazione crudista, per i quali questa verdura è ricchissima di vitamine, minerali e proteine.

Il cavolo riccio e la bietola a coste sono colture semiperenni. Ciò significa che le foglie di una pianta possono essere raccolte più volte nel corso della stagione. Una prima semina di cavolo riccio in primavera è seguita da una semina di bietola in estate, che successivamente lascia il posto a un'altra semina di cavolo riccio in autunno. Per tutte e tre queste semine, avviamo la coltivazione in contenitori alveolati e procediamo poi con il trapianto. Questa successione di colture sfrutta le caratteristiche di ciascuna delle due piante. Il cavolo riccio cresce bene con un clima fresco, cosa che ci permette di piantarlo molto presto in primavera. A fine stagione, il cavolo riccio diventa ancora più interessante, perché resiste al gelo (può resistere fino a -10°C) e resta in campo fino a stagione conclusa. Tra le due semine di cavolo riccio, la bietola fornisce la verdura di cui abbiamo bisogno, perché si tratta di una coltura che non va a seme durante i periodi molto caldi e quindi possiamo raccoglierla per tutta l'estate.

Il cavolo riccio e la bietola a coste sono entrambe colture poco esigenti e che abitualmente non richiedono molte cure. Detto ciò, l'altica può costituire un problema e causare danni importanti, in particolare quando l'estate è calda e asciutta. Per evitare ogni rischio, proteggiamo queste due coltivazioni con una rete antinsetto. Per quanto riguarda le malattie, solo la bietola ha bisogno di maggiori attenzioni da parte nostra, dal momento che è sensibile alle ustioni della cercospora, una malattia fungina che si ritrova anche sulle barbabietole. Se riusciamo a individuare rapidamente questo fungo, eliminiamo solo le foglie colpite e questo è sufficiente a limitarne la propagazione. Ma se l'infestazione è diffusa, interveniamo periodicamente con un fungicida fino al termine della coltivazione.

Al momento della raccolta, tanto per il cavolo riccio quanto per la bietola, realizziamo dei mazzi tagliando le foglie esterne della pianta man mano che crescono. Ne nasceranno di nuove all'interno del cespo e la raccolta può andare avanti così per diverse settimane. Come regola generale, gli ortaggi a foglia vanno rapidamente messi al fresco dopo essere stati raccolti ed è possibile conservarli per più di una settimana in cella frigorifera. Per il cavolo riccio e la bietola a coste vale lo stesso.

DISTANZA INTENSIVA: 3 file (25 cm) – distanziati a 30 cm sulla fila
VARIETÀ PREFERITE: Red Russian (cavolo riccio primaverile), Dinosaure (Cavolo riccio autunnale), Bright Lights (bietola a coste colorate)
IN ITALIA: Red Russian (disponibile presso Sativa Sementi), Nero di Toscana, Riccio Rosso, Bright Lights (disponibile presso Sativa Sementi), Bionda da Taglio
CONCIMAZIONE: Debole consumatore
GIORNI IN CAMPO: +/- 90 giorni incluse 5-6 settimane di raccolta
NUMERO DI SEMINE: 3 (9 aprile, 10 giugno, 5 luglio)

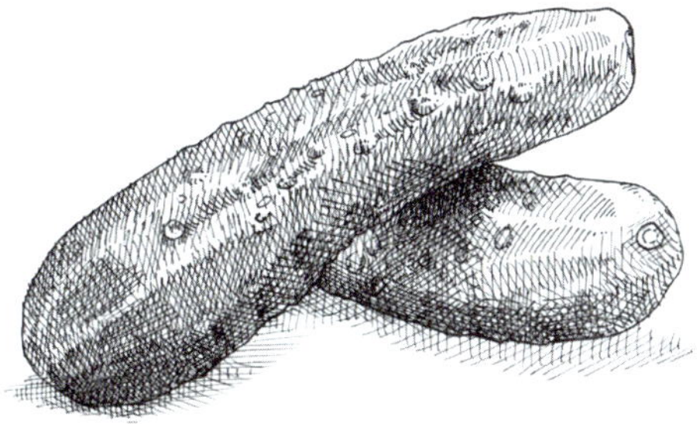

Cetriolo (cucurbitacee)

Abbiamo provato a fare crescere il cetriolo direttamente nell'orto, ma dopo molte frustranti stagioni, abbiamo deciso di coltivarlo esclusivamente sotto protezione. La protezione offerta dai tunnel limita o elimina del tutto i danni provocati dalle malattie dovute al contatto con l'umidità e gli schizzi di terra. La struttura dei tunnel permette anche di sostenere la coltura in modo da farla crescere in verticale, ottimizzando enormemente lo spazio di produzione.

Con tre bancali (di 30 metri) in coltura protetta riusciamo a rifornire tutti i nostri soci della CSA e i nostri mercati contadini. Nonostante occupi poco spazio, il cetriolo rappresenta la nostra seconda coltivazione più redditizia, dopo il pomodoro.

La scelta delle varietà di cetrioli da serra è vasta e interessante, ma noi preferiamo coltivare due tipi in particolare: una varietà lunga inglese e un'altra libanese. Entrambe sono senza semi, resistono a numerose malattie e non hanno bisogno di essere impollinate per produrre i frutti quando crescono in un ambiente chiuso da zanzariere.

Avviamo la semina dei cetrioli in contenitori alveolati, che facciamo germinare su tappeti riscaldanti. Dopo la germinazione, le piantine vanno lasciate nei plateaux un po' meno di 15 giorni prima di essere trapiantate.

Ma dato che il suolo all'interno del tunnel è ancora freddo al momento del nostro primo impianto primaverile, le travasiamo in contenitori più grandi invece di metterle direttamente a terra, affinché possano trarre vantaggio da altri 15 giorni in semenzaio. Nel frattempo, stendiamo sul terreno del tunnel un telo di polietilene trasparente (la plastica usata dalla serra) per riscaldarlo. Per iniziare bene il loro sviluppo, i cetrioli hanno bisogno di una temperatura a terra di almeno 18°C.

Al momento del trapianto e/o del travaso, ci sforziamo di essere il più delicati possibile con le piantine di cetriolo. Sono molto fragili ed è importante non danneggiare le radici mentre si maneggia il pane di terra ed evitare di mettere della terra sul colletto. Una volta trapiantate nel tunnel, le sosteniamo con dei tutori realizzati con corde sospese a una trave d'acciaio che attraversa la struttura. È a questo punto che comincia il lavoro di manutenzione, che richiede molta concentrazione da parte nostra.

Durante le prime settimane, rimuoviamo tutti i fiori e/o i piccoli cetrioli fino a quando la pianta non ha generato sei branche (chiamate «nodi»), cosa che le permette di sviluppare meglio le radici e che assicura quindi una migliore produzione di frutti. Questa operazione si protrae fino a quando le piante raggiungono un'altezza di circa 60 centimetri. In seguito, una volta che la pianta ha prodotto sei nodi, continuiamo a diradare in modo da lasciare un solo frutto ogni due nodi (per la varietà libanese lasciamo due frutti per ogni nodo).

Questa proporzione è importante, perché se la pianta è sovraccarica, la crescita di una buona parte dei frutti verrà interrotta, causando la malformazione o la decolorazione dei cetrioli. Continuiamo a potare in questa maniera, assicurandoci di togliere tutti i polloni, fino a quando lo stelo raggiunge l'altezza della trave.

Quando lo stelo raggiunge la trave, lo facciamo passare al di sopra e lasciamo che l'ultimo pollone inizi un secondo stelo. Successivamente, lo stelo principale cresce verso il basso e noi continuiamo a diradarlo, lasciando ormai un frutto per nodo (però smettiamo di diradare i cetrioli libanesi).

Quando lo stelo principale genera il suo sesto nodo a partire dalla trave, lo cimiamo in modo che la pianta concentri le sue energie sul nuovo stelo, che continua a crescere, e così via...

Questa forma di allevamento a «ombrello» è molto comune nelle produzioni in serra e, teoricamente, consente di produrre frutti su una stessa pianta per una stagione intera. Ma non arriviamo mai fino a questo punto: dopo sei o sette settimane di produzione, gran parte delle nostre piante muore per avvizzimento batterico, una malattia virulenta trasmessa dal coleottero striato del cetriolo[2], che è riuscito a infiltrarsi nei nostri tunnel malgrado i nostri sforzi per bloccare ogni apertura con le zanzariere.

Dal momento che non intendiamo usare un insetticida ripetutamente per combattere solo qualche insetto, preferiamo abbandonare la lotta contro questi intrusi e avviamo piuttosto una nuova semina di cetrioli all'interno di uno dei nostri due tunnel. Tra le due semine, sfruttiamo lo spazio disponibile nel tunnel per fare un breve sovescio.

Abbiamo avuto a che fare anche con altri insetti nocivi, come i tripidi e il ragnetto rosso. Introduciamo allora degli insetti predatori (chiamati ausiliari) affinché possano nutrirsi delle larve di questi due parassiti. Per permettere agli ausiliari di moltiplicarsi, abbiamo dovuto dotare i nostri tunnel di un sistema semplice di umidificazione. Questa strategia di lotta biologica comporta una spesa aggiuntiva, ma ha già prodotto risultati convincenti.

La concimazione dei cetrioli è simile a quella dei pomodori: una miscela di compost di lombrico e di pollina interrata con la zappa alla base delle piante. Tuttavia, noi la somministriamo solo in due dosi: una quando prepariamo il terreno e un'altra quattro settimane dopo il trapianto.

La seconda dose include anche del solfato di potassio per un migliore sviluppo dei frutti. Irrighiamo la coltura con un sistema a goccia e copriamo il suolo con dei teli, come facciamo con i pomodori. Procedendo in questo modo, una pianta ci fornisce da due a tre cetrioli a settimana (il doppio con la varietà libanese), a seconda delle condizioni climatiche esterne.

Raccogliamo i cetrioli della varietà inglese quando hanno raggiunto una lunghezza tra i 20 e i 35 centimetri e quelli della varietà libanese a circa 15 centimetri. La raccolta si effettua normalmente ogni due giorni o, se il tempo è nuvoloso, ogni tre giorni. Subito dopo averli raccolti, mettiamo i cetrioli a bagno in acqua fredda e li immagazziniamo in cella frigo all'interno di scatole chiuse con un sistema di scolo.

Così trattati, si conservano per circa una settimana. È possibile mantenerli croccanti anche più a lungo, avvolgendoli uno per uno con una pellicola di cellophane.

DISTANZA INTENSIVA: 1 fila – distanziati a 45 cm sulla fila

VARIETÀ PREFERITE: Sweet Success (inglese), Jawel (libanese)

IN ITALIA: Lungo Verde degli Ortolani (inglese), Helena (inglese, per la coltivazione in coltura protetta), Marketmore (libanese), Piccolo di Parigi

CONCIMAZIONE: Forte consumatore

GIORNI IN CAMPO: Da 55 a 75 giorni prima di un'altra semina

NUMERO DI SEMINE: 2 (25 marzo, 10 luglio

2. Di rilevanza insignificante per le coltivazioni in Europa, N.d.T.

Cicoria (composite)

Purtroppo, la cicoria è molto poco apprezzata dalla gente del Québec, che in genere non ama molto i cibi amari. Stesso discorso vale per il radicchio, l'indivia e la scarola, che sono ancor meno conosciute. Ma sembrano esserci dei cambiamenti...

Noi coltiviamo la scarola[3] per aggiungerla alle nostre insalatine miste. Essa dà molta consistenza e volume alla miscela, oltre ad essere molto facile da coltivare, cosa non vera per molti altri tipi di erbette. La scarola resiste al freddo, ma tollera bene anche il caldo, non ha nessun parassita e fornisce una buona resa per superficie coltivata. Noi avviamo la coltivazione in contenitori alveolati e trapiantiamo le piantine rispettando una distanza che ci permette di ottenere cespi di grandi dimensioni. La parte più richiesta della pianta è il cuore, formato da getti bianchi sfrangiati e molto teneri. Alla raccolta, tagliamo l'intero cespo (per garantire una buona ricrescita) e lo dividiamo poi in due, conservando solo il cuore della pianta. Per effettuare un taglio netto, utilizziamo un coltello a lama lunga (il nostro preferito è l'Opinel), servendoci del bordo delle cassette per la raccolta come piano da taglio.

Una volta tagliate, le piante generano foglie nuove ed è possibile effettuare un secondo taglio circa 15 giorni più tardi. Noi arriviamo anche a lasciar crescere la scarola più a lungo, al fine di ottenere dei cuori ancora più grandi. Più la pianta si ingrandisce e più i giovani getti sono bianchi e lunghi. Per aumentare questo effetto, si possono unire le foglie esterne con un elastico e lasciarle imbiancare per una settimana o due. Per quanto riguarda il lavaggio, con la scarola procediamo nello stesso modo che con le altre erbette utilizzate per i nostri mix di insalate.

DISTANZA INTENSIVA: 4 file (15 cm) – distanziate a 15 cm sulla fila
VARIETÀ PREFERITE: Très fine (riccia), Rhodos
IN ITALIA: Endivia Scarola Gigante dei Ortolani, Wallonne, Riccia Pancalieri a Costa Bianca
CONCIMAZIONE: Debole consumatore
GIORNI IN CAMPO: +/- 75 giorni, per tre tagli
NUMERO DI SEMINE: 2 (11 maggio, 11 luglio)

Cipolla (liliacee)

Non c'é bisogno di leggere le statistiche per sapere che la cipolla è uno degli ortaggi più utilizzati, nel Québec come altrove. La maggior parte delle ricette iniziano con un soffritto di cipolla! Fresca, la cipolla può essere venduta in ogni momento della stagione e, una volta secca, la maggior parte dei clienti vuole farne scorta per l'inverno. Tuttavia, dato che si tratta di un alimento base, la cipolla si vende spesso a prezzi molto bassi. Noi ci distinguiamo dai produttori commerciali offrendo una grande diversità. Le varietà popolari come lo scalogno e le cipolline spesso non

3. Nel caso specifico, si tratta un tipo di indivia (*Chicorium endivia ssp. crispa* o *ssp. latifolium* a seconda della cultivar) che viene usato per il mix di insalatine, N.d.T.

sono reperibili nei negozi, ma i fini intenditori della nostra area sanno che possono trovarle sul nostro banco al mercato. Per soddisfare la forte domanda, coltiviamo innanzitutto cipollotti verdi da insalata (che nel Québec chiamiamo «scalogni»), poi a seguire diverse varietà, selezionate per essere vendute come prodotto fresco. Infine, arriva il momento di raccogliere le cipolle da conservazione.

Seminiamo tutte queste cipolle a fine marzo, a spaglio in contenitori senza alveoli, cosa che ci permette di risparmiare parecchio spazio. In fase di crescita, a una o due riprese, tagliamo le foglie a 10-12 centimetri di lunghezza per dare alle piante più forza. Il trapianto è previsto all'inizio del mese di maggio in un aiuola che abbiamo concimato con la pollina, ricca di azoto. A questo punto, bisogna assicurarsi di bagnare bene il pane di terra delle piantine e la terra dell'aiuola, perché ciò consente alle piantine di cipolla di attecchire bene nel terreno. Allo stesso tempo, bisogna fare attenzione a non piantarle troppo in profondità, solo quanto basta ad ancorarle a terra, perché non amano stare troppo lontano dalla superficie del terreno.

In passato, trapiantavamo le giovani piante di cipolla in filari, seguendo una distanza di 5-6 centimetri tra le piante, come fa la maggior parte dei produttori. Oggi, abbiamo aumentato le distanze e le trapiantiamo piuttosto in mucchi di tre o quattro piante, invece che singolarmente. È un ottimo modo di distanziare la coltura, ma anche di rendere molto più veloce il trapianto. Inoltre, facilita notevolmente il successivo diserbo con la zappa. Anche se questa distanza può sembrare stretta, le cipolle non avranno alcuna difficoltà a svilupparsi e a occupare lo spazio di cui hanno bisogno per formare bulbi di buone dimensioni, a condizione che il terreno sia sciolto e sarchiato con regolarità. Per una raccolta precoce, copriamo una buona parte delle piantine con una copertura di tessuto non tessuto (sostenuta da archetti) subito dopo il trapianto. Questa protezione dal freddo fa un'enorme differenza all'inizio della crescita e permette alla coltura di «decollare». Fare attecchire bene le piantine e favorire un rapido sviluppo del fogliame sono il segreto per riuscire a ottenere una buona produzione di cipolle.

L'unico vero problema da affrontare è il controllo delle erbe infestanti. Infatti, si tratta di una coltura in cui la cui copertura vegetale generata dalle foglie non riesce mai a occultare le malerbe. In più, a un certo punto, diventa complicato eseguire le zappature senza danneggiare le piante. Purtroppo, non conosco soluzioni migliori se non zappettare frequentemente all'inizio della fase di crescita e di ripassare in seguito una o due volte per rimuovere a mano le erbe infestanti che sono cresciute sulla fila. Da notare: meglio si gestiscono le malerbe sulle parcelle che precedono la coltivazione delle cipolle (l'anno precedente), più sarà facile contrastarle l'anno successivo. È una cosa che bisogna tenere a mente quando si progetta un piano di rotazione. Nel nostro orto, riusciamo a mantenere pulita l'aiuola di cipolle, ma le erbe infestanti (soprattutto la galinsoga[4]) ci mettono costantemente alla prova!

Per quanto concerne la fitoprotezione, la cipolla deve affrontare un solo insetto nocivo, cioè la mosca della cipolla. Noi abbiamo già avuto a che fare con questo parassita, ma, dato che la nostra coltivazione è coperta con tessuto non tessuto nel momento in cui la mosca attacca (il momento più pericoloso per le piante), i danni non sono mai gravi. Inoltre, la cipolla è sensibile a numerose malattie fungine, specialmente la peronospera e la botrite, che spesso ci hanno fatto perdere una parte considerevole dei nostri raccolti, nei primi anni della nostra attività. Da allora, abbiamo imparato che è meglio prevenire che curare. Quando piove per troppo tempo o quando grandina e le foglie delle piante vengono danneggiate, oppure non appena scorgiamo il principio di una malattia fungina, facciamo ogni settimana, alternativamente, un trattamento di rame e uno di zolfo sulle piante. In questi ultimi anni, abbiamo anche provato un biofungicida che inocula il suolo e la pianta con alcuni batteri (Bacil-

4. Si tratta di un'infestante molto diffusa nel Quebéc. Le due uniche specie spontanee italiane, *G. ciliata* e *G. parviflora* sono presenti soprattutto nell'arco alpino e nelle regioni del Nord.

lius subtillis) che impediscono lo sviluppo dei funghi patogeni.

La cipolla può essere raccolta a qualsiasi stadio della sua crescita, offrendo un certo margine di manovra nelle raccolte. Se, per esempio, non le vendiamo in una data settimana, le facciamo seccare e le vendiamo in un altra occasione. Le cipolle destinate alla conservazione, invece, hanno bisogno di un po' più di cure, perché vanno raccolte ed essiccate al momento giusto. Queste ultime sono pronte quando le foglie iniziano a morire e ad appassire. Le estirpiamo dal terreno e tagliamo lo stelo (lasciando 3 centimetri al di sopra del colletto). Le lasciamo asciugare al sole, direttamente in campo, per alcuni giorni prima di portarle al magazzino dove continueranno a seccarsi, come facciamo con l'aglio.

La cipolla è secca al punto giusto quando il colletto non è più verde e si è completamente rimarginato. Successivamente, le collochiamo in sacchi di rete, mischiando bulbi di diverse grandezze e scartando quelli danneggiati. Se fatte seccare correttamente e manipolate con cura (una «ammaccatura» su una cipolla la farà marcire, insieme a tutte quelle che vi sono a contatto), si conserveranno da quattro a sette mesi in un luogo fresco e buio.

DISTANZA INTENSIVA: 3 file (25 cm) – distanziate a 25 cm sulla fila

VARIETÀ PREFERITE: Purplette (primizia, cipollotto verde da insalata), Sierra Blanca (grande e dolce, venduta fresca), Ailsa Greg (varietà spagnola), Redwing (rossa, da conservazione), Gold Coin (cipollotti), Ambition (scalogno francese)

IN ITALIA: White Lisbon (cipollotti freschi da insalata), Tropea Rossa Lunga (venduta fresca), Pompei (rotonda bianca, venduta fresca), Dorata di Parma (gialla, da conservazione), Rossa di Toscana (da conservazione)

CONCIMAZIONE: Forte consumatore

GIORNI IN CAMPO: Da 50 a 110 giorni dalla data del trapianto, a seconda della varietà

NUMERO DI SEMINE: 1, trapiantata all'inizio del mese di maggio.

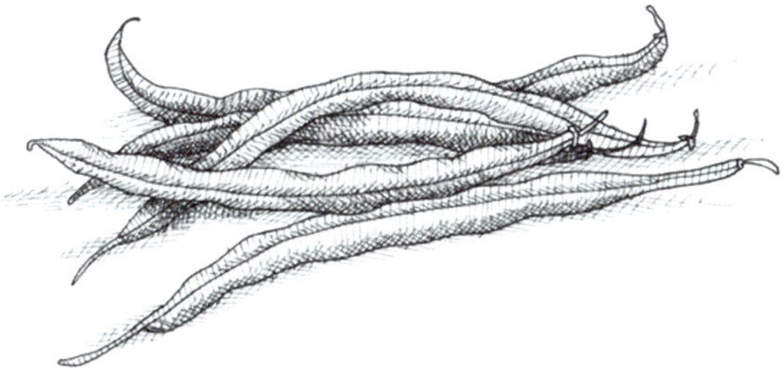

Fagiolino (leguminose)

Ah, il fagiolino... quanto è richiesto, ma come è faticoso! Il fagiolino fresco è un ortaggio enormemente apprezzato dai clienti, ma che molti orticoltori evitano di coltivare a causa del carico di lavoro che la raccolta rappresenta. È comprensibile, ma allo stesso tempo va sottolineato che proprio la difficoltà di trovare questo ortaggio nei mercati del Québec permette di aumentarne il prezzo di acquisto. Del resto, è proprio questa la ragione per cui un giardiniere-orticoltore dovrebbe sentirsi obbligato a coltivarlo.

Dato che il fagiolino non sopporta le gelate, le nostre prime semine non sono mai molto precoci. La nostra tattica è di produrlo nel mezzo della stagione, quando termina la nostra produzione di piselli mangiatutto. Noi puntiamo ad avere una fornitura costante al mercato e cerchiamo di integrarlo a più riprese nelle nostre cassette. Per farlo, ci limitiamo a raccogliere un bancale solo per due settimane prima di rinnovarlo con una nuova semina (preferiamo i fagiolini nani, che sono più produttivi a breve termine). Dal momento che i fagiolini vanno assolutamente raccolti ogni due settimane (altrimenti diventano troppo grandi, perdono sapore e diventano fibrosi), è importante calcolare bene le date di semina per evitare che due semine siano pronte per essere raccolte nello stesso momento. Perciò, seminiamo contemporaneamente due varietà che hanno tempi di maturazione diversi.

Seminare il fagiolino è semplice con la Earthway e conosco molti orticoltori che utilizzano questa seminatrice unicamente per questa coltura. Il risultato è una semina densa, ma il diradamento necessario per ottenere una distanza ottimale sulla fila non richiede troppo tempo. Il fagiolino gradisce un suolo ben riscaldato all'inizio del suo sviluppo e, per le semine molto precoci, l'impiego di una copertura di tessuto non tessuto è indispensabile. Mettendo da parte la raccolta, la rimozione delle erbe infestanti è l'unica cura di cui i fagiolini nani hanno bisogno. A inizio coltivazione è necessario zappare regolarmente, perché la pianta cresce in fretta e diventa presto impossibile diserbare tra le due file. Per il resto, il fagiolino cresce bene senza una concimazione iniziale e non ha predatori nel nostro orto. La ruggine e la peronospora sono malattie fungine comuni a questa coltura, ma noi non abbiamo mai avuto problemi. Ciò è probabilmente dovuto al fatto che non allunghiamo troppo la produzione di una singola semina, un'altra buona ragione per pianificare più successioni.

Per far sì che il fagiolino sia fino e non filamentoso (sono queste le sue qualità), bisogna raccoglierlo quando è grande non più di una matita o, perlomeno, prima che i semi si gonfino all'interno del baccello. Questo significa che la raccolta va fatta ogni tre o quattro giorni. Una volta raccolti, i fagiolini vanno messi in cella frigorifera in cassette chiuse ermeticamente. Sarebbe meglio non bagnarli, perché potrebbero formarsi delle muffe. In buone condizioni, i fagiolini si mantengono per circa una settimana dopo essere stati raccolti.

DISTANZA INTENSIVA: 2 file (35 cm) – distanziati a 15 cm sulla fila

VARIETÀ PREFERITE: Provider (buono, precoce e affidabile), Maxibel (fino), Jade (estivo), Rodcor (giallo), Edamame (soia)

IN ITALIA: Nano Mangiatutto Ferrari (precoce), Cupidon (verde, molto produttivo), Purple Teepee (viola, senza filo)

CONCIMAZIONE: nessuna

GIORNI IN CAMPO: +/- 70 giorni incluse 2 o 3 settimane di raccolta

NUMERO DI SEMINE: 5 (23 maggio, 6 giugno, 21 giugno, 4 luglio, 20 luglio)

Insalatine miste o «mesclun»

(composite)

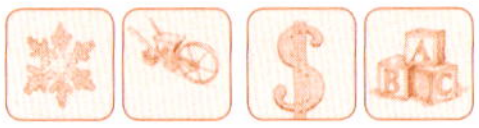

Il nome «mesclun» deriva dall'occitano (antica lingua della Provenza) mesclom, che a sua volta ha per radice il verbo latino misculare, che significa «mischiare». In Francia, in particolare nel sud del paese, il mesclun (o misticanza) è costituito da una miscela ben definita di lattughine, cicoria, rucola e acetosa. Ma nel Québec e nel resto del mondo, le persone non hanno alcuna pretesa su come debba essere composta una misticanza e quest'ultima può essere costituita da tutte le erbette disponibili nell'orto. L'essenziale è che siano corte (da 5 a 10 centimetri) per poter essere mangiate con una forchettata e che la miscela sia fatta di colori e forme differenti per attirare l'occhio quando sono nel piatto. Nella nostra «ricetta» usiamo verdure asiatiche in primavera e in autunno, così come un misto di lattughe in estate. A questi ingredienti di base aggiungiamo alternativamente piccole foglie di bietola, cicoria e cavolo riccio.

Le insalatine miste sono una coltura perfettamente adatta a un orto professionale. È molto veloce e in circa 30 giorni produce un'ottima rendita in rapporto alla superficie coltivata. È anche una delle poche colture che un giardiniere-orticoltore del Québec può sperare di produrre e vendere tutto l'anno come «prodotto fresco», senza dovergli fornire un minimo di riscaldamento. Per tutte queste ragioni, abbiamo deciso di specializzarci in questa coltura e di produrne una certa quantità diciamo «all'ingrosso» per vari ristoranti e per il negozio di alimentari della nostra zona. Il nostro obiettivo è garantire a questi clienti una fornitura settimanale e per farlo è necessario portare a termine ciascuna delle semine consecutive, indipendentemente dalle condizioni climatiche. Per raggiungere questo obiettivo, pianifichiamo una nuova semina ogni 15 giorni e facciamo due o tre raccolte su uno stesso bancale. Questo metodo di coltivazione, rendendo le piante semiperenni, ci permette di scaglionare la produzione e di raccogliere ogni settimana tutto ciò che vogliamo su bancali diversi. In autunno, però, le date delle semine sono più ravvicinate, perché c'è meno luce disponibile e ciò limita la crescita delle erbette, nonostante le temperature all'interno del tunnel siano buone.

Piantiamo questa coltura effettuando una semina diretta in campo con la seminatrice Six Row. Con due soli passaggi, possiamo seminare 12 file su un bancale, ottenendo un impianto molto intensivo (circa 20 chili per ogni bancale da 30 metri, a seconda del tipo di verdura). Questa tecnica ci assicura una resa eccellente, ma comporta alcuni inconvenienti. Prima di tutto, bisogna tenere conto del fatto che su una lunghezza di 30 metri possono essere utilizzati fino a 70 grammi di semi, facendo salire il costo delle sementi che si devono acquistare. Poi, bisogna cercare di mantenere «puliti» i bancali, dal momento che con questa distanza di impianto non è possibile sarchiare la coltura. Per tenere l'inerbimento al minimo, prepariamo i bancali da seminare con molto in anticipo ed effettuiamo sistematicamente una falsa semina. Questa pratica è necessaria a tal punto per il successo della coltivazione che spesso arriviamo a irrigare e a coprire la falsa semina con del tessuto non tessuto per favorire la germinazione delle erbe infestanti, che distruggeremo quando semineremo le insalatine miste.

Per quanto riguarda le malattie e gli insetti nocivi, il solo problema che abbiamo riscontrato è l'altica, ma, in generale, la successione verdure asiatiche / insalate / verdure asiatiche permette di ostacolare il ciclo di questo parassita. Inoltre, subito dopo la semina, copriamo i bancali di insalatine miste con una copertura di tessuto non tessuto o con una rete antinsetto. Oltre a questa misura preventiva, effettuiamo regolarmente dei controlli, perché un'infestazione di altiche può rapidamente causare sufficienti danni alle erbette da mettere a rischio l'intera coltivazione. Ci è già capitato di dover usare un insetticida sotto la rete antinsetto, perché l'insetto vi era rimasto intrappolato. Bisogna tenere gli occhi aperti.

Da sempre, raccogliamo le nostre insalatine miste con un coltello ben affilato, facendo attenzione a fare un primo taglio uniforme, per garantire una buona ricrescita. È un metodo comprovato, ma è anche un'operazione lunga che, dopo molte ore di raccolta, diventa faticosa per la schiena e le ginocchia. Ormai utilizziamo uno strumento per la raccolta delle insalatine alimentato da un trapano elettrico, che taglia rapidamente le foglie alla base. Questo strumento piuttosto semplice ci permette di portare a termine il lavoro in maniera pulita e riduce i tempi di raccolta di più dell'80% (per una raccolta settimanale, prima avevamo bisogno di 3 persone che lavoravano 3 ore ciascuna quando adesso basta una sola persona che lavora meno di 2 ore). È inutile dire che questo strumento di raccolta è stato un'ottimo investimento!

Oltre a questo incremento della produttività, abbiamo imparato anche a selezionare le varietà che danno più spessore alla miscela e che resistono meglio al lavaggio e alla lavorazione. I nostri ingredienti preferiti sono i giovani getti di lattuga romana, lattuga foglia di quercia, cavolo riccio, bietola a coste e cicoria. Raccogliamo anche alcune teste giovani di lattuga (che tagliamo tre o quattro volte) così come anche qualche altro tipo di verdura meno usato: fiori di crucifere, fiori di pisello, cuori di insalata troppo maturi e giovani ricacci di cavolo. I nostri clienti apprezzano la diversità e la creatività, ma, in ultima analisi, conta solo una cosa: la qualità di ciascun ingrediente. Noi scartiamo tutte le erbe divenute troppo grandi, troppo piccanti, coriacee, bucate o semplicemente considerate meno belle. Al mercato, è difficile per i nostri concorrenti competere con questo livello di qualità.

Per il lavaggio, mettiamo le varie erbe a bagno in acqua fredda e le mescoliamo delicatamente con le mani. Rimuoviamo con cura le foglie danneggiate, gli insetti e le erbe infestanti. Le erbette vengono poi strizzate in una centrifuga industriale, una tappa fondamentale per conservare nel modo migliore la miscela in cella frigorifera. In passato, usavamo una semplice lavatrice per strizzare la misticanza fino a quando un ispettore del ministero della Sanità ce lo ha proibito. Aveva addotto come motivazione il fatto che questa macchina non era concepita per scopi alimentari e che questa pratica non era igienica. Oggi, siamo costretti a lavorare con una centrifuga industriale... inutilmente dispendiosa.

Le insalatine miste che vendiamo ai negozi sono confezionate in buste che portano il logo di *Les Jardins de la Grelinette* e riempite d'aria per proteggere il contenuto dall'accatastamento sugli scaffali. Anche se hanno un costo maggiore, le nostre insalatine miste vendono molto di più rispetto a quelle importate dalla California, spesso andate a male o sul punto di esserlo. Una misticanza prodotta artigianalmente, coltivata secondo i consigli proposti qui sopra, dovrebbe restare bella per più di una settimana. In fin dei conti, questa qualità sembra aver convinto un gran numero di gente a optare per un prodotto locale.

DISTANZA INTENSIVA: 12 file (6 cm) – distanziate a 1 cm sulla fila

VARIETÀ PREFERITE: verdure asiatiche (Ruby Streaks, Tatsoi, Mizuna), lattughe (Tango, Buttercrunch, Lollo Rossa, Firecracker), rucola (Arugula), cavolo riccio (Red Russian), bietola a coste (Rainbow), spinacio (Space), salanova (insalate mini)

CONCIMAZIONE: Debole consumatore

GIORNI IN CAMPO: +/- 45 giorni per due raccolte

NUMERO DI SEMINE: All'esterno, ogni 15 giorni dalla metà di aprile alla metà di settembre. In tunnel (5 marzo, 10 marzo, 20 marzo, 28 marzo, 25 settembre, 5 ottobre, 10 ottobre)

Lattuga (composite)

La lattuga è il più popolare dei nostri ortaggi. Quasi tutti i clienti che fanno la fila al nostro banco ne acquistano almeno un cespo e i nostri soci della CSA vogliono sempre trovarne una o due nella loro cassetta settimanale. La lattuga, insieme al cetriolo e al pomodoro, è un ortaggio molto proficuo per il giardiniere-orticoltore. È una coltura che cresce in fretta, che dà un'ottima resa per superficie e non è complicata. Eppure, va controllata spesso se si ha l'obiettivo di raccoglierla ogni settimana.

Noi pianifichiamo delle semine consecutive con un intervallo di 15 giorni e scegliamo, per ciascuna semina, due varietà con un tempo di crescita differente (per esempio, 45 e 52 giorni). In questo modo, siamo sicuri che le nostre raccolte siano scalari senza dover fare ipotesi sulle colture di successione. Al momento di ogni semina, specialmente in estate, piantiamo un 30% di piante in più del necessario, per qualsiasi imprevisto, come una cattiva germinazione o la perdita di piantine durante il trapianto. Visto che i semi di lattuga sono generalmente economici, vale la pena investire in questa «polizza di assicurazione». Per quanto riguarda le cure necessarie, la coltivazione della lattuga è abbastanza semplice. Eseguiamo una falsa semina prima del trapianto e utilizziamo le zappe collineari (che sono molto pratiche per diserbare intorno ai cespi di lattuga) per impedire alle erbe infestanti di diffondersi.

Nel nostro orto, la lattuga viene attaccata a volte dalle limacce e dalle cimici (Lygnus lineolaris[5]), ma mai a un livello così grave da costringerci a intervenire. In certi anni, la comparsa spontanea della peronospora ci ha fatto perdere molte piantine. Ma non si tratta di un problema ricorrente e stiamo ancora cercando la migliore soluzione nel caso dovesse ripetersi con regolarità.

Per quanto riguarda le cure colturali, bisogna sapere che la lattuga è molto sensibile alle carenze idriche, che la rendono amara. Quando ciò accade, la nostra clientela non lo gradisce e ce lo fa sapere! Di conseguenza, la lattuga è diventata la nostra coltura-barometro per stabilire quando è il momento di irrigare l'orto. Mettiamo un pluviometro tra le aiuole e, se in una data settimana non c'è stata abbastanza pioggia, non esitiamo ad azionare gli irrigatori. Anche la germogliazione prematura può rivelarsi un problema, ma la scelta delle varietà più adatte è una soluzione comprovata. Del resto, le varietà di lattuga sono talmente numerose che è sempre interessante provarne di nuove ogni anno.

La lattuga dev'essere sempre il primo ortaggio che viene raccolto, perché è quello che risente di più del calore del giorno. Prima di tutto, tagliamo il colletto della pianta con un coltello affilato, poi immergiamo i cespi in acqua fredda e li lasciamo scolare. Successivamente, disponiamo le lattughe all'interno di un contenitore chiuso e le mettiamo in cella frigorifera, dove si manterranno belle e croccanti per circa una settimana.

DISTANZA INTENSIVA: 3 file (25 cm) – distanziati a 30 cm sulla fila

VARIETÀ PREFERITE: Salad Bowl (foglia di quercia rossa o verde), Jericho (romana estiva), Nevada (batavia), Buttercrunch (Boston), Vulcan (a foglia rossa), Grand Rapid (riccia)

IN ITALIA: Batavia Canasta, Lollo Rossa, Romana Bionda degli Ortolani, Gentilina da cespo, Gloria di Nantes (lattuga cappuccio), Meraviglia delle 4 Stagioni

CONCIMAZIONE: Debole consumatore

GIORNI IN CAMPO: Da 30 a 45 giorni dopo il trapianto

NUMERO DI SEMINE: Da 8 a 15 giorni tra una semina e l'altra, da metà aprile fino a metà agosto

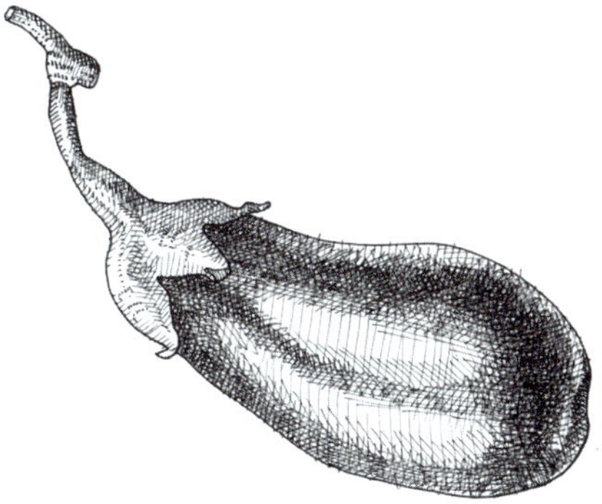

Melanzana (solanacee)

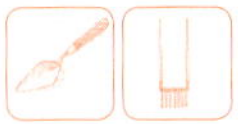

La melanzana è un ortaggio che acquista sempre più popolarità nel Québec. I nostri soci sono felici di poterle gustare più volte nel corso dell'estate e le varie forme e colori delle varietà che offriamo al mercato esercitano un'attrazione visiva spesso irresistibile. La melanzana fa parte della famiglia delle solanacee e la sua coltivazione è molto simile a quella dei pomodori e dei peperoni. Necessita di una buona concimazione e la sua crescita è massima in condizioni climatiche calde e con

5. Di rilevanza insignificante per le coltivazioni in Europa, N.d.T.

un costante apporto d'acqua. La coltivazione sotto i teli da pacciamatura sembra quindi essere ideale.

Coltiviamo le melanzane sotto un telo geotessile sul quale abbiamo precedentemente realizzato dei fori, in base alla distanza desiderata. Generalmente, coltiviamo tre bancali di melanzane e copriamo l'intera superficie, cosa che riduce al minimo la presenza delle erbe infestanti. Come per tutte le altre nostre coltivazioni sotto pacciamatura, irrighiamo grazie a un sistema a goccia collegato a un timer.

Con questa coltura la sfida è piuttosto quella di mettersi in salvo dagli insetti nocivi. Dal momento che la melanzana è imparentata con la patata, le piante rischiano di essere attaccate dalle dorifore. Per scongiurare questo rischio, subito dopo il trapianto installiamo una rete antinsetto, sostenuta da archetti. La rete funge anche da frangivento, cosa ancora più utile per le giovani piante di melanzana, particolarmente sensibili ai colpi di vento. La pacciamatura, insieme alla rete anti-insetto, permette uno sviluppo ottimale durante le prime settimane dopo il trapianto. Quando le piante iniziano a riempirsi di fiori e rimuoviamo la rete, la presenza delle dorifore è meno intensa. Se scopriamo dei focolai di infestazione, raccogliamo le larve a mano e questo ci permette di tenere sotto controllo la popolazione di questo insetto parassita.

La cimice è un altro insetto da tenere d'occhio. È difficile da individuare e spesso porta a una bella produzione... senza alcun frutto! La cimice punge le gemme floreali della pianta, che in seguito cadono a terra. Per proteggerci da questo parassita, effettuiamo un controllo due volte a settimana, scuotendo sopra un foglio di cartone bianco alcune piante (15-20) scelte a campione tra i filari. Così facendo, rimuoviamo le ninfe e se le troviamo su più di 1/5 delle piante, interveniamo con un insetticida naturale.

La raccolta delle melanzane può avvenire a qualsiasi stadio del loro sviluppo, una volta che il frutto è più o meno formato. Tuttavia, abbiamo riscontrato che le persone sono meno inclini a scegliere melanzane di grandi dimensioni. Pertanto, raccogliamo i frutti dalle piante quando sono di piccola e media taglia. In base a questo criterio scegliamo anche le varietà da coltivare. La melanzana può essere raccolta senza alcun problema anche nel mezzo della giornata. Ma in questo caso, va refrigerata velocemente per conservarla prima della vendita.

DISTANZA INTENSIVA: 1 fila – distanziate a 45 cm sulla fila

VARIETÀ PREFERITE: Béatrice (tonda), Millionaire (di tipo asiatico, molto precoce), Nadia (melanzana classica di grandi dimensioni), Fairy Tale (viola e bianca)

IN ITALIA: Melonga (lunga, nera, precoce), Black Beauty (tonda, taglia classica), Violetta di Firenze/Rotonda Bianca Sfumata di Rosa

CONCIMAZIONE: Forte consumatore

GIORNI IN CAMPO: Tutta la stagione

NUMERO DI SEMINE: 1, trapiantata dopo l'ultima gelata primaverile

Melone e Anguria (cucurbitacee)

Chiunque abbia assaggiato un melone ben maturo direttamente dall'orto non può che volerne altro! Questo ortaggio è molto popolare tra la gente e questo è il solo motivo per cui lo coltiviamo, perché, in realtà, la sua coltivazione occupa molto spazio nell'orto e

offre pochi guadagni. Quindi facciamo uno strappo alle nostre «regole», perché credo che i nostri clienti e soci non ce lo perdonerebbero mai se dovessimo smettere di produrlo!

Alleviamo le piantine di melone come facciamo con le zucchine. Queste due colture sono simili sotto molti aspetti e il lettore può fare riferimento alle note colturali della zucchina per ciò che concerne l'impianto e la fitoprotezione di questa pianta. Tuttavia, rispetto alle zucchine i meloni sono più sensibili alla temperatura del suolo e, proprio come cetrioli, traggono maggiore beneficio ad essere trapiantati in un suolo ben riscaldato. Per tutte queste ragioni, preferiamo non seminare il melone troppo presto e lo trapiantiamo sotto una pacciamatura di plastica nera. Dato che le piante di melone si propagano velocemente, diventa presto impossibile zappare il terreno, un altro buon motivo per ricorrere alla pacciamatura.

La sfida con il melone è di riuscire a raccoglierlo al momento giusto; se è troppo verde non avrà alcun sapore e se è troppo maturo diventa acquoso e perde le sue caratteristiche. Per determinare il momento migliore per la raccolta, bisogna saper individuare alcuni segni sul frutto. I meloni verdi (Honeydew) e i meloni retati sono pronti quando cominciano a cambiare colore e a tendere verso il giallo. Si forma allora una crepa (fossa o fenditura) sul peduncolo, che indica che il frutto è sul punto di staccarsi dalla pianta. A questo punto, il suo profumo inizia a svilupparsi e si può veramente «sentire» che il melone è pronto. Se si stacca da solo, il melone è spesso troppo maturo. Per quanto riguarda l'anguria, il discorso cambia. Quando è matura, produce un suono vuoto se colpita. A volte, girando l'anguria, è possibile notare una macchia pallida nel punto dove il frutto era a contatto con il terreno: anche questo è un buon segno. Questa macchia passa dal pallido al giallo man mano che il frutto matura. Comunque sia, il modo migliore per conoscere il loro grado di maturazione è di assaggiarne qualcuno!

I meloni raccolti al momento giusto si conservano a temperatura ambiente al massimo per una settimana. Se sono stati raccolti troppo maturi, li mettiamo in cella frigorifera per evitare che vadano a male. Però, così, perdono molto del loro profumo e del loro sapore. Le angurie si mantengono più a lungo, ossia per circa due settimane, alla temperatura del nostro magazzino.

DISTANZA INTENSIVA: 1 fila – distanziati a 45 cm sulla fila

VARIETÀ PREFERITE: Cavaillons (charentais), Halona (melone brodé), Sivan (charentais), Honey Yellow (melone verde/honeydew), Sweet Beauty (anguria)

IN ITALIA: Cantalupo di Charentais, Selezione di Benary (retato), Sugar Baby (anguria di taglia piccola, molto dolce)

CONCIMAZIONE: Forte consumatore

GIORNI IN CAMPO: 65-85 giorni dopo il trapianto

NUMERO DI SEMINE: 1 (24 maggio)

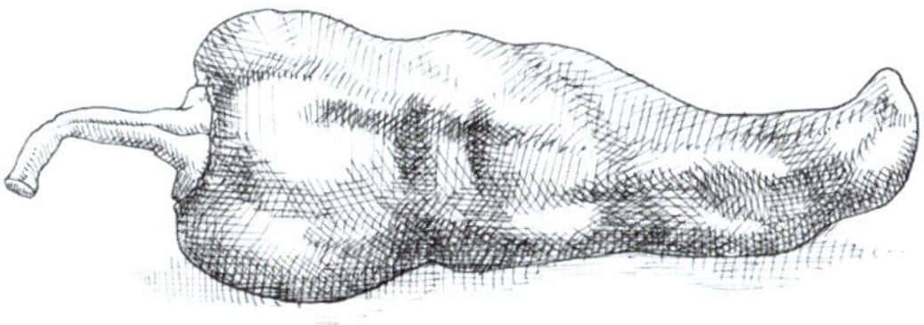

Peperone (solanacee)

Il peperone è un ortaggio che ama il caldo e che, come il pomodoro, sviluppa le sue qualità organolettiche quando matura sulla pianta. Il suo sapore diventa molto dolce e tutti ne vanno matti, soprattutto i bambini che lo mangiano crudo con lo stesso gusto di quando mangiano una mela o melone. Il prezzo dei peperoni rossi è altrettanto interessante ed è una delle ragioni che ci spingono a produrli il prima possibile nei nostri tunnel. Sempre nell'ottica di voler raggiungere un prezzo massimo, scegliamo di coltivare varietà che producono frutti di medio calibro. Per esperienza, sappiamo che la maggior parte delle persone storce la bocca quando deve pagare 3$ per un peperone, ma non si preoccupa di pagare 4$ per acquistarne due...

Coltiviamo gran parte dei nostri peperoni sotto tunnel per anticiparne la produzione. La coltivazione è avviata allo stesso modo dei pomodori, cioè aspettiamo circa otto settimane prima di trapiantare le piantine in un suolo riscaldato (vedi scheda di coltivazione del cetriolo). Una volta trapiantate, le piantine vanno sostenute con paletti di 1,50 metri (si terranno meglio quando saranno cariche di frutti) e bisogna eliminare i polloni a più riprese durante la fase di crescita per stimolare lo sviluppo dell'apparato radicale. Annaffiamo le piante con un sistema a goccia, fornendogli l'equivalente di 2 centimetri di pioggia a settimana. Il peperone è una coltura meno esigente rispetto al pomodoro e al cetriolo e, contrariamente a queste colture, una sola concimazione iniziale è sufficiente a soddisfare i suoi bisogni nutritivi.

Verso la metà di agosto, le piante vengono cimate (la parte apicale di ogni fusto principale viene tagliata al di sopra dell'ultimo frutto) con lo scopo di interrompere la produzione di nuovi frutti e di permettere alla pianta di concentrare le sue energie per far maturare quelli che già ha prodotto.

Uno dei problemi più frequenti con il peperone è il marciume apicale, che si manifesta con una macchia nera (o beige) alla base del frutto, rendendolo il più delle volte invendibile. Non si tratta propriamente di una malattia, ma piuttosto di uno squilibrio fisiologico dovuto a carenza di calcio, provocata a sua volta da uno stress idrico durante una fase di crescita rapida. Nei mesi di produzione dei frutti, quando i peperoni si ingrandiscono velocemente (da luglio a metà agosto), forniamo un'integrazione di calcio ogni settimana usando l'impianto di irrigazione a goccia. Questa tecnica, chiamata fertirrigazione, è molto semplice: basta procurarsi un iniettore che fornisca lentamente alla pianta le dosi di calcio solubile. Il tutto può essere collegato allo stesso impianto esterno.

Per quanto riguarda gli insetti nocivi, le piante di peperone sono sensibili agli attacchi del coleottero striato, proprio come per le melanzane. Questo è verosimilmente il caso in cui le piante appaiono belle, ma non producono alcun frutto. Detto ciò, è importante fare una buona diagnosi prima di intervenire, perché questo problema potrebbe essere causato anche da altri fattori. Nei nostri tunnel, sembra che le zanzariere riescano a impedire a questo insetto di entrare, perché le infestazioni non sono mai così estese come quelle sulle melanzane, che coltiviamo all'aperto. Durante alcune annate, anche gli afidi possono causare danni importanti e disturbare la crescita delle piante. Per evitare che un'infestazione di afidi divenga un problema serio (soprattutto nelle fasi iniziali della coltivazione), è necessario individuare i focolai di infestazione e intervenire rapidamente. Se si interviene prima che la loro popolazione esploda, è sufficiente, per gestire questo problema, introdurre nel tunnel le coccinelle (che vanno matte per gli afidi!). In attesa della consegna delle coccinelle (che può impiegare più di una settimana), irroriamo con del piretro tutte le piante sospette di ospitare gli afidi.

Dal momento che un peperone maturo non si mantiene a lungo in cella frigorifera (circa 10 giorni), è preferibile vendere subito il raccolto. Una volta avviata la produzione, procediamo a raccogliere i frutti ben rossi due volte a settimana. Oltre ai peperoni dolci, coltiviamo anche qualche pianta di peperoncino piccante per rispondere alla domanda (ma soprattutto per il nostro consumo personale!)

DISTANZA INTENSIVA: 1 fila – distanziati a 23 cm sulla fila

VARIETÀ PREFERITE: Orion (molto precoce, frutti non troppo grossi), Carmen (varietà italiana, delicato), Round of Hungary (costoluto), Mandarin (giallo), Hungarian Hot Wax (piccante)

IN ITALIA: Quadrato d'Asti Giallo o Rosso (crescita rapida, grossi frutti), Corno di Bue

Giallo o Rosso, Rotondo Ungherese (molto dolce, piccolo), Cubo Orange RS (arancione), Piccante Ciliegia
CONCIMAZIONE: forte consumatore
GIORNI IN CAMPO: stagione intera
NUMERO DI SEMINE: 1, trapiantata in tunnel a fine luglio

Pisello mangiatutto (leguminose)

I piselli mangiatutto si mangiano con tutto il baccello, spesso crudi, per poterne apprezzare la straordinaria freschezza. La loro comparsa sul nostro banco al mercato segna l'inizio di una nuova stagione di verdure e il loro sapore di ortaggio fresco è sempre molto popolare. Tuttavia, proprio come il fagiolino, si tratta di una coltura che implica un considerevole carico di lavoro, dovuto alla raccolta impegnativa, ma anche a causa dell'installazione di paletti e tutori.

Pertanto, cerchiamo sempre di evitare di dover raccogliere i piselli e i fagiolini nello stesso momento, ma cerchiamo invece di coltivarli in successione. Inoltre, non bisogna esitare a venderli a un prezzo elevato. Se i clienti borbottano, noi rispondiamo che i nostri piselli non sono importati dalla Cina e che questo prezzo è quanto ci serve per poterli coltivare!

Dal momento che il pisello mangiatutto è una coltura che germina bene in un suolo fresco, la prima semina nell'orto è molto precoce, ossia all'inizio del mese di aprile, e viene coperta con tessuto non tessuto. Avviamo la coltivazione effettuando una semina diretta in campo, seminando a mano su una singola fila, ma collocando i semi molto vicini. Questo sesto di impianto non è il migliore in termini di produzione, ma facilita enormemente la raccolta e la lotta alle infestanti.

Preferiamo coltivare le varietà a crescita indeterminata piuttosto che le specie nane, perché durano più a lungo, producono molti più piselli e hanno un sapore migliore, anche se ciò comporta un lavoro aggiuntivo per sostenerli. Per stimolare la coltura a crescere verso l'alto, sosteniamo le piante con uno spago che leghiamo a dei tutori distanziati ogni 5 metri sul bancale. Ripetiamo questa operazione ogni settimana, affinché la coltura sia sempre ben ancorata.

I piselli mangiatutto sono facili da coltivare e non hanno particolari nemici e parassiti. Per limitare lo sviluppo di malattie fungine, bisogna evitare di raccogliere quando le foglie delle piante sono bagnate di rugiada o di pioggia. Per ottenere il massimo del sapore, bisogna raccoglierli quando i semi fanno gonfiare il baccello e sono ben rotondi. Superata questa fase, diventano fibrosi. Ecco perché bisogna raccogliere questo ortaggio ogni due o tre giorni. Per una questione di comodità e per risparmiare tempo, la raccolta dei piselli va fatta usando entrambe le mani e con una certa concentrazione. È una messaggio che ripetiamo in continuazione a chi ci aiuta nella raccolta.

Una volta messi in cella frigorifera, i piselli mangiatutto si mantengono croccanti per circa una settimana; vanno quindi venduti in fretta.
DISTANZA INTENSIVA: 1 fila – distanziati a 1 cm sulla fila
VARIETÀ PREFERITE: Super Sugar Snap (favolosi)
IN ITALIA: Frieda Welten, Gigante Svizzero
CONCIMAZIONE: nessuna
GIORNI IN CAMPO: +/- 85 giorni, incluse una o due settimane di raccolta
NUMERO DI SEMINE: 2 (19 aprile, 13 maggio)

***Pomodoro** (solanacee)*

I pomodori venduti nei negozi hanno spesso una pessima reputazione: i frutti possono forse apparire belli e rotondi, ma il sapore troppo spesso è insipido e deludente. Un giardiniere-orticoltore può trarre profitto da questa situazione. Uno dei più grandi vantaggi della vendita diretta, al contrario di quella destinata alle grandi catene di distribuzione, è di poter raccogliere pomodori maturati direttamente sulla pianta.

Questi ultimi si conservano meno a lungo, ma sviluppano tutto il loro sapore. E visto che gran parte dei clienti è pronta a pagare un prezzo maggiore per pomodori «veri», questo ne fa uno degli ortaggi più redditizi da coltivare.

Già da molti anni ormai, non coltiviamo più pomodori in campo aperto e concentriamo ora la nostra intera produzione in una serra riscaldata dedicata a questa coltura. Questa strategia ci ha permesso di eliminare la maggior parte delle avversità che minacciano abitualmente questa coltivazione nell'orto e di estendere la stagione per quasi due mesi. Le date di semina sono calcolate per ottenere una produzione che ha inizio a metà giugno, quando i prezzi dei pomodori sono alti. Coltivare i pomodori in un ambiente controllato aumenta la qualità dei frutti raccolti e soprattutto la quantità: rispettando le tecniche di coltivazione in serra, la produzione può essere moltiplicata per dieci.

Anche se tutto ciò richiede un investimento in denaro e in tempo, il gioco vale decisamente la candela. Beninteso, sto parlando qui di pomodori di serra fatti crescere a terra e non in contenitori o con tecniche idroponiche, che li rendono spesso privi di sapore.

Una descrizione dettagliata delle operazioni relative alla nostra produzione di pomodori sarebbe troppo lunga per questo tipo di manuale. Entrano in gioco talmente tanti fattori tecnici che si potrebbe dire trattarsi di un mestiere a sé.

Preferisco quindi rimandare il lettore a fonti più specifiche sull'argomento, in particolare le newsletter *Tom'Pousse* pubblicate dal Réseau d'avertissements phytosanitaires (RAP) del Québec, negli anni 2000. Il riferimento si trova nella bibliografia. Detto ciò, ecco comunque, indicativamente, una descrizione delle nostre pratiche a grandi linee.

Per poter produrre pomodori per i nostri primi mercati di giugno, avviamo le prime semine alla fine di febbraio all'interno del nostro locale dedicato e trapiantiamo le piantine nella prima settimana di aprile.

Per ottenere una produzione eccellente, bisogna impegnarsi per produrre piantine di ottima qualità e noi facciamo tutto ciò che è in nostro potere per raggiungere questo obiettivo. Riscaldiamo il locale per la semina (o almeno una parte di esso: vedi capitolo 6) alla temperatura ottimale (18°C di notte e 25°C di giorno) per favorire la crescita.

Le piantine vengono anche rinvasate in vasetti larghi 15 centimetri, assicurando in questo modo il massimo nutrimento e il massimo spazio possibile per lo sviluppo delle radici. Prima di trapiantarle, aspettiamo che le piante siano robuste, di un verde intenso e con un'altezza di 20-25 centimetri.

Inoltre, innestiamo i nostri pomodori. Questa operazione, semplice ma precisa, consiste nel tagliare due piante con caratteristiche differenti (un portainnesto con un apparato radicale sviluppato e resistente a varie malattie e un innesto con cui si ottiene il frutto della varietà desiderata) e unirle con l'aiuto di una pinzetta. Se l'innesto è riuscito, le piante si fondono per offrire il meglio di entrambe le varietà.

L'innesto serve principalmente a evitare la maggior parte delle malattie del sistema radicale, in particolar modo la suberosi radicale generata dall'assenza di rotazioni. Ma a parte i problemi radicali, la pratica dell'innesto aumenta significativamente la resa, cosa che giustifica il ricorso a questa tecnica. Diverse opere e articoli che spiegano in dettaglio le procedure per realizzare un innesto sono facilmente reperibili, ma il modo migliore per imparare è di fare pratica presso un produttore esperto.

Nella nostra serra, abbiamo modificato la larghezza dei bancali in modo che siano più stretti rispetto ai sentieri (bancali larghi 60 centimetri e sentieri larghi 1 metro). Questa organizzazione dello spazio facilita di gran lunga la raccolta e ci permette di allevare la coltura a V, con le piante che partono dal centro del bancale e si estendono verso i sentieri. Il nostro obiettivo è raggiungere una densità di 2,5 piante per metro quadrato, cioè l'equivalente di una pianta ogni 22 centimetri. Questa distanza intensiva richiede un sistema di sostegno robusto (ogni pianta porta circa 4,5-5,5 chili di frutti e ci sono più di 100 piante su ogni bancale).

Le nostre piante sono attaccate a una corda collegata a uno dei due cavi d'acciaio che attraversa ogni bancale longitudinalmente. Questi cavi sono distanziati a 75 centimetri e sono fissati a un'altezza di circa 2,5 metri. L'importante è che questi cavi di acciaio siano solidi (minimo calibro 9) e ben tesi per sopportare il peso dei pomodori.

Dal momento che si tratta di piante indeterminate, continuano a crescere in altezza man mano che le avvolgiamo attorno alla corda. Le piante vengono potate ogni settimana e sfogliate ogni due settimane. Vengono rimossi anche alcuni grappoli per aumentare il calibro di ciascun frutto e l'equilibrio della pianta. Quando le piante raggiungono il cavo d'acciaio, le abbassiamo di circa 30 centimetri, inclinandole di lato, in modo da poter continuare a legarle. Otto settimane prima della fine della raccolta, cimiamo le piante per consentire agli ultimi frutti di maturare. Tutte queste operazioni sono svolte in base alle temperature esterne e richiedono costanza e dedizione.

Per aiutarci a ottimizzare la gestione di tutti questi fattori, abbiamo ingaggiato un esperto specializzato in produzioni in serra. Rivolgersi regolarmente a un professionista ci ha permesso di imparare molte cose sulle buone pratiche di coltivazione in serra.

Dato che la nostra produzione di pomodori è molto intensiva, necessita di una concimazione abbondante. Per essere sicuri che la sostanza concimante risponda bene ai bisogni della pianta, dividiamo le dosi apportando ogni mese una miscela di compost di lombrico, pollina e solfato di potassio alla base di ogni pianta, incorporandola nel terreno con un passaggio leggero di zappa.

Per consentire a questi ammendanti di mineralizzarsi adeguatamente, è importante mantenere il terreno sempre umido. Per farlo, copriamo il suolo con teli di polietilene (trattati UV) larghi 1,20 metri, che coprono i sentieri e metà del bancale (fino alla base della pianta).

I due lati del telo hanno un colore diverso. Il lato bianco è rivolto verso l'alto per riflettere la luce del sole verso le piante e il lato nero è rivolto verso il terreno. I lombrichi amano il buio e giocano un ruolo fondamentale, alleggerendo la struttura del suolo vicino alle piante di pomodoro.

Ogni mese, quando rimuoviamo i teli per spargere il compost, siamo sempre piacevolmente sorpresi di constatare quanto il loro contributo sia importante.

Per quanto riguarda la lotta alle avversità, la maggior parte delle malattie del pomodoro è causata da condizioni di umidità e/o da un fogliame che resta bagnato troppo a lungo.

Una importante misura che abbiamo preso per ridurre questo problema è di riscaldare la serra ogni mattina, per poco meno di un'ora, con bello o cattivo tempo, tenendo le aperture laterali leggermente aperte, con lo scopo di fare uscire l'umidità della notte e asciugare le foglie delle piante.

Da quando abbiamo adottato questa strategia, la nostra serra si mantiene priva di malattie fino alla fine della stagione.

Quanto agli insetti parassiti, la nostra serra di pomodori non ha mai avuto problemi, fatta eccezione per i bruchi che appaiono occasionalmente e che riusciamo a eliminare facilmente intervenendo con il Bacillus Thuringiensis.

Una volta avviata la produzione, la raccolta dei pomodori viene fatta ogni due o tre giorni per una buona parte della stagione. I pomodori della varietà Cuore di Bue (Beefsteak) vengono raccolti lasciando il peduncolo sul frutto. Invece, i pomodori a grappolo sono raccolti tagliando il ramo principale del grappolo. Sono proprio il peduncolo e il raspo del grappolo che danno ai pomodori il loro sapore particolare.

Per muoverci tra i sentieri utilizziamo un carrelletto per la raccolta appositamente dimensionato, sul quale sistemiamo delle cassette specifiche per i pomodori di serra.

I pomodori così raccolti si mantengono per circa una settimana a temperatura ambiente.

Non refrigeriamo mai i pomodori, altrimenti perderebbero una buona parte della loro consistenza e del loro sapore.

DISTANZA INTENSIVA: 1 fila – distanziati a 23 cm sulla fila

VARIETÀ PREFERITE: Macarena (frutti grossi e saporiti), Trust (affidabile), Red Delight (tipo cocktail), Favorita (ciliegino)

IN ITALIA: Cuore di Bue, Canestrino, Tondino Maremmano (o Red Cherry), Piccolo Datterino, Black Cherry (ciliegino nero)

CONCIMAZIONE: Forte consumatore

GIORNI IN CAMPO: stagione intera

NUMERO DI SEMINE: 2, trapiantate a metà aprile e a metà maggio

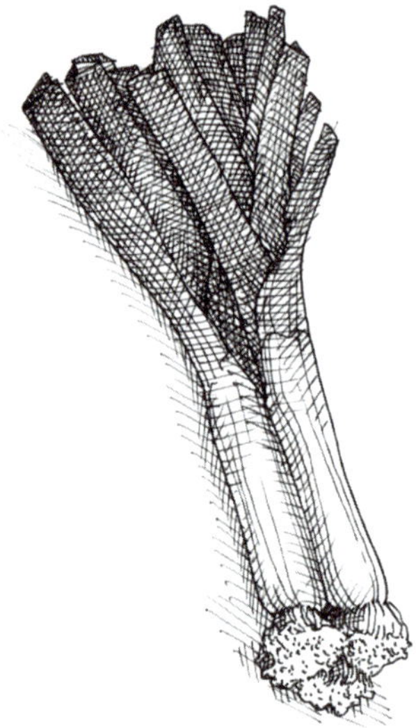

Porro *(liliacee)*

Abbiamo fallito per alcune stagioni prima di capire come far crescere porri di ottima qualità. Non è perché si tratta di una coltura difficile o problematica, ma perché la maggior parte dei nostri clienti mangia solo la parte bianca dello stelo. Dopo averne preso atto, abbiamo imparato a produrre porri con fusti lunghi e bianchi.

Seminiamo i nostri porri molto presto in primavera.

La loro coltivazione è avviata in anticipo, nello stesso periodo dei pomodori, non per poterli raccogliere prima (i porri si vendono bene solo con l'arrivo dell'autunno), ma perché vogliamo che le nostre piante siano il più lunghe possibile prima di trapiantarle nell'orto.

Procediamo essenzialmente nella stessa maniera che per le cipolle, tranne per il fatto che non accorciamo le foglie quando sono ancora nel semenzaio.

Utilizziamo anche dei contenitori più profondi, per consentire alle radici delle piantine di svilupparsi ulteriormente.

Seminiamo i porri una sola volta (ma usiamo varietà con tempi di crescita differenti) e li trapiantiamo nell'orto all'inizio del mese di maggio.

In semenzaio, le piante impiegano circa 10 settimane per raggiungere lo spessore di una matita e almeno 25 centimetri di lunghezza, che è ciò a cui miriamo.

Come ho già accennato, ottenere un fusto lungo dipende dalla profondità dello stelo sottoterra. Ciò spiega perché il porro viene tradizionalmente rincalzato man mano che cresce. Per lavorare in questo modo, il sesto di impianto dovrebbe tenere conto dei solchi necessari per addossare la terra alle piante. Considerando un bancale largo 75 centimetri, ciò significherebbe piantare due file per ogni bancale.

Invece, la tecnica che usiamo ci permette di coltivare tre file su ogni bancale e ci evita di rincalzare le piante.

Questo è il procedimento che seguiamo: al momento del trapianto utilizziamo un'asticella per realizzare un buco di 25 millimetri di diametro e 20 centimetri di profondità. In seguito, tagliamo le radici delle piantine di porri a una lunghezza di circa 2 centimetri prima di inserirle nei buchi, così come sono.

A questo punto, è assolutamente importante non riempire i buchi di terra. Piuttosto, annaffiamo i porri con un un tubo da irrigazione, in modo che un po' di terra vada a depositarsi sulle radici. I buchi si riempiranno da soli nel corso delle settimane successive con le zappature.

Le prime volte che abbiamo provato questo sistema, pensavamo che forse le piantine non avrebbero ricevuto luce a sufficienza, perché dai buchi spuntavano solo 5 centimetri di foglie. Ma non c'è da preoccuparsi.

Tutto questo lavoro darà come risultato lunghi fusti di 20 centimetri completamente bianchi. I porri che otteniamo non sono grandi quanto potrebbero esserlo, ma coltivando tre file invece di due abbiamo aumentato significativamente la produttività per metro quadrato. Per i nostri porri autunnali, a metà stagione amplifichiamo questo effetto ricoprendo di paglia il terreno intorno alle piante. Grazie a questa tecnica, riusciamo a produrre dei porri con un bel fusto bianco lungo circa 30 centimetri. I nostri clienti ne sono soddisfatti e ce lo fanno sapere!

Il porro è meno sensibile alle malattie rispetto alla cipolla e ha pochi insetti parassiti nemici, a eccezione della tignola del porro. Si tratta di una falena notturna le cui larve scavano gallerie nei fusti del porri, rendendoli invendibili.

Visto che questo insetto viene sempre a far visita al nostro orto, copriamo i porri con una rete antinsetto nel periodo in cui la presenza del parassita è maggiore, cioè tra fine agosto e inizio settembre. A parte l'uso delle reti, la sola operazione di manutenzione per questa coltura è il diserbo regolare con la zappa, perché è essenziale tenere lontane le erbe infestanti quando si ricorre a sesti di impianto così ravvicinati.

Il porro è una della colture più flessibili. Può essere raccolto a qualsiasi stadio del suo sviluppo e tollera il freddo abbastanza bene da poter restare in campo fino alla fine della stagione di produzione.

La raccolta dei porri estivi o autunnali ha luogo quando reputiamo che essi abbiano raggiunto il giusto spessore (circa 3 centimetri di diametro) e che c'è un buona domanda.

Li vendiamo a mazzi e il numero di porri varia in base alle dimensioni. Per curare la presentazione, rimuoviamo le radici e tagliamo le foglie in alto a V.

In cella frigorifera, i porri si conservano per diversi mesi senza alcun problema.

DISTANZA INTENSIVA: 3 file (25 cm) – distanziati a 15 cm sulla fila

VARIETÀ PREFERITE: Varna e King Richard (estivi), Megaton (autunnali)

IN ITALIA: Hilari (estivo-autunnale), Winter Giant (autunnale)

CONCIMAZIONE: Forte consumatore

GIORNI IN CAMPO: Da 75 a 130 giorni dalla data del trapianto

NUMERO DI SEMINE: 1, trapiantata all'inizio del mese di maggio

Rapa (crucifere)

La coltivazione delle rape è un segreto ben custodito, perché le grandi catene di distribuzione non sono ancora in grado di offrire le varietà zuccherine che le persone scoprono con piacere e stupore. Fin dal nostro debutto, la rapa *hakurei* è uno dei nostri ortaggi più venduti al mercato e uno dei preferiti dai nostri clienti. In Francia, le piccole rape sono chiamate *rabioles* («rapette»), un nome che suona bene e che abbiamo deciso di usare anche noi. La rapa è un ortaggio da clima freddo; in estate infatti diventa molto meno tenera e più piccante. È per questo motivo che effettuiamo solamente semine primaverili e autunnali, anche se potremmo venderne molte anche durante tutta l'estate. Dal momento che si tratta di una coltura che resiste bene al freddo, e anche a una leggera gelata, la coltiviamo spesso a fine stagione, nei nostri tunnel.

Anche se piantiamo le rape per semina diretta in campo, la loro germinazione è veloce e sono facili da diserbare e da curare. Tuttavia, due terribili insetti gli rendono la vita difficile: l'altica e soprattutto la mosca del cavolo, che ci hanno già fatto perdere interi raccolti. Oggi, preferiamo non prendere alcun rischio e copriamo sempre le piantine di rape con del tessuto non tessuto o con una rete anti-insetto. A proposito delle reti anti-insetto, l'altica è un insetto molto piccolo ed è importante scegliere una rete le cui maglie siano sufficientemente strette da poterlo bloccare. Queste maglie dovrebbero essere di circa 0,35 millimetri. Il vantaggio principale di usare una rete, invece di un telo, è che essa non crea alcun effetto termico in estate.

Nel nostro orto, le rape vengono raccolte progressivamente, iniziando da quelle più grandi. Dato che la nostra seminatrice le pianta piuttosto vicine sulle fila, il fatto di rimuoverne qualcuna permette alle altre di avere più spazio e di ingrossarsi. Però, oltre tre settimane, diventano fibrose e meno tenere. In generale, è meglio fare delle semine successive piuttosto che protrarre per troppo tempo la raccolta. Proprio come tutti gli altri ortaggi-radice, le foglie delle rape non restano belle per più di una settimana in cella frigorifera. Bisogna quindi venderle rapidamente.

DISTANZA INTENSIVA: 4 file (20 cm) – distanziate a 3 cm sulla fila
VARIETÀ PREFERITE: Hakurei (da mangiare cruda), Milanese (meno tenera, ma molto bella), Scarlet Queen (rossa)
IN ITALIA: Di Milano a Coletto Viola, Golden Ball, Bianca Piatta Quarantina
CONCIMAZIONE: Debole consumatore
GIORNI IN CAMPO: Da 35 a 50 giorni, inclusa più di una settimana di raccolta
NUMERO DI SEMINE: 5 (22 aprile, 6 maggio, 5 agosto, 25 agosto)

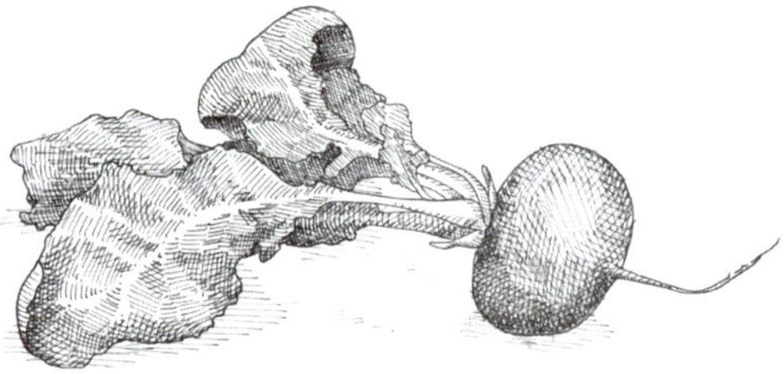

Ravanello (crucifere)

Contrariamente a quanto si potrebbe pensare, i ravanelli sono molto apprezzati e si vendono bene al mercato. Questo può forse dipendere dalle varietà che abbiamo scelto di coltivare. Il colore puro e vivace dei mazzi di ravanelli che vendiamo cattura lo sguardo. Il ravanello è un ortaggio che si coltiva senza difficoltà e si raccoglie velocemente. Del resto, è l'unica coltura che seminiamo a volte come intercalare ai piedi di altre piante che crescono più lentamente, come le zucchine, i cetrioli, i piselli, ecc.

Proprio come la maggior parte delle crucifere, il ravanello è un ortaggio da clima fresco e per questo evitiamo di coltivarlo in estate. Infatti, il sapore diventa troppo piccante e la pianta va a seme precocemente, rendendo la radice più fibrosa. Di conseguenza, pianifichiamo le semine per le raccolte primaverili, di fine estate e autunnali. Pianifichiamo anche una semina di ravanelli «invernali». Quest'ultimo tipo di ravanello non è molto conosciuto, ma meriterebbe di esserlo. Oltre a essere squisito e molto colorato (la buccia è di un bellissimo fucsia), questo ortaggio resiste bene alle gelate leggere e, se coperto con tessuto non tessuto, può restare nell'orto a lungo, fino alle nostre ultime cassette.

L'unico problema con il ravanello è che verrà quasi sicuramente attaccato dalla mosca del cavolo e dalle sue larve, che scavano gallerie nere nella radice. Se la primavera è asciutta e calda, anche l'altica può diventare un problema. Quindi, proprio come per le rape, copriamo sempre le piantine di ravanello con una rete antinsetto subito dopo l'impianto.

Raccogliamo i nostri ravanelli quando hanno raggiunto una grandezza media, cioè circa 5 centimetri di diametro. Anche se è possibile protrarre la raccolta per due settimane, è meglio raccoglierli quando sono ancora piccoli, altrimenti diventano spugnosi, coriacei o possono spaccarsi. Noi li vendiamo in mazzetti da 6 o 12 ravanelli, scegliendo solamente i più belli. Realizziamo anche mazzetti misti con colori diversi, usando diverse varietà, per renderli ancora più attraenti.

DISTANZA INTENSIVA: 5 file (15 cm) – distanziati a 3 cm sulla fila
VARIETÀ PREFERITE: Raxe (primaverile), Pink Beauty (rosa), French Breakfast (varietà europea allungata), Red Meat (invernale)
IN ITALIA: Tondo a Punta Bianca, Flamboyant 2 (allungato, equivale a French Breakfast), Daicon Invernale, Nero Tondo d'Inverno (ottima conservazione)
CONCIMAZIONE: debole consumatore
GIORNI IN CAMPO: +/- 45 giorni, incluse due raccolte
NUMERO DI SEMINE: 4 (10 maggio, 23 maggio, 11 luglio, 20 agosto)

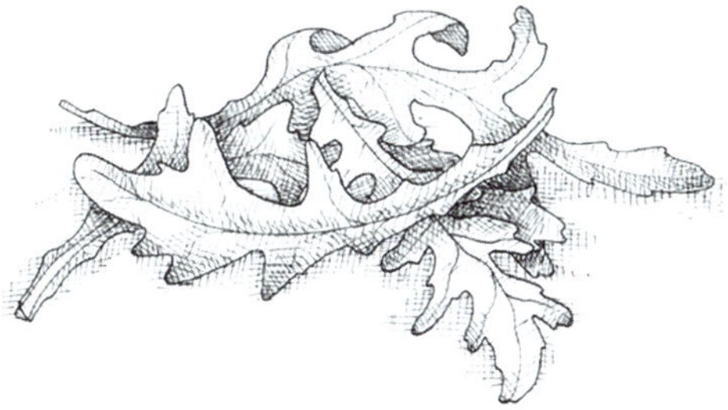

Rucola *(crucifere)*

La rucola ormai non è più un ortaggio sconosciuto tra la gente del Québec, che ne ha sentito parlare o che ne apprezza il sapore pepato e piccante, così particolare. È un ortaggio che va di moda ed è probabilmente la verdura più popolare del nostro banco. La rucola cresce in fretta e, dal momento che resiste abbastanza bene al gelo (-5°C), si può sempre contare su raccolti precoci e tardive. Però, in estate il sapore diventa più marcato e questo è il motivo per cui preferiamo evitare di coltivarla nei mesi più caldi. Ciononostante, la domanda per questo prodotto è continua e sarebbe sicuramente vantaggioso coltivarla anche per tutta l'estate, magari in una zona dell'orto più ombreggiata e fresca oppure sotto un telo ombreggiante.

La rucola è particolarmente sensibile agli attacchi dell'altica, che la riempie di buchi rendendola molto meno attraente alla vendita. Perciò, noi la teniamo sempre protetta da una rete anti-insetto o sotto una protezione di tessuto non tessuto. La vendiamo sfusa, lavata e strizzata come le insalatine miste, oppure a mazzi con tutte le radici. Per una questione di qualità del prodotto, non facciamo mai più di due tagli sullo stesso bancale di rucola.

DISTANZA INTENSIVA: 5 file (15 cm) – distanziati a 3 cm sulla fila

VARIETÀ PREFERITE: Arugula, Astro (varietà invernale)

IN ITALIA: Rucola coltivata

CONCIMAZIONE: debole consumatore

GIORNI IN CAMPO: +/- 45 giorni, incluse due raccolte

NUMERO DI SEMINE: 4 (10 maggio, 20 maggio, 25 agosto, 1 settembre)

Spinacio (chenopodiacee)

Gli orticoltori che sono costretti a scendere a compromessi con inverni rigidi conoscono bene il valore dello spinacio. Non si tratta solo di una coltura estremamente resistente al freddo (sopravvive a -7°C), ma è anche un ortaggio ben conosciuto e apprezzato da tutti, diversamente dalle verdure asiatiche e dal cavolo riccio.

Le date di semina sono stabilite in modo tale da produrre spinaci prima e dopo le lattughe di stagione. Anche se la domanda per questo ortaggio rimane alta durante tutta l'estate, è una coltura difficile da portare avanti nel periodo estivo. Quando aumenta la disponibilità di luce e inizia a fare caldo (a partire da luglio), la pianta va a seme spesso precocemente. In più, lo spinacio che preferiamo è tenero e dolce, due qualità che solo il freddo riesce a produrre.

Anche se lo spinacio è una coltura che di solito viene seminata direttamente in campo, il tasso di germinazione è molto variabile, quindi preferiamo trapiantarlo. Questa operazione rappresenta un ulteriore carico di lavoro, ma la resa ottimale generata da un distanza perfetta ne vale la pena. La nostra prima semina primaverile viene sempre coperta con un telo di tessuto non tessuto in modo da avere una raccolta il più precoce possibile.

Vendiamo i nostri spinaci sfusi. Al momento della raccolta, invece di tagliare tutto il cespo, raccogliamo le foglie più grandi da ogni singola pianta. Questo metodo di lavoro è più scomodo, ma alla fine assicura un resa migliore per pianta. Laviamo gli spinaci solo se necessario, per esempio se sono sporchi di fango. In questo caso, è importante strizzarli bene, perché dovranno essere asciutti prima di essere conservati in una busta chiusa. In queste condizioni, gli spinaci sfusi si conservano facilmente per più di una settimana in cella frigorifera.

Quando vogliamo aggiungere un po' di spinaci alle nostre insalatine miste, usiamo una tecnica di produzione differente. Li seminiamo con la seminatrice Six Row, ma riempiendo solo un serbatoio su due (quindi in tutto sei file sul bancale). La raccolta e il lavaggio seguono le stesse procedure di quelle usate per le insalatine miste, descritte in maniera più approfondita qui nelle note colturali. Per una produzione tardiva, le date di semina devono tener conto della disponibilità di luce, che diminuisce in autunno. Sul nostro terreno, metà settembre rappresenta l'ultimo momento per seminare sotto tunnel non riscaldato, se si ha intenzione di fare più di una raccolta prima dell'arrivo dell'inverno.

Se si vendono spinaci sfusi, è impossibile non aver sentito parlare di numerosi casi di contaminazione del batterio E. coli. Al riguardo, bisogna rassicurare i clienti preoccupati ricordandogli che gli spinaci non sono più suscettibili di essere infettati da questo batterio mortale di qualsiasi altro ortaggio crudo.

DISTANZA INTENSIVA: 4 file (15 cm) – distanziati a 15 cm sulla fila
VARIETÀ PREFERITE: Space (a foglia liscia, semina primaverile), Tyee (a foglia bollosa, semina autunnale e primaverile)
IN ITALIA: Butterfly (semina autunnale e primaverile), Monstrueux de Viroflay (foglia liscia, precoce)
CONCIMAZIONE: Debole consumatore
GIORNI IN CAMPO: Da 30 a 50 giorni dopo il trapianto, inclusi 2 o 3 tagli
NUMERO DI SEMINE: 4 (1 aprile, 25 aprile, 25 luglio, 5 agosto)

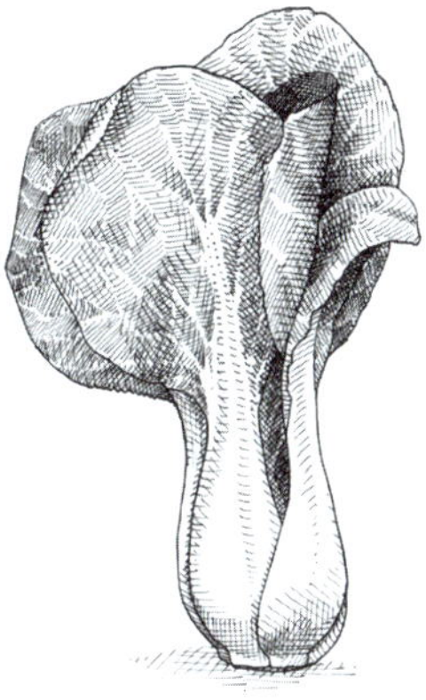

Verdure asiatiche (crucifere)

Sin dai nostri primi mercati, abbiamo sempre coltivato diverse verdure asiatiche che abbiamo fatto conoscere a molti dei nostri soci e clienti. Queste verdure sono appetitose, ricche di vitamine, crescono rapidamente e sono resistenti al freddo. In breve, possiedono numerose qualità che le rendono interessanti dal punto di vista commerciale. Se solo potessero essere più conosciute dai consumatori...

Nel nostro calendario di produzione, sono colture estremamente importanti, perché ci consentono di diversificare l'offerta nei nostri mercati di inizio e fine stagione, quando pochi altri ortaggi sono disponibili. La coltivazione delle verdure asiatiche è avviata presto all'interno del locale per la semina. Le piantine sono poi trapiantate nell'orto sotto una copertura di tessuto non tessuto, anche quando le temperature rischiano ancora di scendere sotto lo zero. Queste colture sono raramente interessate da malattie, ma l'altica e la cavolaia impazziscono per le loro tenere foglie. Pertanto, le teniamo sempre coperte con tessuto non tessuto in primavera o con una rete antinsetto in estate. Anche le limacce possono costituire un problema. In questo caso, ce ne sbarazziamo a mano oppure usando dei granuli di fosfato di ferro. A parte questo, sono colture che non richiedono altre particolari attenzioni.

Come le altre brassicacee, la maggior parte delle verdure asiatiche cresce meglio in un clima fresco (il caldo gli conferisce un sapore più piccante e amaro). Tuttavia, alcune varietà sono particolarmente adatte ai climi caldi. Le piante di senape producono dei bellissimi fiori commestibili, che vendiamo al mercato in deliziosi mazzetti. A eccezione del cavolo cinese, che si può conservare in cella frigorifera per qualche mese, le verdure asiatiche non durano a lungo. Si mantengono meglio se lasciate a terra, cosa che permette una certa flessibilità nella raccolta.

DISTANZA INTENSIVA: 3 file (25 cm) – distanziate a 30 cm sulla fila
VARIETÀ PREFERITE: Monument (cavolo cinese), Black Summer (Bok Choy), Hon Tsai Tai (senape estiva), Tatsoy (cavolo verde)
IN ITALIA: Granat (cavolo cinese autunnale), Red Giant (da taglio)

CONCIMAZIONE: Debole consumatore
GIORNI IN CAMPO: Da 40 a 60 giorni dopo il trapianto
NUMERO DI SEMINE: 4 (1 aprile, 15 aprile, 8 luglio, 25 agosto)

Zucchina (cucurbitacee)

La zucchina è una coltura facile e redditizia, soprattutto quando si può approfittare del gran numero di varietà differenti che offrono le ditte semenziere.

È proprio questa varietà che rende la zucchina accattivante e popolare sul nostro banco al mercato. Si tratta, inoltre, di un ortaggio che cresce in grandi quantità e spesso ne abbiamo più di quanto ci serve in certi momenti della stagione. In qesti casi, invitiamo i nostri soci a prenderne a volontà, ma non aggiungiamo l'eccesso nelle cassette, perché altrimenti non saprebbero più cosa farne e perderebbero interesse.

Nel nostro calendario colturale pianifichiamo tre semine successive. La prima semina è molto precoce ed è fatta sotto tunnel, in modo da poter fare la nostra prima raccolta a fine maggio o a inizio giugno. La seconda semina è fatta direttamente in campo piuttosto presto nel mese di maggio ed è la più difficile da portare a termine, perché la zucchina è una pianta da clima caldo che non sopporta le notti fredde e ancor meno le gelate. Per riuscirci, copriamo le piantine con tessuto non tessuto installato su archetti. Tuttavia, considerate le dimensioni di una pianta di zucchina adulta, questi archetti vanno posizionati piuttosto alti, cosa che aumenta l'effetto serra all'interno del mini-tunnel. In questo modo si possono ottenere buoni risultati nel riscaldare l'aria e il suolo, ma si rischia anche di causare un colpo di calore a danno delle piantine ancora fragili. Per evitare questo problema, mettiamo a bagno i nostri plateaux in una soluzione di argilla bianca prima del trapianto. Questa polvere solubile a base di caolino (un prodotto naturale e biodegradabile) diminuisce considerevolmente la traspirazione delle giovani piante e facilita il loro adattamento al calore. Ci assicuriamo inoltre di bagnare bene l'aiuola e di controllare la piantagione nelle giornate soleggiate. In alcuni casi, siamo costretti a scoprire la coltura per farle prendere aria.

Le giovani piante di zucchina sono particolarmente gradite al coleottero striato del cetriolo[6], che può rapidamente invadere la coltura provocando danni importanti. Il nostro obiettivo quindi è di tenere le piante coperte con il tessuto non tessuto il più a lungo possibile, fino a quando non compaiono i primi fiori. A questo punto, bisogna scoprire definitivamente le zucchine per consentire agli insetti impollinatori di garantire una buona allegagione dei frutti. Le piante allora saranno abbastanza sviluppate da poter resistere meglio agli attacchi del coleottero, anche se questo parassita continua a rappresentare un problema: è questo insetto che trasmette l'avvizzimento batterico, una malattia che fa «fondere» in pochi giorni le piante infette.

Una volta scoperta la coltura di zucchine, il solo modo di prevenire il diffondersi di questa malattia è di ridurre la popolazione dei maggiolini. Per farlo, li inceneriamo con l'aiuto di un bruciatore a pistola (a propano) quando si trovano all'interno dei fiori della pianta. Inceneriamo solamente le infiorescenze maschili (che non influiranno sulla raccolta). È necessario eseguire questa operazione molto presto la mattina, quando l'insetto è ancora poco attivo e le api non sono ancora uscite dalle arnie per bottinare i fiori di zucchina. Questa strategia dà buoni risultati se ripetuta più volte a settimana, ma può solamente

6. Di rilevanza insignificante per le coltivazioni in Europa N.d.T.

ritardare l'inevitabile. È principalmente per questo motivo che pianifichiamo una seconda semina nel mezzo dell'estate. In fondo, è una buona scelta sotto tutti gli aspetti, perché la resa delle piante diminuisce considerevolmente dopo quattro o cinque settimane di buona raccolta.

Noi raccogliamo le zucchine quando hanno raggiunto una lunghezza tra i 15 e i 20 centimetri, a seconda della varietà. In questa misura, sono più tenere e si vendono più facilmente e a un miglior prezzo. Per evitare che le zucchine diventino troppo grandi, la raccolta va eseguita ogni due o tre giorni, cosa che gli impedisce di assumere una forma bulbosa e stimola allo stesso tempo la produzione di nuovi frutti. Per raccogliere in maniera efficiente, noi utilizziamo una borsa per il trapianto degli alberi, che ci permette di circolare all'interno delle aiuole con le mani libere, portando insieme i frutti raccolti. I fiori di zucca sono apprezzati nella ristorazione e sono anche un prodotto molto ricercato dalla nostra clientela al mercato. Per questo, selezioniamo alcune piante di zucchina per la produzione di fiori. La raccolta va eseguita all'alba, quando i fiori iniziano a dischiudere i petali al sole. Questa mansione appesantisce il nostro carico di lavoro mattutino, ma, considerato il buon prezzo di vendita dei fiori di zucca, ne vale la pena.

In cella frigorifera la zucchina si conserva per circa una settimana. Invece, i fiori di zucca sono molto delicati e vanno venduti il giorno stesso.

DISTANZA INTENSIVA: 1 fila – distanziati a 60 cm sulla fila
VARIETÀ PREFERITE: Plato, Zephyr (molto bella), Sunburst (pattypan/pâtisson), Portofino (gustosa), Costata Romanesca (prolifica per la produzione di fiori maschili)
IN ITALIA: Costata Romanesca, Alberello di Sarzana (verde chiaro), Tonda di Nizza, Lungo Fiorentino (conserva il fiore)
CONCIMAZIONE: Forte consumatore
GIORNI IN CAMPO: 70 giorni dopo il trapianto
NUMERO DI SEMINE: 3 (4 aprile, 3 maggio, 20 giugno)

Gli ortaggi dimenticati

Come ho già detto più volte in questo manuale, ci sono molte colture importanti che abbiamo deciso di non coltivare e, invece di descrivere come coltivarle, credo sia importante spiegare perché non le coltiviamo.

Cominciamo con la **patata**, che presenta tutte le caratteristiche di un ortaggio interessante da produrre. In effetti, si tratta di un ortaggio popolare e redditizio in termini di resa per superficie coltivata. Tuttavia, è molto più facile raccogliere le patate se si ha una macchina raccoglitrice. Per un giardiniere-orticoltore è quasi impossibile essere produttivo quanto un orticoltore «meccanizzato» e il prezzo di vendita delle patate non compenserà mai l'impegno dedicato. Detto ciò, le **patate novelle**, però, sono una coltura da tenere in considerazione. Sarebbe sicuramente una buona idea farle crescere in un tunnel, molto presto in primavera, per essere i primi a offrirle sul mercato.

Il **mais dolce** è un altra coltura popolare e molto apprezzata. Però, occupa molto spazio nell'orto e rende poco. Nel caso in cui non si avessero limiti di spazio coltivabile, un «granturco» di nicchia, biologico e senza OGM, potrebbe rappresentare un ottimo affare.

La **zucca invernale** è un ortaggio che non può mancare nei piatti autunnali, ma anche in questo caso si tratta di una coltura che richiede molto spazio nell'orto e ha un lungo tempo di crescita. Se si considera che la pianta presenta molte importanti ramificazioni, sarebbe più facile mantenere questa coltura su bancali più larghi di 75 centimetri.

Il **sedano** è apprezzato da moltissimi consumatori (noi per primi!), ma è una coltura che non siamo ancora riusciti a produrre in maniera soddisfacente. Produrre sedani lunghi e croccanti, come quelli che la gente conosce, richiede un livello di esperienza che non abbiamo ancora raggiunto. Sarà una sfida per il futuro!

L'**asparago** è un altro ortaggio verde che ci piace molto, ma non abbiamo nessun mercato da servire al momento della raccolta.

Infine, vorrei sottolineare che l'**alkekengi**, i **pomodori ciliegini**, il **basilico**, il **sedano rapa**, i **finocchi**, i **cavolini di Bruxelles** o i **navoni**, che coltiviamo, presentano tutti un buon potenziale commerciale su una piccola superficie coltivata a ortaggi.

Ditte fornitrici di attrezzature e materiali

Qui di seguito è riportata la lista di molti attrezzi e materiali che utilizziamo nella nostra azienda. Molti di essi non sono reperibili nei negozi di giardinaggio tradizionale e, per procurarseli, occorre ordinarli dagli Stati Uniti o dall'Europa. Spero di trovare a breve dei fornitori raccomandabili anche nel Québec e in Canada. [1]

1. Per questa edizione italiana sono state aggiunte informazione su fornitori e rivenditori di attrezzature in Europa e in Italia (per una più facile reperibilità in Italia), N.d.T.

Teli e reti antinsetto

I teli di tessuto non tessuto che usiamo sono soprattutto i Novagryl Plus P-19, reperibili su www.agrylnovagryl.fr

In Italia si trovano da 17 e 30 g in varie dimensioni su www.tenax.net/giardinaggio/protezione-delle-colture.php

Le reti antinsetto che usiamo contro la tigna del porro hanno maglie larghe 1,35 millimetri e sono state tagliate su misura in base alle nostre esigenze.

Reti antinsetto, teli per colture da serra e altro sono anche reperibili presso due ditte tedesche:

www.meyer-shop.com/
www.hartmann-brockhaus.de

Zappe

Le zappe che utilizziamo sono dotate di una lama regolabile, affilata e squadrata, disponibili in tre larghezze: 9, 13 e 18 centimetri. Sono di marca Glaser e sono fabbricate in Svizzera.

Zappa su ruota

Un modello di zappa su ruota durevole, robusta e con un buon rapporto qualità-prezzo è prodotto dall'azienda americana Hoss. Questo modello presenta lame regolabili e intercambiabili, disponibili in larghezze di 15, 20 e 30 centimetri. La lama può essere anche sostituita da un uncino o da un aratro, utile per realizzare dei canali.

In Europa, la ditta francese Terrateck offre una vasta gamma di zappe e altri utensili per il diserbo: www.terrateck.com/en/

Attrezzatura per l'impianto di irrigazione

Usiamo irrigatori a bassa gittata Naan, micro-irrigatori Dan e raccordi camlock e canaline per l'irrigazione a goccia.

Consiglio di contattare un centro di materiali per l'irrigazione nella propria regione. Normalmente in questi centri è presente un tecnico che vi potrà consigliare al meglio.

Grelinette

La grelinette che preferiamo più di tutte è quella prodotta in Québec dall'azienda Growers. Questo modello è lungo 61 centimetri ed è dotato di una forca a cinque denti parabolici lunghi 30 centimetri. Ho dato qualche suggerimento al produttore affinché creasse uno strumento di prima scelta.

La versione originale è disponibile tramite la ditta francese Ma Grelinette www.grelinette.fr

Una versione ergonomica viene prodotta dalla ditta francese Graines Baumaux sotto il nome FOURCHES À BÊCHER GUÉRILU 5 DENTS (www.graines-baumaux.fr/171456-fourches-a-becher-guerilu-5-dents.html)

Motocoltivatore professionale

I motocoltivatori commerciali maggiormente diffusi in Nord America sono quelli fabbricati dall'azienda italiana BCS. Consigliamo il modello 853[2], che consente l'installazione della maggior parte degli attrezzi di lavorazione disponibili con una

2. In Italia, questo modello corrisponde al BCS 740, N.d.T.

larghezza di 75 centimetri.

Oltre alla BCS, le marche di motocoltivatori più conosciute sono le seguenti, ciascuna con il proprio modello di trincia, fresa ed erpice:
www.mybertolini.it/it/bertolini/motocoltivatori
www.grillospa.it/motocoltivatori
www.goldoni.it/prodotti/motocoltivatori/

Spruzzatore a pompa (zaino per trattamenti)

Il nostro spruzzatore è prodotto dall'azienda svizzera Birchmeier. Utilizziamo il modello che ha una capacità di 20 litri.

Pirodiserbatrice

La pirodiserbatrice con cui eseguiamo il diserbo in pre-emergenza è fabbricata da un'azienda americana, Flame Weeders, con sede in Virginia. Noi lavoriamo con il modello a cinque torce, largo 75 centimetri.

La ditta Terrateck produce una pirodiserbatrice semplice con una torcia singola, ma si possono trovare modelli italiani nei centri di giardinaggio.

Attrezzatura per la raccolta

Due coltelli che ci piacciono molto:

Coltello da raccolta di tipo mini-machete, usato per raccogliere i broccoli, i cavolfiori e le lattughe.

Coltello Opinel n°10. Un coltello francese di ottima qualità, leggero e molto comodo da maneggiare.

Il carrelletto che porta le casse per la raccolta dall'orto al magazzino è prodotto dall'azienda americana Vermont Carts. Le ruote di questo carrelletto sono perfettamente allineate con nostri bancali (1,2 metri da centro a centro). Robusto, ergonomico e indispensabile.

Raccoglitrice per insalatine miste

La raccoglitrice elettrica per le insalatine miste che abbiamo acquistato è venduta con il nome di Quick Cut Greens Harvester ed è prodotta dall'azienda americana Farmer's Friend LLC.

Sementi

Noi ordiniamo la maggior parte delle nostre sementi da queste aziende:
Ortaggi vari
- Ferme coopérative Tournesol, www.ferme-tournesol.qc.ca
- Johnny's Selected Seeds, www.johnnyseeds.com
- High Mowing Organic Seeds, www.highmowingseeds.com

Coltivazioni in serra
- Groupe horticole Ledoux, www.ghlinc.com
- Plant Prod, www.plantprod.com

In Italia: Bioseme www.bioseme.it; Arcoiris, www.arcoiris.it
In Svizzera (in parte prodotte in Italia): Sativa, www.sativa-sementibio.it
In Germania, con spedizione entro 7-10 giorni: Bingenheimer Saatgut AG, www.bingenheimersaatgut.de/
In Francia, incluse varietà italiane: Graines Baumaux, www.graines-baumaux.fr

Seminatrici

Tutte le seminatrici che utilizziamo per il nostro orto, la Earthway, la Glaser e la Six Row Seeder, sono vendute in Canada dall'azienda Johnny's Selected Seeds.

In Italia è facile trovare la Earthway, venduta con 12 dischi.

Glaser e Terrateck vendono svariati modelli di seminatrici interessanti, purtroppo la Six Row Seeder non è ancora disponibilie sul mercato europeo.

Serre e tunnel

Ci sono varie aziende che fabbricano serre e tunnel di qualità. Due ditte consigliabili sono Europrogress e Lucchini Idromeccanica: europrogress.it/, www.lucchiniidromeccanica.it/

Consigliamo di trovare un costruttore di serre il più vicino a casa possibile. Questo faciliterà sopralluoghi per preventivi e la soluzione di vari problemi in tempi rapidi.

APPENDICE 3

Piano dell'orto

Fare un piano dell'orto che stabilisce in anticipo la disposizione esatta delle semine costituisce una fase importante per una buona pianificazione della produzione (vedi capitolo 13 sulla pianificazione della produzione).

Ricordiamo che il nostro orto è suddiviso in 10 parcelle da 16 bancali, ordinate per famiglie o gruppi di ortaggi. Di seguito è riportato un esempio di uno dei nostri piani.

SD = Semina Diretta **T** = Trapianto **R** = Raccolta

PARCELLA 1: ROTAZIONE CUCURBITACEE E CRUCIFERE PRECOCI

Broccoli	T: 15 maggio	Sovescio di piselli e avena seminato all'inizio di agosto; sfalciato e incorporato nel terreno a fine ottobre.
Broccoli	T: 15 maggio	
Broccoli	T: 15 maggio	
Bok Choy	T: 9 maggio	
Cavolo rapa	T: 9 maggio	
Cavolo riccio	T: 9 maggio	
Broccoli	T: 20 maggio	
Broccoli	T: 20 maggio	
Broccoli	T: 20 maggio	
Broccoli	T: 20 maggio	
Broccoli	T: 20 maggio	
Zucchina	T: 18 maggio	
Zucchina	T: 18 maggio	
Zucchina	T: 18 maggio	
Cavolfiore	T: 1 giugno	
Cavolfiore	T: 1 giugno	

PARCELLA 2: ROTAZIONE VERDURE E RADICI

Misticanza	SD: 15 aprile – 10 giugno	**Barbabietola**	SD: 30 giugno – fine stag.
Misticanza	SD: 15 aprile – 10 giugno	**Barbabietola**	SD: 30 giugno – fine stag.
Piselli	SD: 19 aprile – 15 luglio	**Misticanza**	SD: 27 luglio – 10 settembre
Piselli	SD: 19 aprile – 15 luglio	**Misticanza**	SD: 27 luglio – 10 settembre
Piselli	SD: 19 aprile – 15 luglio	**Misticanza**	SD: 27 luglio – 10 settembre
Piselli	SD: 19 aprile – 15 luglio	**Misticanza**	SD: 27 luglio – 10 settembre
Carota	SD: 20 aprile – 1 agosto	**Misticanza**	SD: 10 agosto – 25 settembre
Carota	SD: 20 aprile – 1 agosto	**Misticanza**	SD: 10 agosto – 25 settembre
Barbabietola	SD: 20 aprile – 1 agosto	**Misticanza**	SD: 10 agosto – 25 settembre
Rapa	SD: 22 aprile – 20 giugno	**Misticanza**	SD: 10 agosto – 25 settembre
Spinacio	T: 22 aprile – 22 giugno	**Carota**	SD: 23 giugno – fine stag.
Misticanza	SD: 22 aprile – 20 giugno	**Carota**	SD: 23 giugno – fine stag.
Misticanza	SD: 22 aprile – 20 giugno	**Carota**	SD: 23 giugno – fine stag.
Spinacio	T: 16 maggio – 10 luglio	**Misticanza**	SD: 13 luglio – 1 settembre
Spinacio	T: 16 maggio – 10 luglio	**Misticanza**	SD: 13 luglio – 1 settembre
Spinacio	T: 16 maggio – 10 luglio	**Misticanza**	SD: 13 luglio – 1 settembre

PARCELLA 3: ROTAZIONE AGLIO

Aglio	T: ottobre; R: luglio anno successivo	Sovescio di piselli e avena seminato all'inizio di agosto; sfalciato e incorporato nel terreno a fine ottobre.
Aglio	T: ottobre; R: luglio anno successivo	
Aglio	T: ottobre; R: luglio anno successivo	
Aglio	T: ottobre; R: luglio anno successivo	
Aglio	T: ottobre; R: luglio anno successivo	
Aglio	T: ottobre; R: luglio anno successivo	
Aglio	T: ottobre; R: luglio anno successivo	
Aglio	T: ottobre; R: luglio anno successivo	
Aglio	T: ottobre; R: luglio anno successivo	
Aglio	T: ottobre; R: luglio anno successivo	
Aglio	T: ottobre; R: luglio anno successivo	
Aglio	T: ottobre; R: luglio anno successivo	
Aglio	T: ottobre; R: luglio anno successivo	
Aglio	T: ottobre; R: luglio anno successivo	
Aglio	T: ottobre; R: luglio anno successivo	
Aglio	T: ottobre; R: luglio anno successivo	

PARCELLA 4: ROTAZIONE VERDURE E RADICI

Sovescio di veccia e avena seminato il 15 aprile e interrato all'inizio di giugno.	**Misticanza**	SD: 15 aprile – 10 giugno	**Aglio**	T: 15 ottobre
	Misticanza	SD: 15 aprile – 10 giugno	**Aglio**	T: 15 ottobre
	Misticanza	SD: 19 aprile – 15 luglio	**Aglio**	T: 15 ottobre
	Misticanza	SD: 19 aprile – 15 luglio	**Aglio**	T: 15 ottobre
	Fagiolino	SD: 19 aprile – 15 luglio	**Aglio**	T: 15 ottobre
	Fagiolino	SD: 19 aprile – 15 luglio	**Aglio**	T: 15 ottobre
	Fagiolino	SD: 20 aprile – 1 agosto	**Aglio**	T: 15 ottobre
	Fagiolino	SD: 20 aprile – 1 agosto	**Aglio**	T: 15 ottobre
	Carota	SD: 20 aprile – 1 agosto	**Aglio**	T: 15 ottobre
	Carota	SD: 22 aprile – 20 giugno	**Aglio**	T: 15 ottobre
	Carota	T: 22 aprile – 22 giugno	**Aglio**	T: 15 ottobre
	Carota	SD: 22 aprile – 20 giugno	**Aglio**	T: 15 ottobre
	Lattuga	SD: 22 aprile – 20 giugno	**Aglio**	T: 15 ottobre
	Lattuga	T: 16 maggio – 10 luglio	**Aglio**	T: 15 ottobre
	Lattuga	T: 16 maggio – 10 luglio	**Aglio**	T: 15 ottobre
	Lattuga	T: 16 maggio – 10 luglio	**Aglio**	T: 15 ottobre

PARCELLA 5: ROTAZIONE SOLANACEE

Melanzana	T: 30 maggio – fine stagione
Melanzana	T: 30 maggio – fine stagione
Melanzana	T: 30 maggio – fine stagione
Melanzana	T: 30 maggio – fine stagione
Melanzana	T: 30 maggio – fine stagione
Alkekengi	T: 30 maggio – fine stagione
Alkekengi	T: 30 maggio – fine stagione
Peperoncino	T: 30 maggio – fine stagione
Peperone	T: 30 maggio – fine stagione
Peperone	T: 30 maggio – fine stagione
Melone	T: 6 giugno – fine stagione
Melone	T: 6 giugno – fine stagione
Melone	T: 6 giugno – fine stagione
Melone	T: 6 giugno – fine stagione
Melone	T: 6 giugno – fine stagione
Melone	T: 6 giugno – fine stagione

PARCELLA 6: ROTAZIONE VERDURE E RADICI

Fagiolino	SD: 23 maggio – 10 agosto	**Spinacio**	T: 15 agosto – ottobre
Fagiolino	SD: 23 maggio – 10 agosto	**Spinacio**	T: 15 agosto – ottobre
Ravanello	SD: 23 maggio – 1 luglio	**Lattuga**	T: 12 luglio – 12 agosto
Rapa	SD: 23 maggio – 10 luglio	**Lattuga**	T: 12 luglio – 12 agosto
Carota	SD: 25 maggio – 20 agosto	**Rucola**	SD: 25 agosto - ottobre
Carota	SD: 25 maggio – 20 agosto	**Senape**	SD: 25 agosto – ottobre
Rucola	SD: 20 maggio – 5 luglio	**Bietola**	T: 10 luglio – ottobre
Rucola	SD: 20 maggio – 5 luglio	**Bietola**	T: 10 luglio – ottobre
Lattuga	T: 31 maggio – 1 luglio	**Fagiolino**	SD: 20 luglio – metà settembre
Lattuga	T: 31 maggio – 1 luglio	**Fagiolino**	SD: 20 luglio – metà settembre
Barbabietola	SD: 6 giugno – 25 agosto	**Rucola**	SD: 1 settembre – fine stagione
Barbabietola	SD: 6 giugno – 25 agosto	**Rucola**	SD: 1 settembre – fine stagione
Fagiolino	SD: 6 giugno – 20 agosto	**Spinacio**	T: 25 agosto – fine stagione
Fagiolino	SD: 6 giugno – 20 agosto	**Spinacio**	T: 25 agosto – fine stagione
Fagiolino	SD: 6 giugno – 20 agosto	**Spinacio**	T: 25 agosto – fine stagione
Fagiolino	SD: 6 giugno – 20 agosto	**Spinacio**	T: 25 agosto – fine stagione

PARCELLA 7: CUCURBITACEE E CRUCIFERE ESTIVE

Sovescio di veccia e avena seminato il 15 aprile e interrato all'inizio di giugno.	**Broccoli**	T: 25 giugno
	Broccoli	T: 25 giugno
	Broccoli	T: 25 giugno
	Broccoli	T: 25 giugno
	Cavolo estivo	T: 25 giugno
	Cavolo estivo	T: 25 giugno
	Cavolini di Bruxelles	T: 25 giugno
	Zucchina	T: 5 luglio
	Cavolfiore	T: 14 luglio
	Cavolfiore	T: 14 luglio
	Broccoli	T: 14 luglio
	Broccoli	T: 14 luglio
	Broccoli	T: 14 luglio
	Broccoli	T: 14 luglio
	Cavolo rapa	T: 27 luglio
	Cavolo rapa	T: 27 luglio

PARCELLA 8: ROTAZIONE VERDURE E RADICI

Carota	SD: 4 maggio – 25 luglio	**Lattuga**	T: 27 luglio – 27 agosto
Carota	SD: 4 maggio – 4 agosto	**Lattuga**	T: 27 luglio – 27 agosto
Carota	SD: 4 maggio – 4 agosto	**Lattuga**	T: 12 agosto – 12 settembre
Carota	SD: 4 maggio – 4 agosto	**Lattuga**	T: 12 agosto – 12 settembre
Coriandolo/aneto	SD: 15 maggio – 4 agosto	**Misticanza**	SD: 24 agosto - ottobre
Rapa	SD: 6 maggio – 1 luglio	**Misticanza**	SD: 24 agosto – ottobre
Ravanello	SD: 10 maggio – 1 luglio	**Misticanza**	SD: 24 agosto – ottobre
Rucola	SD: 10 maggio – 1 luglio	**Misticanza**	SD: 24 agosto – ottobre
Barbabietola	SD: 10 maggio – 10 agosto	**Misticanza**	SD: 7 settembre – fine stagione
Barbabietola	SD: 16 maggio – 10 agosto	**Misticanza**	SD: 7 settembre – fine stagione
Cicoria	T: 11 maggio – 10 agosto	**Misticanza**	SD: 7 settembre – fine stagione
Piselli	SD: 13 maggio – 10 agosto	**Misticanza**	SD: 7 settembre – fine stagione
Piselli	SD: 13 maggio – 10 agosto	**Misticanza**	SD: 7 settembre – fine stagione
Piselli	SD: 13 maggio – 10 agosto	**Cavolo cinese**	T: 15 agosto – fine stagione
Piselli	SD: 13 maggio – 10 agosto	**Cavolo verde**	T: 15 agosto – fine stagione
Lattuga	T: 16 maggio – 25 giugno	**Finocchio**	T: 28 luglio – fine stagione

PARCELLA 9: LILIACEE

Cipollotti freschi	T: 1 maggio	Sovescio di piselli e avena seminato all'inizio di settembre e lasciato come coltura di copertura per l'inverno.
Cipollotti freschi	T: 1 maggio	
Cipollotti freschi	T: 1 maggio	
Cipollotti freschi	T: 1 maggio	
Cipollotti freschi	T: 1 maggio	
Cipollotti freschi	T: 1 maggio	
Porro	T: 5 maggio	
Porro	T: 5 maggio	
Porro	T: 5 maggio	
Porro	T: 5 maggio	
Cipolla da conservazione	T: 8 maggio	
Cipolla da conservazione	T: 8 maggio	
Cipolla da conservazione	T: 8 maggio	
Cipolla da conservazione	T: 8 maggio	
Cipolla da conservazione	T: 8 maggio	
Cipolla da conservazione	T: 8 maggio	

PARCELLA 10: VERDURE E RADICI

Misticanza	SD: 4 maggio – 20 giugno	**Carota**	SD: 5 luglio – fine stagione
Misticanza	SD: 4 maggio – 20 giugno	**Carota**	SD: 5 luglio – fine stagione
Misticanza	SD: 4 maggio – 20 giugno	**Fagiolino**	SD: 4 luglio – fine stagione
Misticanza	SD: 4 maggio – 20 giugno	**Fagiolino**	SD: 4 luglio – fine stagione
Misticanza	SD: 18 maggio – 5 luglio	**Ravanello invernale**	SD: 11 luglio – fine stagione
Misticanza	SD: 18 maggio – 5 luglio	**Ravanello invernale**	SD: 11 luglio – fine stagione
Misticanza	SD: 18 maggio – 5 luglio	**Ravanello invernale**	SD: 11 luglio – fine stagione
Misticanza	SD: 18 maggio – 5 luglio	**Cicoria**	T: 11 luglio – fine stagione
Misticanza	SD: 1 giugno – 15 luglio	**Cavolo riccio**	T: 5 agosto – fine stagione
Misticanza	SD: 1 giugno – 15 luglio	**Cavolo riccio**	T: 5 agosto – fine stagione
Misticanza	SD: 1 giugno – 15 luglio	**Cavolo cinese**	T: 8 agosto – fine stagione
Misticanza	SD: 1 giugno – 15 luglio	**Cavolo cinese**	T: 8 agosto – fine stagione
Misticanza	SD: 15 giugno – 1 agosto	**Prezzemolo**	T: 5 agosto – fine stagione
Misticanza	SD: 15 giugno – 1 agosto	**Rapa**	SD: 5 agosto – ottobre
Misticanza	SD: 15 giugno – 1 agosto	**Ravanello**	SD: 20 agosto – ottobre
Misticanza	SD: 15 giugno – 1 agosto	**Rapa**	SD: 25 agosto – fine stagione

TUNNEL 1

Misticanza	SD: 5 marzo – 10 aprile
Misticanza	SD: 5 marzo – 10 aprile
Misticanza	SD: 5 marzo – 10 aprile
Misticanza	SD: 10 marzo – 20 aprile
Misticanza	SD: 10 marzo – 20 aprile
Barbabietola	T: 20 aprile – 1 luglio
Carota	SD: 20 aprile – 1 luglio
Zucchina	T: 24 aprile – 15 luglio
Cetriolo	T: 25 aprile
Cetriolo	T: 25 aprile
Cetriolo	T: 25 luglio
Cetriolo	T: 25 luglio
Misticanza	SD: 25 settembre
Misticanza	SD: 25 settembre
Misticanza	SD: 25 settembre

TUNNEL 2

Misticanza	SD: 20 marzo – 27 aprile
Misticanza	SD: 20 marzo – 27 aprile
Misticanza	SD: 20 marzo – 27 aprile
Misticanza	SD: 28 marzo – 5 maggio
Misticanza	SD: 28 marzo – 5 maggio
Peperone	T: 1 maggio
Peperone	T: 1 maggio
Peperone	T: 1 maggio
Cetriolo	T: 15 giugno
Cetriolo	T: 15 giugno
Misticanza	SD: 5 ottobre
Misticanza	SD: 5 ottobre
Misticanza	SD: 5 ottobre
Misticanza	SD: 10 ottobre
Misticanza	SD: 10 ottobre

SERRA

Semenzaio	**Pomodoro**	T: 16 aprile
	Pomodoro	T: 16 aprile
	Pomodoro	T: 16 aprile
	Pomodoro	T: 20 maggio
	Pomodoro	T: 20 maggio
	Pomodoro	T: 20 maggio
	Pomodoro	T: 20 maggio

Glossario dei termini

Acaro
Gli acari non sono insetti, in quanto appartengono alla classe degli Aracnidi cioè la stessa dei ragni. Specialmente nelle coltivazioni in serra vengono impiegati nella lotta biologica.

Agenti di lotta biologica
Organismi viventi, generalmente insetti, impiegati nella lotta agli organismi patogeni delle colture. Per esempio, il trichogramma è una minuscola vespa che si nutre della piralide del mais allo stadio larvale (bruco).

Ala gocciolante
Tubo in polietilene nel quale più erogatori (chiamati «gocciolatori») fanno gocciolare l'acqua alla base delle piante in maniera lenta e controllata. Questo sistema di irrigazione è molto più preciso e più economico (per il risparmio d'acqua) rispetto ai sistemi a getto. L'irrigazione a goccia viene anche chiamata «microirrigazione».

Alternariosi
Malattia causata da un fungo che attacca il fogliame e può provocare l'appassimento della pianta. È possibile identificarlo attraverso la comparsa di macchie brune a forma di cerchi concentrici. Frequente nei pomodori.

Altica
Famiglia di piccoli coleotteri con carapace nero e lucente che saltano quando sono disturbati. I danni provocati dalle altiche adulte si riconoscono facilmente nelle foglie crivellate da piccoli fori più o meno circolari che questi insetti si lasciano alle spalle dopo il loro passaggio.

Ammendare
Incorporare nel terreno delle sostanze (materiali organici, argilla, calce, ecc.) che ne migliorano le caratteristiche fisiche e biologiche, a differenza dei concimi che ne migliorano la feritilità a livello chimico.

Bancale
La coltivazione su bancali è una tecnica che consiste nell'organizzare l'orto in una serie di aiuole rialzate separate da sentieri per il passaggio pedonale. La larghezza di un bancale è prestabilita e misurata partendo dal centro di un sentiero fino al centro del sentiero successivo.

Basalto
Roccia vulcanica, di colore nero, impiegata come concime in polvere.

Bilancio idrico
Il rapporto, su un periodo determinato, tra l'acqua meteorica che si accumula nel terreno e l'acqua che si disperde per evapotraspirazione. Questo rapporto permette, quindi, di valutare le riserve d'acqua nel terreno disponibili per i bisogni della pianta.

Bio-attivatore
I diversi preparati di microrganismi (micorrize, batteri, ecc) che aumentano la fertilità del terreno, aumentando anche la disponibilità delle sostanze nutritive già presenti nel suolo. Il termine «biostimolante» è un sinonimo.

Biodinamica
Metodo di agricoltura teorizzato dall'antroposofo Rudolph Steiner nel 1924 (1861-1925). Le prinicipali pratiche agricole caratteristiche della biodinamica consistono nell'aggiunta di preparati biodinamici (es.: «corno-letame») al compost e sulle piante per stimolare le interazioni favorevoli (es.: microrganismi), nell'uso di un calendario per

la pianificazione delle operazioni in funzione delle fasi lunari e delle costellazioni e nella messa in atto di un ciclo vitale completo e chiuso all'interno della fattoria, compresa la coltivazione delle piante e l'allevamento di animali.

Biopesticidi

Prodotti per la difesa delle piante composti da estratti vegetali (es.: piretro) o da microrganismi e i loro derivati (es.: Bacillus thuringiensis). Questi prodotti sono disponibili generalmente sotto forma di liquido o di polvere solubile.

Bois Raméal Fragmenté (BRF) o cippato

Il BRF è un miscuglio non compostato di residui di cippatura di rami legnosi e che si riferisce anche, per estensione, a una tecnica colturale che mira a ricreare un suolo ricco di humus come il suolo boschivo. Questa tecnica consiste nell'incorporare nel terreno rami di legno (meno di 7 centimetri di diametro) tagliati di fresco e triturati.

Brassicacee

Famiglia botanica, anche detta delle «crucifere», che comprende numerosi ortaggi, come i broccoli, i cavoli, le rape, i ravanelli, ecc. Le piante appartenenti a questa famiglia si riconoscono per il fiore a forma di croce (da cui il nome «crucifere»).

BTK

Il Bacillus thuringiensis var. Kurstaki (BTK) è una specie di di batterio che vive naturalmente nel terreno e che è impiegato come biopesticida per reprimere le popolazioni di diversi insetti parassiti agricoli e forestali. In orticoltura si usa principalmente nella lotta contro i parassiti della famiglia dei lepidotteri (farfalle).

Calcinazione

Atto di ammendare il suolo con la calce o con altra sostanza calciosa. Questa pratica è spesso necessaria in suoli troppo acidi o privi di calcio.

Capillarità

Indica un fenomeno relativo al comportamento dei liquidi che risalgono dal sottosuolo. La diffusione capillare ha luogo grazie ai micropori formati dalla compattazione della superficie del terreno e permette quindi all'umidità negli strati profondi di raggiungere la zona di crescita delle piante.

Carenza

Fenomeno che si genera quando a una pianta manca una sostanza essenziale al suo sviluppo. La causa può essere la mancanza di sostanze nutritive nel suolo o il fatto che esse non siano disponibili per la pianta. La carenza si manifesta con vari sintomi, perlopiù con una decolorazione delle foglie. Non va confusa con problemi fitosanitari (es.: funghi e batteri patogeni, insetti parassiti, virus).

Cassetta

Nel modello dell'agricoltura sostenuta dalla comunità (ASC o CSA) la cassetta si riferisce alla parte del raccolto distribuita ogni settimana ai soci dell'azienda agricola. Una cassetta è generalmente composta da 8 o 12 ortaggi diversi e qualche erba aromatica.

Cercosporiosi

Malattia fungina fogliare che si manifesta frequentemente sulla carota e sulla barbabietola. Il fungo patogeno forma una macchia di colore marrone scuro che si trasforma eventualmente in necrosi localizzata (tessuto morto, secco). In casi gravi, queste macchie possono moltiplicarsi e provocare la morte dell'intero apparato fogliare della pianta.

Chioma

In orticoltura, strato superiore delle piante dove si trova il fogliame. Se le colture sono piantate in modo intensivo, questo «ombrello» vegetale crea un microclima favorevole e limita la crescita delle piante avventizie.

Cimare

Tagliare l'estremità del fusto principale di una pianta per interrompere la produzione di nuove foglie e concentrare le energie sulla maturazione dei frutti già prodotti. Questa tecnica permette ai frutti (pomodori, peperoni, cetrioli, cavolini di Bruxelles, ecc.) di maturare prima del previsto.

Coleottero striato del cetriolo

Principale insetto parassita delle cucurbitacee. Allo stadio adulto, appare con una testa nera e un corpo giallo o arancione con tre strisce nere.

Compattazione

Aumento della densità del suolo causato da un assestamento degli strati superiori. In orticoltura, il peso degli attrezzi di lavorazione e il numero di passaggi, così come una lavorazione eccessiva del suolo, ne sono le principali cause. Il termine «costipamento» (del terreno) è un sinonimo.

Concime

Prodotto organico o minerale che viene incorporato nel terreno per conservarne o accrescerne la fertilità.

Cotiledoni

Nome dato alle prime foglie prodotte dalla piantina quando germina. Da notare: le dicotiledoni (es.: le leguminose) presentano due cotiledoni così come le monocotiledoni (es.: le graminacee) ne presentano uno solo.

Cucurbitacee

Famiglia di piante a portamento strisciante, spesso succulente e che producono grossi frutti (es.: zucca, zucchina, cetriolo, melone, ecc.).

Cultivar

Varietà di una specie vegetale geneticamente selezionata dall'uomo con lo scopo di isolare determinate caratteristiche, quali la bellezza, la produttività, la velocità di crescita, la resistenza a determinate malattie, ecc. Nel contesto, i termini «varietà» e «cultivar» sono usati spesso senza distinzione.

Dente di cane

Vigorosa erba infestante della famiglia delle graminacee. È difficile da gestire tra le coltivazioni a causa del vigore dei suoi rizomi, che si propagano velocemente e che si moltiplicano quando vengono tagliati per azione di una zappa o di un attrezzo rotante.

Diradare

Sopprimere una parte delle piantine per consentire alle altre di svilupparsi meglio. Lo scopo di questa operazione (di solito eseguita a mano e in ginocchio!) è di ottenere una densità ottimale dopo una semina diretta in campo. Si usa anche il termine «sfoltire».

Dumping

Pratica commerciale che consiste nella vendita di un bene a un prezzo inferiore al suo costo di produzione (vendita a perdere) con l'obiettivo di muovere la merce o di schiacciare la concorrenza. In generale, è considerata una pratica disonesta.

Efficienza energetica

Strategia che punta, con diversi mezzi, al risparmio energetico. Nel caso di una serra, è importante soprattutto migliorare l'isolamento della struttura, eliminare le infiltrazioni d'aria e ricorrere a isolanti termici, oltre ai teli riscaldanti.

Erbette

Nome dato ai giovani getti delle verdure.

Erosione

Degradazione del suolo per l'azione degli agenti atmosferici, principalmente il vento e l'acqua, che provoca la perdita degli strati superficiali di un terreno coltivabile, che sono i più produttivi in orticoltura. Nel Québec, la principale causa di erosione è la pioggia, che crea un fenomeno di ruscellamento superficiale sul suolo quando non è tenuto fermo dalle radici delle piante. Da notare: l'erosione segue un movimento orizzontale, mentre la lisciviazione segue un movimento verticale.

Erpice rotante

Attrezzo per la lavorazione superficiale del terreno munito di denti che ruotando su un asse verticale (a differenza della motozappa, i cui denti ruotano su un asse orizzontale). Serve principalmente a preparare i letti di semina.

Eziolamento

Fenomeno che interessa una pianta che non ha ricevuto luce a sufficienza e che, per compensare, ha cercato di crescere in altezza. Le piante eziolate sono quindi anormalmente allungate, ma anche scolorite e più deboli.

Fertirrigazione

Tecnica che consiste nell'apporto, tramite un sistema di irrigazione, di elementi nutritivi solubili in acqua. Il termine è una combinazione tra le parole «fertilizzazione» e «irrigazione».

Fenologia

Studio dell'influenza dei climi sulla crescita dei vegetali (sviluppo delle foglie, dei fiori, dei frutti) e degli animali.

Fitoprotezione

Insieme di misure preventive e curative volte a proteggere le colture dagli organismi nocivi, tenendo conto del loro livello di redditività.

Forzare una coltura

L'espressione «forzare una coltura» è stata coniata dagli orticoltori di Parigi, nel XIX secolo. Anche se oggi questa espressione è meno frequente, essa si riferisce all'impiego di diverse tecniche agricole per raccogliere una coltura prima del completamento del suo normale periodo di crescita. In questo modo, forzando una coltura, si ottengono gli ortaggi precoci e le primizie.

Grelinette

Lunga forca a forma di U dotata di più denti che si infilano verticalmente nel terreno. Questo attrezzo da orto (ergonomico) permette di lavorare il terreno in profondità senza rivoltarlo, utilizzando il principio della leva.

Giardiniere-orticoltore

Artigiano della terra che esercita la sua attività su una piccola superficie coltivata, sotto serre e in pieno campo. Produce una grande varietà di ortaggi, che vende direttamente ai consumatori.

Infiorescenza

Organo di una pianta che comprende più di un fiore, come quelli che si trovano al centro dei broccoli o dei cavolfiori.

Marciume apicale

Malattia fisiologica frequente nel peperone e nel pomodoro. Insorge di solito dopo un alternanza di tempo asciutto e tempo umido. È causata da una carenza di calcio nel suolo o da annaffiature irregolari che limitano la disponibilità di calcio per la pianta. Si manifesta con una macchia nera e circolare che compare alla base del frutto. È frequente notare dei funghi opportunisti colonizzare questa zona indebolita.

Marciume del colletto

Malattia che si manifesta quando il fusto delle piantine si secca e diventa filiforme, portando all'appassimento e infine alla morte. È molto frequente nei semenzai, ma esistono pochi mezzi per combatterla. Per questo sono molto importanti le misure preventive.

Materie di scarto fertilizzanti

Nome dato a tutte le sostanze organiche o minerali prodotte dall'attività umana che hanno un certo potenziale fertilizzante. Fanno parte di questo insieme principalmente i fanghi industriali di depurazione (chiamati anche «biosolidi») e i compost. La gestione di queste materie di scarto (es.: stoccaggio, spargimento) è regolata da norme governative.

Materia (o sostanza) organica

Il termine si riferisce a ogni tipo di materia viva o morta di origine animale e vegetale che si trova nel terreno. È presente nella maggior parte dei terreni in quantità variabili (generalmente tra lo 0,5% e il 10%). La materia organica fresca è composta di foglie, rametti, residui colturali, radici, microrganismi, ecc. La frazione decomposta della materia organica costituisce l'humus presente nel terreno.

Messa a frutto

Periodo durante il quale una pianta forma i suoi frutti.

Microclima

Condizioni climatiche particolari che caratterizzano un'area limitata (una vallata, un terreno, una coltivazione...) e che sono differenti dal resto della regione. Quindi, si parla di microclima favorevole a una particolare coltura (in base a fattori quali l'umidità, la temperatura, l'insolazione...).

Mineralizzazione

Rilascio degli elementi minerali (azoto, potassio, fosforo, ecc.) contenuti della materia organica grazie all'attività biologica dei microrganismi presenti nel suolo. La mineralizzazione ha l'effetto di rendere disponibili gli elementi nutritivi necessari alla crescita delle piante.

Montata a seme

Processo tramite il quale una pianta produce i suoi semi e spiga. Se questo processo avviene prematuramente, si può perdere il raccolto. Condizioni climatiche estreme sono di solito all'origine di questo disordine fisiologico.

Motozappa

Attrezzo per la lavorazione del terreno che, tramite l'azione di denti ricurvi montati su un asse orizzontale, rigira e rimescola il terreno.

Nodo

Parte della pianta dove si sviluppa una nuova foglia a partire dallo stelo principale.

OGM

Organismo del quale è stato modificato il patrimonio genetico per creare in esso delle caratteristiche di cui è per sua natura sprovvisto. La presenza di organismi geneticamente modificati nel sistema alimentare e nell'ambiente è oggetto di numerose preoccupazioni.

Oidio (o mal bianco)

Malattia causata da funghi microscopici, che compaiono sotto forma di macchie bianche pelose e che interessano principalmente le foglie delle cucurbitacee, di solito a fine stagione. Da non confondere con la peronospora, che colpisce le patate, i pomodori e altri ortaggi.

Parasole

Telo o rete a maglie più o meno strette con cui si copre una coltura per proteggerla dal sole e, di conseguenza, dal calore. Quando le temperature sono elevate, esso permette di mantenere condizioni accettabili per le colture che prediligono un clima più fresco.

Parassiti

Nome dato agli insetti e ad altri esseri viventi (es.: uccelli) che arrecano danni alle coltivazioni.

Peduncolo

Punto di unione tra il frutto e il fusto di una pianta.

Permacultura

Modello di progettazione di sistemi agricoli sviluppato negli anni '70 del Novecento dagli australiani Bill Mollison e David Holmgrem. Partendo da princìpi di ecologia e di design, la permacultura punta alla creazione di sistemi agricoli autogestiti, produttivi ed energeticamente efficienti. Oggi, questo modello si applica a tutte le sfera dell'attività umana attraverso iniziative come per esempio le città in transizione (transition towns).

Piantina
Giovane pianta che possiede solo poche foglie. All'interno di un semenzaio, si parla indifferentemente di «piantine» o di «semine al coperto».

Piretro
Polvere insetticida estratta dai fiori essiccati del crisantemo e lievemente tossica per gli esseri umani.

Pirodiserbatrice
Strumento dotato di torce incendiarie e utilizzato per eliminare le erbe infestanti tramite shock termico, non per calcinazione.

Primizie
Termine che si riferisce a tutti i primi prodotti di una coltivazione raccolti al di fuori della normale stagionalità. Al mercato, la produzione di primizie può offrire un importante vantaggio competitivo, che giustifica lo sforzo di usare varie tecniche (coperture, tunnel, serre, ecc.) per riuscire a produrle.

Punte
Nome dato alle foglie di certi ortaggi, soprattutto le carote.

Rincalzare
Addossare un mucchio di terra (una «rincalzatura») ai piedi di una pianta.

Rivoluzione verde
Indica il salto tecnologico realizzato in agricoltura nel periodo che va dal 1960 al 1990. La rivoluzione verde è stata caratterizzata da una forte specializzazione delle coltivazioni che, unita all'impiego di fertilizzanti chimici e pesticidi sintetici, ha generato un incredibile aumento della produttività agricola.

Rotazione
Successione o avvicendamento di diversi tipi di colture su una stessa parcella di terreno.

Rotenone
Insetticida estratto dalle radici di un albero appartenente alla famiglia delle leguminose, utilizzato in agricoltura biologica da molto tempo. Oggi, la sua sicurezza è stata rimessa in discussione.

Ripicchettamento
Atto di trapiantare le piantine che si trovano all'interno dei contenitori per la semina in contenitori più grandi, con lo scopo di fornire loro lo spazio necessario per una crescita ottimale.

Ripuntatore
Strumento per la lavorazione profonda del terreno trainato dalla forza motrice di un trattore. Questo strumento è dotato di denti fissi per fendere il terreno, lavorandolo così senza rivoltarlo. È stato inventato per sostituire l'aratro, con lo scopo di preservare una copertura di residui colturali sulla superficie del terreno per proteggerlo dall'erosione. La sua creazione risale al periodo delle Dust Bowls, una serie di tempeste di polvere che si è abbattuta sugli Stati Uniti negli anni '30 del Novecento.

Ruscellamento
Scolo dell'acqua piovana che non si è infiltrata nel terreno o non è evaporata nell'aria. Il ruscellamento delle acque è una delle cause dell'erosione del suolo: scorrendo via, l'acqua trascina con sé particelle di terreno più o meno grandi, a seconda della quantità d'acqua e della pendenza.

Sarchiare
Grattare il terreno in superficie, con l'aiuto di una zappa o di un altro attrezzo, per eliminare le erbe infestanti. Zappare e sarchiare sono espressioni usate spesso per indicare la stessa operazione, perché si possono usare gli stessi attrezzi per entrambe le tecniche.

Ciononostante, la zappatura ha come scopo di aerare il terreno, non tanto di diserbare.

Semenzaio
Locale, di solito una serra, dove si coltivano le giovani piantine destinate a essere trapiantate.

Semine
Giovani piante originate dalla germinazione dei semi. Una semina può essere effettuata direttamente nell'orto (semina diretta in campo) o per trapianto (semina al chiuso).

Serricoltore
Orticoltore specializzato nella coltivazione in serra.

Sistema colturale
Insieme di procedimenti messi in atto da un orticoltore per la sua produzione di ortaggi. Un sistema colturale è costituito da diverse pratiche: il ricorso ai bancali permanenti, la rotazione delle colture, l'inclusione di successioni, ecc.

Socio
Nome con cui ci si riferisce al «cliente» di un'azienda agricola che partecipa a un programma di CSA. A differenza di un normale cliente, un socio acquista in anticipo una parte del raccolto e condivide con il contadino una parte dei rischi inerenti all'agricoltura. Chiamato anche «membro» della fattoria.

Solanacee
Famiglia botanica che comprende, tra le altre piante, la patata, il pomodoro, il peperone, la melanzana e l'alkekengi.

Solfato di potassio
Roccia polverizzata utilizzata come concime naturale in agricoltura biologica.

Sovescio
Coltura impiegata per ammendare il suolo, per proteggerlo dall'erosione e dalla lisciviazione delle sostanze nutritive e/o per contrastare le erbe infestanti (es.: per soffocamento o per allelopatia). Si tratta di una coltura non destinata alla vendita.

Tecniche orticole
Metodi utilizzati per la produzione di ortaggi. Le false-semine, il pirodiserbo e la potatura delle piante di pomodoro sono degli esempi. Queste sono chiamate anche «pratiche colturali».

Temprare
Operazione che consiste nell'esposizione delle piantine a condizioni climatiche difficili, in modo da accrescerne la resistenza prima del trapianto nell'orto. Si usa anche il termine «acclimatare».

Terreno franco
Tipo di terreno composto da una miscela relativamente equilibrata di particelle di sabbia, di limo e di argilla. In base alle esatte proporzioni di queste ultime, si parlerà di terreno franco sabbioso, limoso o argilloso.

Terriccio
Substrato di coltivazione usato per le semine al chiuso. È composto da terra mischiata a materie minerali, vegetali o animali decomposte (torba, perlite, vermiculite, compost eccetera).

Torba
Materia organica spugnosa risultante dalla decomposizione lenta di vegetali (sfagno) in terreni umidi, acidi e poveri di ossigeno: le torbiere.

Trapianto
Tecnica orticola che consiste nell'avviare una semina al coperto in terriccio e di piantarla successivamente nell'orto quando ha raggiunto lo stadio di piantina.

Veccia
Pianta appartenente alla famiglia delle leguminose usata come coltura da sovescio. La veccia comune è una specie annuale, così

come la veccia vellutata è biennale. Da non confondere con la veccia montana, che è un'erba infestante.

Yurta

Tenda di forma circolare usata tradizionalmente come abitazione dalle popolazioni nomadi dell'Asia centrale (es.: Mongolia). Realizzata in tela o ancora meglio in acrilico, costituisce un eccellente ricovero temporaneo in un clima temperato.

Zappatura

Azione di alleggerire e aerare lo strato superficiale del suolo intorno alle colture.

Zone di rusticità (o zone climatiche di tolleranza)

La scala di rusticità è costituita da una serie di classificazioni attribuite alle piante ornamentali sulla base della loro capacità di resistere al gelo. Le zone sono stabilite in base a una formula che tiene conto di diversi fattori meteorologici, che influiscono sulla tolleranza di una pianta in un dato luogo. Le temperature minime invernali rappresentano l'elemento più importante per quanto riguarda la sopravvivenza di una pianta.

Bibiliografia commentata

Di seguito sono riportate alcune delle opere alle quali ho fatto riferimento per scrivere questo libro, e altre che reputo pertinenti all'avvio e alla gestione di una micro-azienda orticola. La maggior parte di questi documenti tratta sia di orticoltura sia di giardinaggio biologico perché, per un orto professionale, delle buone idee possono scaturire da entrambi questi settori di produzione. Sul sito web www.lejardiniermaraicher.com, nella sezione «Attrezzi e risorse» sono stati messi a disposizione, in versione elettronica, numerosi altri documenti e articoli. Inoltre, sul blog del sito continuerò a commentare eventuali nuovi libri scoperti. Informarsi sulle migliori pratiche orticole è un modo fondamentale di contribuire al successo di un orto-giardino.

ACCORSI, E., e Francesco BELDÌ. Il mio orto biologico, Firenze, Terra Nuova Edizioni, 2010. Adatto per coloro che si sperimentano per la prima volta all'arte dell'orticoltura e allo stesso tempo approfondito per chi ricerca dettagli e curiosità pratiche su alcuni risvolti più tecnici di agricoltura biologica.

ADABio-ITAB, Guide de l'autoconstruction. Outils pour le maraîchage biologique, 2012. Adabio è un collettivo di agricoltori biologici francesi che condividono i progetti delle loro macchine agricole, tutto libero dal copyright. Questo manuale di istruzioni presenta attrezzi concepiti per il trattore, ma vale la pena consultarlo, soprattutto per la sua qualità.

ALTIERI, Miguel A., Clara I. NICHOLLS e Marlene A. FRITZ. Manage Insects on Your Farm. A Guide to Ecological Strategies, Beltsville, Sustainable Agriculture Handbook Series, 2005. Miguel Altieri è un capofila statunitense della ricerca sulle strategie ecologiche di fitoprotezione. Questo manuale spiega come gestire la propria azienda agricola in modo tale da ridurre l'impatto di certi insetti nocivi. Stiamo ancora aspettando un libro come questo nel Québec.

ASSELINEAU, Élea e Gilles DOMENECH. Les bois raméaux fragmentés. De l'arbre au sol, Arles, Éditions du Rouergue, 2007. Il BRF è una tecnica di rigenerazione dei suoli inventata e messa a punto nel Québec. Questo libro spiega bene come e perché inserire un aspetto forestale nelle pratiche orticole permette di fornire un enorme apporto di micorrize al terreno. Da leggere.

BIANCO, V.V. e Francesco PIMPINI. Orticoltura. Bologna, Patron Editore, 1990. Un approfondimento tecnico e scientifico ortaggio per ortaggio con schede colturali e varietali.

BOURGUIGNON, Claude e Lydia. Il suolo un patrimonio da salvare, Bra, Slow Food, 2004 (ed. orig.: Le sol, la terre et les champs. Pour retrouver una agriculture saine, Paris, Éditions Sang de la Terre, 2002). Gli autori, annoverati tra i rari specialisti della microbiologia del suolo, si interessano degli effetti dell'agricoltura convenzionale sulla vita del sottosuolo. Anche se pieno di nozioni agronomiche specifiche, questo libro è di facile approccio. Un'opera eminente dell'agroecologia francese.

BYCZYNSKI, Lynn. Market Farming Success. Lawrence, Fairplain Publications, 2006. Questo libro, che offre un quadro generale dell'agricoltura di prossimità negli Stati Uniti, è rivolto a tutti coloro che intendono farne il loro mezzo di sostentamento. Uno dei capitoli descrive i ricavi che si possono sperare di ottenere in base alle dimensioni della produzione.

CALDWELL, Brian, Emily BROWN ROSEN, Eric SIDEMAN, Anthony M. SHELTON e Christine D. SMART. Resource Guide for Organic

Insect and Desease Management, Ithaca, Cornell University Press, 2005. Finora, una delle pochissime guide di riferimento che descrive i vari biopesticidi, la loro provenienza e i loro effetti, oltre che le malattie e gli insetti nocivi. Anche il sito web del libro è ricco di informazioni: http://web.pppmb.cals.cornell.edu/resourceguide/

COLEMAN, Eliot. The New Organic Grower. A Master's Manual of Tools and Techniques for the Home and Market Gardener, White River Junction, Chelsea Green Publishing, 1995 [1989]. Riconosciuto come una delle opere più importanti nel contesto della rinascita dell'agricoltura di prossimità negli Stati Uniti, questo libro è un classico. È il primo libro di orticoltura che ho letto e quello che mi ha maggiormente influenzato. Per quanto le informazioni tecniche presentate siano talvolta incomplete, quest'opera costituisce una buona introduzione al concetto di orticoltura su piccola scala. Scritto da un produttore, per i produttori.

COLEMAN, Eliot. The Winter Harvest Handbook: Year Round Vegetable Production Using Deep-Organic Techniques and Unheated Greenhouses, White River Junction, Chelsea Green Publishing, 2009. Un altro dei miei libri preferiti. Quest'opera è un testamento dei 40 anni di esperienze e di innovazioni orticole di Coleman. Se si ha intenzione di estendere considerevolmente la stagione di produzione dei propri ortaggi, questo libro è una risorsa inestimabile.

DARWIN, Charles. L'azione dei vermi, Sesto San Giovanni, Mimesis Edizioni, 2012. Una delle prime opere di Darwin che spiega in modo molto chiaro il ruolo essenziale del lombrico nel sistema suolo.

DUPETY, J. e Bernard BERTRAND. L'orto senza acqua. Firenze, Terra Nuova Edizioni, 2013. Questo libro spiega in modo chiaro e completo come applicare il cippato nel proprio orto e le varie sperimentazioni che ne hanno dimostrato la validità ecologica e economica. In chiusura i resoconti delle prime esperienze dell'applicazione del cippato di ramaglie fresche in Italia e un indirizzario utile a cui rivolgersi.

DUVAL, Jean e Anne WEIL. Le maraîchage biologique diversifié. Guide de gestion globale. Montréal, *Équiterre* e il Club Bio-Action, 2010. Questa guida traccia un quadro piuttosto completo e fedele delle pratiche colturali degli orticoltori del Québec che hanno adottato la formula delle cassette bio. Scritta da due degli agronomi più competenti in agricoltura biologica nel Québec, quest'opera di riferimento è molto completa.

EDEY, Anna. Solviva. How to Grow $500,000 on One Acre, and Peace on Earth. Vineyard Haven, Trailblazer Press, 1998. Libro poco conosciuto, ma molto interessante.

ELLIS, Barbara W. e Fern Marshall BRADLEY. The Organic Gardener's Handbook of Natural Insect and Desease Control. A Complete Problem-Solving Guide to Keeping Your Garden and Yard Haelthy Without Chemicals, Emmaus, Rodale Books, 1996. In attesa di un libro sulla lotta biologica agli insetti e alle malattie nocive del Québec, questo libro è uno dei più completi.

ÉQUITERRE. L'Agriculture soutenue par la communauté, Austin, Éditions Berger, 2011. Presentazione molto dettagliata della CSA, come noi la pratichiamo nel Québec. Un'opera piena anche di informazioni pertinenti per strutturare e organizzare la propria formula di cassette bio.

FORTIN, J. André, Christian PLENCHETTE e Yves PICHÉ. Les Mycorhizes. La nouvelle révolution verte, Québec, Éditions MultiMondes, 2008. Questo libro spiega in maniera esaustiva il ruolo dei funghi microscopici in orticoltura. La conclusione dell'opera è semplice: bisogna ripensare quasi tutte le pratiche agricole alla luce del ruolo delle micorrize.

FUKUOKA, Masanobu. The Natural Way of Farming: The Theory and Practice of Green Philosophy, Tokyo, Japan Publications, 1985. Le opere di Fukuoka sono una bibbia per tutte le persone interessate alla permacultura. Il suo approccio è piuttosto radicale.

GAGNON, Yves. Introduction au jardinage écologique, Québec, Éd. Auteur, 1984. Questo primo libro del celebre autore è quella che preferisco. Breve, conciso e illustrativo, questo libro indica un ottimo percorso da seguire per coltivare biologicamente. Purtroppo è stato ritirato dal commercio da molto tempo.

GAGNON, Yves. Le jardin écologique, Saint-Didace, Éditions Colloïdales, 2008. Questo libro affronta tutti gli aspetti di un orto e racchiude l'insieme delle informazioni attinenti alla coltivazione di ortaggi biologici.

GAGNON, Yves. La culture écologique des plantes légumières, Saint-Didace, Éditions Colloïdales, 1998. Un ottimo libro di riferimento per apprendere una moltitudine di informazioni su ciascun ortaggio dell'orto.

HENDERSON, Elizabeth e Karl NORTH. Whole Farm Planning: Ecological Imperatives, Personal Values and Economics, Barre, Northeast Organic Farming Association, 2004. Questo libro è improntato perlopiù sulla teoria della gestione olistica, adattandola alla realtà di un'azienda orticola diversificata. Utile, tra l'altro, per comprendere l'importanza di definire i propri obiettivi finanziari fin dall'inizio di un piano di coltivazione.

HIGA, Teruo. Microrganismi effettivi, Milano, Tecniche nuove edizioni, 2006. Una guida base al beneficio e uso di microrganismi per il miglioramento del terreno in agricoltura.

HOLZER, Sepp. Guida pratica alla permacultura: come coltivare in maniera naturale giardini, orti e frutteti, Bologna, Arianna, 2013 (ed. inglese: Sepp Holzer's Permaculture. A Practical Guide to Small-Scale, Integrative Farming and Gardening, White River Junction, Chelsea Green Publishing, 2011). Sepp Holzer è una legenda vivente della permacultura. Le idee che propone si basano sulla sua personale esperienza, una cosa non così frequente tra quelli che parlano di permacultura...

HOPKINS, Rob. Manuale pratico della transizione: dalla dipendenza dal petrolio alla forza delle comunità locali, Bologna, Arianna, 2009 (ed. orig.: The Transition Handbook: from Oil Dependency to Local Resilience, Cambridge, Green Books, 2008). Questo libro spiega come preparare le nostre comunità alla fine del petrolio a basso costo. Non si tratta di un'apologia della catastrofe, ma indica quali sono i cambiamenti positivi che dovremo mettere in atto a livello locale. Da leggere.

HUNT, Marjorie e Brenda BORTZ. High-Yield Gardening. How to Get More from Your Garden Space and More from Your Gardening Season, Emmaus, Rodale Books, 1986. Uno dei primi libri sul metodo bio-intensivo che abbiamo consultato. Affronta la questione da un punto di vista non commerciale.

JEAVONS, John. Comment faire pousser plus de légumes que vous ne l'auriez cru possible sur moins de terrain que vous puissiez l'imaginer, Palo Alto, Ecology Action of the Mid-Peninsula, 1982. Benché quest'opera sia spesso celebrata, non è una delle mie preferite per quanto riguarda il metodo bio-intensivo, soprattutto perché si dà troppa importanza alla doppia vangatura, che non reputo essenziale. Esiste una versione più «moderna» di questo libro, in inglese, dove compaiono molte buone idee.

KIMBALL, Kristin. The Dirty Life: A Memoir of Farming, Food and Love, New York, Scribner, 2010. Essex Farm è una delle aziende agricole più interessanti che io abbia mai visitato finora e in questo libro l'autrice, coproprietaria dell'azienda, racconta la nascita del loro progetto di CSA. La dura realtà dei primi anni di insediamento è ben descritta e se ne possono trarre molte lezioni utili.

KORN, Larry. Masanobu Fukoka: l'agricoltura del non fare. La vita e la filosofia del pioniere dell'agricoltura naturale raccontate dal suo allievo più famoso. Firenze, Terra Nuova Edizioni, 2016.

KURODA, Tatsuo. EM: Les micro-organismes efficaces pour le jardin, Paris, Le Courrier du Livre, 2010. Questo libro non è uno dei migliori sul giardinaggio, ma è l'unico, per il momento, che fornisce consigli e dosaggi sugli EM, un argomento che mi interessa.

LA FRANCE, Denis. La culture biologique des légumes, Austin, Éditions Berger, 2010. Questo grosso volume è un testo di riferimento incomparabile sull'orticoltura biologica. Anche se è rivolto principalmente all'orticoltore meccanizzato, l'autore traccia un quadro completo delle tecniche e delle pratiche colturali specifiche per ciascun ortaggio. Non può mancare nella propria biblioteca.

LAPALME, Robert. Comment créer un lac ou un étang, Boucherville, Éditions de Mortagne, 1999. Come suggerisce il titolo, questo manuale descrive tutti gli aspetti e tutte le fasi di realizzazione di una riserva d'acqua con l'idea di farne un habitat ecologico. Nel Québec, l'autore è considerato come punto di riferimento sull'argomento e il libro è scritto molto bene.

LECLERC, Blaise. Les jardiniers de l'ombre. Vers de terre et autres artisans de la fertilité, Mens, Éditions Terre Vivante, 2002. Questo libro ci porta alla scoperta dell'affascinante mondo del suolo, fornendo una descrizione dettagliata degli esseri viventi che lo compongono: batteri, funghi, protozoi, nematodi, lombrichi, ecc., sono i veri protagonisti e il libro ha molti meriti.

LOWENFELS, Jeff e Wayne LEWIS. Collaborer avec le bactéries et autres micro-organismes. Guide du réseau alimentaire du sol à destination des jardiniers, Arles, Éditions Rouergue, 2008. Questo libro spiega perché conviene interessarsi alla coltivazione ecologica degli ortaggi e descrive come puntare sull'attività biologica del suolo (smettendo di rivoltare la terra) per lavorare il terreno nell'orto. Da leggere.

MASSON, Pierre. Manuale pratico di agricoltura biodinamica. Firenze, Terra Nuova Edizioni, 2011. Come applicare il metodo biodinamico; quali sementi scegliere; come servirsi dei sovesci; quali trattamenti naturali impiegare per un'agricoltura pulita.

MOLLISON, Bill e R.M. SLAY. Introduzione alla Permacultura. Firenze, Terra Nuova Edizioni, 2007. Questo libro è una vera e propria enciclopedia della permacultura. Anche se le idee presentate sono più adatte a un clima subtropicale, i concetti sono universali. È il testo base della permacultura.

MOREAU, J.G. E J.J. DAVERNE. Manuel pratique de la culture maraîchère de Paris, Paris, Imprimerie Bouchard-Huzard, 1845. Straordinario documento di riferimento che descrive i metodi utilizzati dai primi orticoltori del XIX secolo. Probabilmente l'agricoltura più intensiva della storia. Fuori dal commercio, ma disponibile su Google Books.

NEARING, Helen e Scott. The Good Life. Sixty Years of Self-Sufficient Living, White River Junction, Chelsea Green Publishing, 1989. Pubblicato per la prima volta nel 1970, questo libro è un classico statunitense sul ritorno alla terra. Racconta l'avventura di un eminente professore comunista e della sua giovane compagna teosofa, i quali negli anni 1930 si trasferiscono in un contesto di profonda ruralità per vivere in totale autosufficienza. La loro filosofia di vita, presentata nel contesto dell'epoca, ne fa un libro unico.

PÉPIN, Denis e Georges CHAUVIN. Coccinelles, primevères, mésanges... La nature au service du jardin, Mens, Éditions Terre Vivante, 2008. Questo libro descrive bene le interazioni tra la fauna e la flora selvatica nell'orto. Fornisce alcuni spunti interessanti su impianti specifici per contrastare numerosi parassiti.

RAYMOND, Hélène e Jacques MATHÉ. Une agriculture qui goûte autrement. Histoires de productiones locales de l'Amérique du Nord à l'Europe, Québec, Éditiones MultiMondes, 2011. Questa raccolta di storie agricole, da cui trarre ispirazione, tenta di tracciare una mappa delle piccole realtà contadine che stanno emergendo tanto in Europa quanto in America. I contadini sono i protagonisti: ecco perché questo libro è così interessante.

SOLTNER, Dominique. Les bases de la production végétale. Tome 1: le sol et son amélioration, 24ª edizione, Bressuire, Sciences et techniques agricoles, 2005. Questo è forse il libro più completo per ciò che riguarda la biologia del suolo e la concimazione organica delle colture. Si tratta di un'opera tecnica e complessa, ma scritta in una forma schematica che la rende accessibile a tutti.

Sustainable Agriculture Network (SAN) Outreach. Managing Cover Crop Profitability, 3ª edizione, San Jose, SAN, 2007. Una delle pubblicazioni più complete e pertinenti sul sovescio. Regolarmente aggiornata e disponibile gratuitamente online sul sito web dell'organizzazione: www.sare.org.

TESI, Romano. Colture protette. Bologna, Patron Editore, 2010. Il libro rappresenta un utile approfondimento delle tecniche usate nell'ortoflorovivaismo in ambiente mediterraneo.

TESI, Romano. Orticoltura Mediterranea Sostenibile. Bologna, Patron Editore, 2010. Anche se pensato per un'agricoltura su medio-grande scala, questo manuale è un'ottima risorsa per chi vuole approfondire nel dettaglio le esigenze pedo-climatiche e nutrizionali delle colture più comuni in Italia.

THICKELL, Joshua. From the Fryer to the Fuel Tank. The Complete Guide to Using Vegetable Oil as an Alternative Fuel, Kalamazoo, TEC Publishing, 2000. Da più di 10 anni alimentiamo il nostro furgone con olio vegetale riciclato, un argomento che questo libro affronta in dettaglio. Descrive, passo dopo passo, come convertire da soli il proprio motore diesel.

TOMPKINS, Peter e Christopher BIRD. Secret of the Soil. New Solutions for Restoring Our Planet, Anchorage, Earthpulse Press, 1998. Uno dei miei libri preferiti. Anche se un po' esoterico, questo libro ci porta a immaginare quali direzioni potranno prendere le scienze agrarie. Affascinante.

VOLK, Josh. Compact Farms: 15 Proven Plans for Market Farms on 5 Acres or Less. North Adams, Storey Editions, 2017. Questo libro è una risorsa indispensabile per coloro che vogliono (ri)modellare la propria azienda basandosi sull'esperienza dei 15 giardinieri-orticoltori più esemplari e diversificati del Nord America. Ognuno di loro condivide la propria mappa aziendale, il piano e le tecniche di coltivazione e strategie di vendita.

WALTERS, Charles. An Acres U.S.A. Primer, Austin, Acres U.S.A., 2003. L'autore è il fondatore di Acres U.S.A., una delle prime organizzazioni in difesa di un approccio ecologico all'agricoltura da un punto di vista scientifico. Anche se non di facile lettura, questo libro permette di approfondire la propria comprensione dei suoli in relazione alla concimazione.

WISWALL, Richard. The Organic Farmer's Business Handbook. A Complete Guide to Managing Finances, Crop and Staff – and Making a Profit, White River Junction, Chelsea Green Publishing, 2009. Scritto da un orticoltore statunitense che si guadagna egregiamente da vivere vendendo secondo il modello della CSA, questo libro spiega come massimizzare i profitti nel contesto di una piccola azienda di ortaggi. Particolarmente interessante è il capitolo che parla della pensione.

Siti web

www.catalogoverdecentoform.it organizza corsi di formazione sull'agricoltura biologica (molti dei quali gratuiti) in tutta la regione dell'Emilia Romagna.

www.bioplanet.eu/it/ vende insetti utili per la lotta biologica e micorrize.

www.agraria.org è un sito che raccoglie informazioni per studenti di agraria, ma è interessante per avere informazioni e dati sul mondo dell'agricoltura.

www,terranuova.it è il sito della casa editrice omonima ricca di informazioni e news riguardanti i temi della sostenibilità e delle varie esperienze legate all'agricoltura biologica e biodinamica.

Associazioni internazionali

ACORN (Atlantic Canadian Organic Regional Network) è un'associazione molto attiva che propone numerosi eventi per i soci. Il loro sito web è pieno di informazioni interessanti per i piccoli produttori biologici. Questa associazione organizza anche una conferenza annuale a cui vale la pena partecipare. www.acornorganic.org

COG (Canadian Organic Growers) è un'associazione canadese che pubblica, tra le altre cose, un'eccellente rivista trimestrale piena di articoli scritti da piccoli produttori. Questi articoli sono sempre dettagliati e interessanti. Vale la pena visitare il loro sito web: www.cog.ca

CETAB+ (Centre d'expertise et de transfert en agriculture biologique et de proximité) coordina numerosi progetti di ricerca applicata nel settore dell'agricoltura biologica e di prossimità. Il loro personale è composto da alcuni dei maggiori esperti nel biologico del Québec. Questo ente offre anche servizi di consulenza, di formazione e attività di networking tra i consulenti e i produttori. Il sito web è ricchissimo di informazioni e dà accesso a una banca dati gratuita che raccoglie l'insieme delle innovazioni tecnologiche e scientifiche in agricoltura biologica. Una vera miniera d'oro. www.cetab.org

Growing For Market. Dal mio punto di vista, questa rivista mensile rappresenta la fonte di informazioni più interessante per un giardiniere-orticoltore. Gli articoli sono scritti da orticoltori statunitensi che svelano le loro pratiche, i loro trucchi e i loro consigli di produzione. Una versione elettronica è disponibile online. www.growingformarket.com

Équiterre coordina la più importante rete di progetti di Community Supported Agriculture (CSA) del Québec. Questa organizzazione pubblica strumenti di informazione, organizza visite alle aziende agricole e molte altre attività. Il loro appoggio in fase di avvio di una piccola azienda agricola è concreto ed estremamente utile. www.equiterre.org

Indice analitico

LES JARDINS
DE LA
GRELINETTE

La nostra fattoria è situata a Saint-Armand, un piccolo centro dei Cantons-de-l'Est, un territorio nel sud-ovest del Québec.

André Grelin, inventore della grelinette. Il brevetto di questo attrezzo è stato depositato in Francia nel 1963.

Jean-Martin e Maude-Hélène, contadini di famiglia dell'azienda agricola *Les Jardins de la Grelinette*.

All'inizio degli anni 2000, abbiamo fatto visita alle coltivazioni organoponicos a Cuba; questo sistema di produzione su bancali permanenti, che si praticava ovunque in città e in campagna, ha costituito una delle più importanti fonti di ispirazione per il nostro sistema di produzione biologico.

La zappa su ruota è un attrezzo davvero eccezionale.

Con un po' di disciplina e di strategia, i nostri orti restano sempre "puliti".

Per più di cinque anni, abbiamo "costruito" il nostro suolo incorporando notevoli quantità di materia organica.

Sin da quando abbiamo avviato la nostra attività, abbiamo sempre acquistato un eccellente compost da un produttore specializzato.

Dopo 10 anni di lavorazione minima del terreno usando il sistema dei bancali permanenti, la struttura del nostro suolo è eccezionale.

Nel modello agricolo biointensivo, l'obiettivo è quello di far sì che le foglie delle colture si tocchino una volta raggiunti i tre quarti del loro sviluppo. In questo modo, le colture si trasformano ben presto in una pacciamatura vivente.

Nei nostri orti, il trapianto si effettua manualmente.

I teli copri-suolo sono molto utili per la preparazione del terreno.

La nostra attrezzatura è semplice, poco costosa e ci permette di ottenere una produzione di più di 80.000$/ettaro senza ricorrere al trattore.

Pirodiserbo in pre emergenza di un'aiuola di carote.

La nostra seminatrice pneumatica ci fa risparmiare centinaia di ore all'anno.

Il motocoltivatore viene usato da tutti in fattoria.

I nostri bancali permanenti sono larghi 75 centimetri, mentre i sentieri hanno una larghezza di 45 centimetri.

Le colture destinate a rimanere in campo per più di 100 giorni sono pacciamate con teli biodegradabili.

Il grande orticoltore Eliot Coleman, 75 anni, insieme a Forest Fortier, 10 anni.

Nonostante una distanza di impianto intensiva, riusciamo a ottenere carote di ottimo calibro.

Le cipolle piantate in gruppi da tre sono un ottimo esempio di coltivazione intensiva.

I cetrioli in serra costituiscono uno dei nostri prodotti più redditizi.

Lavoriamo i nostri bancali permanenti in superficie con l'aiuto di un erpice rotante.

Raccolta con l'aiuto di un sacco usato per il trapianto degli alberi.

La copertura formata grazie all'impianto intensivo delle colture fornisce una pacciamatura benefica per le piante.

Al momento della raccolta, puliamo l'aglio e gli togliamo il picciolo, poi lo lasciamo asciugare all'aperto per qualche ora, prima di riporlo in magazzino per un ulteriore periodo di essiccamento.

Raccolta di insalatine miste (mesclun) in coltura intensiva.

Lavaggio delle nostre insalatine miste, il nostro "marchio di fabbrica".

L'intensificazione delle colture non ha effetti negativi sul calibro dei nostri ortaggi!

Il cippato (BRF: Bois Raméal Fragmenté) sparso sui sentieri di un'aiuola coltivata a sovescio, con una miscela di piselli e avena.

La nostra produzione di pomodori in serra è almeno dieci volte maggiore rispetto alla produzione in campo.

Maude-Hélène Desroches e Jean-Martin Fortier agli inizi, su un terreno preso in affitto.

Terra Nuova EDIZIONI

puoi consultare il catalogo completo e ordinare i nostri libri
anche su **www.terranuovalibri.it**

IL MIO ORTO BIOLOGICO

Coltivare l'orto secondo il metodo biologico, l'agricoltura sinergica e la permacultura, senza uso di pesticidi e concimi chimici

di E. Accorsi e F. Beldì
Formato: cm 14,5 x 21
Pag. 220 • € 18,00

CURARE LE PIANTE DA APPARTAMENTO

senza veleni
con rimedi 100% bio

di David Deardorff e Kathryn Wadsworth
Formato: cm 19 x 23,5
Pag. 292 • € 21,50

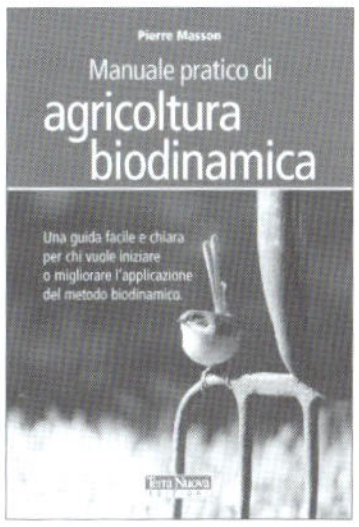

MANUALE PRATICO DI AGRICOLTURA BIODINAMICA

Conoscere approfondire e mettere in pratica l'agricoltura biodinamica per coltivare frutta e verdura senza concimi e pesticidi chimici

di Pierre Masson
Formato: cm 15 x 21
Pag. 180 • € 14,00

IL MIO FRUTTETO BIOLOGICO

Pratici ed efficaci consigli per coltivare la vite e gli alberi da frutto, con i suggerimenti dell'agricoltura biologica e dell'agroecologia

di E. Accorsi e F. Beldì
Formato: cm 14,5 x 21
Pag. 296 • € 20,00

PREPARATI VEGETALI CONTRO I PARASSITI DI ORTO E FRUTTETO

Piante spontanee e facilmente reperibili per preparare infusi, decotti e macerati

di Francesco Beldì
Formato: cm 11,5 x 16,5
Pag. 128 • € 9,00

PERMACULTURA PER TUTTI

I principi generali e le esperienze in Italia

di Patrick Whitefield
Formato: cm 11,5 x 16,5
Pag. 224 • € 10,50

DIFENDERE L'ORTO CON I RIMEDI NATURALI

Fitosanitari, macerati, trappole e altre soluzioni bio per coltivare senza veleni

di Francesco Beldì
Formato: cm 14,5 x 21
Pag. 120 • € 13

CURARE GLI ALBERI DA FRUTTO SENZA CHIMICA

Fitosanitari, trappole, macerati e altre soluzioni per coltivare senza veleni

di Francesco Beldì
Formato: cm 14,5 x 21
Pag. 182 • € 14

Se sei abbonato al mensile Terra Nuova potrai usufruire del 15% di sconto effettuando l'ordine telefonicamente presso la casa editrice (tel 055 3215729) o sullo shop online www.terranuovalibri.it (previa abilitazione)

INTRODUZIONE ALLA PERMACULTURA

L'arte di coniugare i saperi di discipline diverse per progettare un orto in armonia con la natura

di B. Mollison e R. Mia Slay
Formato: cm 21 x 28
Pag. 236 • € 20,00

IL LIBRO DI PIETRO

Attraverso gli occhi di un contadino, una preziosa raccolta di memorie che ci regala il ricordo più autentico della civiltà contadina

a cura di Jenny Bawtree
Formato: cm 17 x 24
Pag. 216 • € 15,00

LA RIVOLUZIONE DELL'ALVEARE

Allevare le api in modo naturale con la Permapicoltura

di Mauro Grasso
Formato: cm 19 x 23,5
Pag. 220 • € 14,80

AGRICOLTURA SINERGICA

Le origini, l'esperienza, la pratica

di Emilia Hazelip e la Libera Scuola di Agricoltura Sinergica «Emilia Hazelip»
Formato: cm 19 x 23,5
Pag. 240 • € 20,00

APICOLTURA BIOLOGICA CON ARNIE WARRÉ E TOP BAR

Autocostruzione delle arnie, rimedi naturali contro le malattie delle api, gestione ecosostenibile e a basso costo dell'apiario. Con splendide foto a colori

di Marco Mantovani
Formato: cm 19 x 23,5
Pag. 180 • € 15,80

GENUINO CLANDESTINO

Viaggio tra le agri-culture resistenti ai tempi delle grandi opere

Di Michela Potito e Roberta Borghesi
Fotografie di Sara Casna e Michele Lapini
Postfazione di Wu Ming 2
Formato: cm 19 x 23,5
Pag. 280 • € 18,00

FARE IL COMPOST

Trasformare gli scarti della cucina e dell'orto in ottimo concime. I segreti del lombricompostaggio e del compost sul balcone.

di P. Martin, L. Martin, E. Prédine
Formato: cm 19 x 23,5
Pag. 88 • € 13,00

L'ORTO SENZ'ACQUA

Imparare a fare l'orto senz'acqua grazie alla tecnica del cippato in agricoltura, per risparmiare acqua, petrolio e lavoro.

di Jacky Dupety
Formato: cm 15 x 21
Pag. 168 • € 13,00

BIOBALCONE

Coltivare ortaggi e aromi con il metodo biologico e la permacultura

di Francesco Beldì
Formato: cm 15 x 21
Pag. 112 • € 12,00

PERMACULTURA PER L'ORTO E IL GIARDINO

Esperienze e suggerimenti pratici per raggiungere l'autosufficienza in un piccolo pezzo di terra

di Margit Rusch
Formato: cm 19 x 23,5
Pag. 144 • € 14,00

Cerca i libri di Terra Nuova Edizioni nelle migliori librerie, nei negozi di alimenti biologici o richiedili direttamente a: Terra Nuova edizioni, via Ponte di Mezzo 1 - 50127 Firenze • tel 055 3215729 • libri@terranuova.it

MANUALE PER SALVARE I SEMI DELL'ORTO E LA BIODIVERSITÀ

Scopri e difendi 117 ortaggi, erbe aromatiche e fiori alimentari

di M. e J. Fanton
Formato: cm 23,4 x 23,4
Pag. 200 • € 11,50

MASANOBU FUKUOKA

L'agricoltura del non fare

di Larry Korn
Formato: cm 15 x 21
Pag. 288 • € 12,60

RECUPERARE L'ACQUA PIOVANA PER LA CASA E IL GIARDINO

Manuale pratico, ricco di foto a colori, per recuperare l'acqua piovana per la casa e il giardino imparando a risparmiare acqua e denaro.

di Karl Heinz Böse
Formato: cm 19 x 23,5
Pag. 144 • € 13,00

FARE CESTI

Manuale pratico di cesteria secondo la tradizione regionale italiana

di Andrea Magnolini
Formato: cm 19 x 23
Pag. 160 • € 16,00

LA RIVOLUZIONE CHE STAVAMO ASPETTANDO

Ecologia profonda, educazione etica e consapevolezza per vivere la crisi come rinascita

di Claudio Naranjo
Formato: cm 15 x 21
Pag. 216 • € 14,00

CALENDARIO DEI LAVORI AGRICOLI

Secondo il metodo biodinamico lunario e planetario 2018

di Pierre Masson
Formato: cm 21 x 30
Pag. 32 • € 10,00

GRANI ANTICHI

Una rivoluzione dal campo alla tavola, per la salute, l'ambiente e una nuova agricoltura

di Gabriele Bindi
Formato: cm 19 x 23,5
Pag. 240 • € 13,60

MANUALE PRATICO DI FITODEPURAZIONE

Un manuale pratico di fitodepurazione per imparare a trattare e recuperare le acque di scarico con sistemi di depurazione naturale.

di Riccardo Bresciani e Fabio Masi
Formato: cm 19 x 23,5
Pag. 166 • € 14,00

FORNI IN TERRA CRUDA

Manuale pratico illustrato di autocostruzione

di Andrea Magnolini
Formato: cm 19 x 23,5
Pag. 160 • € 12,00

GLI ANTICHI INSEGNAMENTI DEI NATIVI AMERICANI

Riflessioni di un nativo sulle istruzioni apprese dagli anziani della sua tribù

di Manitonquat (Medicine Story)
Formato: cm 11,5 x 16,5
Pag. 224 • € 12,00

Se sei abbonato al mensile Terra Nuova potrai usufruire del 15% di sconto effettuando l'ordine telefonicamente presso la casa editrice (tel 055 3215729) o sullo shop online www.terranuovalibri.it (previa abilitazione)

L'ORTO DEI BIMBI

Giochi e attività didattiche per creare insieme un orto bio

di Serena Bonura
Formato: cm 14,5 x 21
Pag. 120 • € 13,00

IL LUPO VEGETARIANO E I 7 CAPRETTI

Rivisitazione animalista della favola dei Fratelli Grimm

di Francesca Pirrone
Formato: cm 22,5 x 21
Pag. 32 • € 12,00

I DUE PAPPAGALLI PIGLIATUTTO

Metafora del consumismo in un mondo di pappagalli

Illustrazioni di Dipacho
Formato: cm 23 x 23
Pag. 36 • € 14,00

PERCHÈ ESISTE IL MONDO?

Risposte zen alle grandi domande dei bambini

di Thich Nhat Hanh
Formato: cm 29 x 19
Pag. 48 • € 14,00

SESSO È UNA PAROLA BUFFA

Un libro che parla di corpi, emozioni e di te

di Cory Silverberg
Illustrazioni di Fiona Smyth
Formato: cm 21,5 x 28
Pag. 160 • € 16,00

SONO ARRABBIATO

Gestire la rabbia seguendo gli insegnamenti di Thich Nhat Hanh

di Gail Silver
Illustrazioni di Christiane Krömer
Formato: cm 21,5 x 28
Pag. 40 • € 14,00

VALENTINA LIBERA TUTTI

La storia della liberazione dei cani di Green Hill raccontata ai bambini

Mimmo Tringale, Illustrazioni di Chiara Pasqualotto
Formato: cm 19,5 x 27
Pag. 32 • € 13,50

CHI È STATO?

Storia di una bottiglia di vetro abbandonata in un bosco

Illustrazioni di Magdalena Armstrong Olea
Formato: cm 30 x 21,5
Pag. 40 • € 14,00

SEMI DI FELICITÀ

Coltivare la consapevolezza insieme ai bambini

di Thich Nhat Hanh e della comunità Plum Village
Formato: cm 19 x 23,5
Pag. 200 • € 20,00

A SCUOLA CON LA MINDFULNESS

Riflessioni ed esercizi per portare l'Educazione Basata sulla Consapevolezza nella scuola italiana

di Antonio Vigilante
Formato: cm 15 x 21
Pag. 246 • € 12,60

Cerca i libri di Terra Nuova Edizioni nelle migliori librerie, nei negozi di alimenti biologici o richiedili direttamente a: Terra Nuova edizioni, via Ponte di Mezzo 1 - 50127 Firenze • tel 055 3215729 • libri@terranuova.it

ECOVILLAGGI E COHOUSING

La risposta ecologica alla crisi economica. Dove sono, chi li anima, come farne parte o realizzarne di nuovi

di Francesca Guidotti
Formato: cm 15 x 21
Pag. 272 • € 13,00

SVEZZAMENTO SECONDO NATURA

Come e quando introdurre alimenti sani e biologici nella dieta del tuo bambino, evitando il cibo industriale e preconfezionato

di Michela Trevisan
Formato: cm 15 x 21
Pag. 200 • € 13,00

AMARE SENZA FARSI MALE

Uno psicoanalista di successo racconta storie di donne e di uomini che non si sono arresi di fronte alle inevitabili difficoltà di una relazione. Un invito a superare la paura di amare

di Nives Favero
Formato: cm 15 x 21
Pag. 224 • € 12,50

VEGAN REVOLUTION

Esperienze di transizione verso una società antispecista

di Alfredo Meschi e Beatrice Di Cesare
Formato: cm 14 x 19
Pag. 128 • € 10,50

L'ARTE DI LAVORARE IN CONSAPEVOLEZZA

Come vivere con gioia e presenza mentale ogni momento della giornata

di Thich Nhat Hanh
Formato: cm 15 x 21
Pag. 140 • € 14,00

SEDERSI IN CONSAPEVOLEZZA

Un'agile guida per praticare con successo e consapevolezza la meditazione seduta

di Thich Nhat Hanh
Formato: cm 11,5 x 16,5
Pag. 128 • € 10,00

MANGIARE IN CONSAPEVOLEZZA

Per vivere con consapevolezza ogni momento e ritrovare serenità e salute prestando attenzione a una delle azioni più importanti: mangiare

di Thich Nhat Hanh
Formato: cm 11,5 x 16,5
Pag. 128 • € 10,00

TRASFORMARE LA SOFFERENZA

L'arte di generare felicità

di Thich Nhat Hanh
Formato: cm 15 x 21
Pag. 128 • € 14,00

GUIDA AI RIMEDI NATURALI

Come riconoscere e utilizzare i più efficaci preparati a base di argilla, propoli e piante medicinali per curarsi senza ricorrere ai farmaci di sintesi

di Silvia Moro
Formato: cm 15 x 21
Pag. 195 • € 12,00

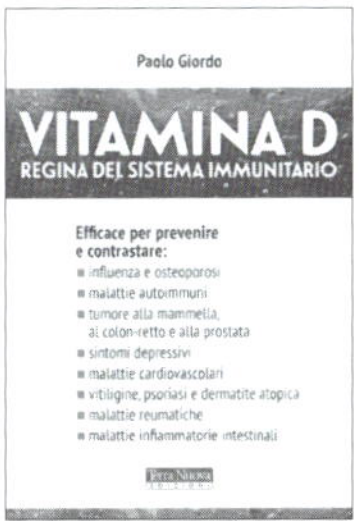

VITAMINA D

Regina del sistema immunitario

di Paolo Giordo
Formato: 14 x 19 cm
Pag. 128 - € 12,50

Se sei abbonato al mensile Terra Nuova potrai usufruire del 15% di sconto effettuando l'ordine telefonicamente presso la casa editrice (tel 055 3215729) o sullo shop online www.terranuovalibri.it (previa abilitazione)

Nell'Appennino romagnolo ai confini col **Parco delle Foreste Casentinesi**, in un luogo meraviglioso, con un panorama mozzafiato e una natura in parte incontaminata sorge **"La Fattoria dell'Autosufficienza"**.

L'azienda agricola biologica progettata in **permacultura** produce grani antichi, erbe aromatiche, ortaggi e frutta nel massimo rispetto della natura e biodiversità che la circonda. Al centro della cascina è stato di recente ristrutturato un grande casale in pietra applicando i criteri dell **bioedilizia** e **bioarchitettura**. La struttura adibita ad **agriturismo** offre pernottamento e pasti.

La Fattoria dell'Autosufficienza, oltre a pubblicare con **Macro** i libri della collana **"Il filo verde"** **organizza periodicamente corsi** di permacultura, agricoltura naturale, autoproduzione, efficienza energetica, energie alternative, autocostruzione, autosufficienza e spiritualità.

Bioagriturismo

Autosufficienza alimentare

Formazione ecologica ed olistica

La Fattoria dell'Autosufficienza

47021 Bagno di Romagna (FC) | Tel. 0543 918302 - 335 8137979 | info@autosufficienza.it

ALTRI LIBRI PUBBLICATI DA MACRO